핵심 일반화학

Essentials of General Chemistry

서무룡·김호균·황재영

녹문당

머리말

오늘날 이공학의 분야는 과학 발달과 더불어 세분화되면서도 동시에 통합되는 복잡한 양상을 보인다. 이에 화학도 예외일 수 없으며 매일 새롭고 놀라운 연구 결과가 다양한 매체를 통하여 신속하게 발표되고 있다. 화학은 자연과학의 중심 학문으로 다른 학문의 발전을 이끌고 있으며, 여러 응용 분야에서 사용되는 기초 과목이다. 즉, 순수 자연과학, 응용과학, 의학, 약학, 간호학 등의 일반 화학적 지식을 필수로 하는 전문 분야 이외에 인문, 사회, 예술계의 전공자들도 화학 지식을 필요로 한다.

우리나라에서도 수많은 일반화학 교재가 출판되고 있으나, 그 분량이 방대하기 때문에 화학 및 관련 분야를 전공하거나 화학을 처음 접하는 학생들이 쉽게 접근할 수 있는 교재를 선택하는 일은 상당히 어렵다. 이 교재는 화학이란 학문을 처음 접하는 학생 및 전공자뿐만 아니라 어려움에 중도 포기하였으나 다시 일반화학을 배우려고 생각하는 학생들을 위해 집필하였다.

이 교재는 학생들이 반드시 알아야 할 내용을 중심으로 스스로 공부하고 이해할 수 있도록 방대한 일반화학 내용을 쉽게 정리하였고, 기초 수학과 과학적인 표기법과 여러 가지 규칙들을 이용하여 문제를 해결하는 방법과 기술을 단계적으로 서술하였으며, 예제를 통하여 내용을 명확하게 이해할 수 있도록 구성하였다.

마지막으로 이 교재가 출판되기까지 힘써 주신 도서출판 녹문당의 김중현 사장님 및 편집과 교정, 디자인에 애써 주신 녹문당 가족 여러분께 감사드리며, 이 교재로 공부하는 학생들에게 큰 성과가 있기를 기원한다. 무엇보다 화학을 배우는 즐거움을 이 교재로 공부하는 모든 학생들과 함께 나누고 싶다.

2018년 8월

저자 일동

차 례

제 1 장 물질과 측정

제 2 장 원자 분자 및 이온

제 3 장 화학량론과 반응식

제 4 장 수용액상에서의 반응

제 5 장 열화학

제 6 장 현대 원자 이론

제 7 장 원소의 주기적 성질

제 8 장 공유 결합

제 9 장 분자 구조와 결합 이론

제10장 기체

제11장 액체와 고체

제12장 용액

제13장 반응속도론

제14장 화학 평형

제15장 산-염기

제16장 수용액 평형의 응용

제17장 자발성, 엔트로피 및 자유 에너지

제18장 전기 화학

제19장 전이 금속

제20장 핵화학

제21장 유기화학

제22장 생화학

CHAPTER 1 물질과 측정

1.1 화학이란?

물질의 성질, 조성, 구조, 변화 및 그에 수반하는 에너지의 변화를 연구하는 자연과학의 한 분야이다.

> Richard Feyman: "모든 인간 지식에 있어 가장 중요한 생각은 만물이 원자로 이루어져 있다는 것"이라고 하였다. 이를 화학자들의 확장된 개념으로 살펴보면 화학이란? 원자 분자의 거동을 연구하여 물질의 거동을 이해하는 학문이다.

1.2 물질의 분류

1) 물질: 질량과 공간을 가지는 모든 것으로 정의한다.

2) 물질은 궁극적으로 **원자(atom)**들로 이루어지는데, 너무 작은 입자라서 볼 수가 없다.

3) 많은 경우 이 원자들은 둘 이상이 특정한 배열로 서로 결합되어 **분자(molecule)**를 구성한다.

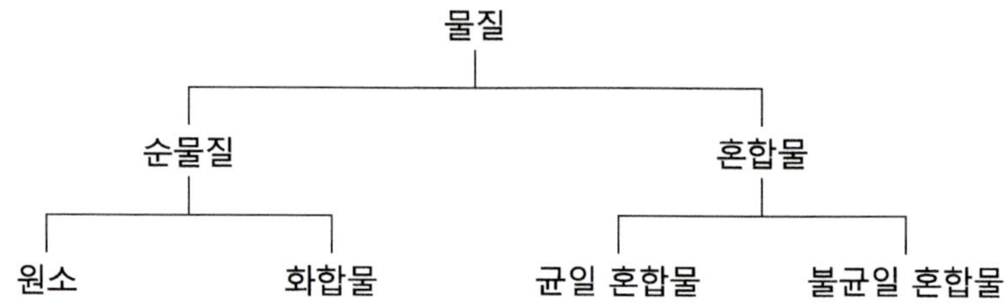

가) 순물질(pure substance):

✔ **원소**(element): 1가지 종류의 원자로 이루어진 물질이다. 예) 헬륨, 흑연, 금

✔ **화합물**(compound): 2개 이상의 원소가 고정된 일정한 비율로 구성된 물질이다. 예) 물, 소금, 설탕

나) 혼합물(mixture):

✔ **균일 혼합물**(homogeneous mixture): 같은 조성으로 이루어진 혼합물이다. 예) 공기, 합금

✔ **불균일 혼합물**(heterogeneous mixture): 위치에 따라 조성이 다른 혼합물이다. 예) 기름과 물

1.3 다른 종류의 물질을 구분하는 방법: 물리적 성질과 화학적 성질

1) 물리적 성질(physical property)

- 물질이 조성의 변화 없이 보여주는 성질
- 냄새, 맛, 색, 겉모습, 녹는점, 끓는점 그리고 밀도

2) 화학적 성질(chemical property)

- 조성의 변화를 통해서만 보여주는 성질
- 부식성, 가연성, 산성, 독성

예제 1.1

다음 내용이 물리적 성질인가, 화학적 성질인가?

(a) 구리가 공기 중에 노출되었을 때, 초록색으로 변하는 경향이 있다.
(b) 자동차 페인트가 시간이 지나면서 희미해지는 경향이 있다.
(c) 가솔린을 엎질렀을 때 빨리 증발하는 경향이 있다.
(d) 알루미늄이 다른 금속들에 비해 상대적으로 (주어진 부피에 대해) 질량이 작다.

풀이

(a) 화학적 성질, (b) 화학적 성질, (c) 물리적 성질, (d) 물리적 성질

1.4 측정가능한 물질의 모든 성질은 크기 성질과 세기 성질로 나눌 수 있다

1) 크기 성질은 물질의 양과 관련 있다.

- 질량, 길이, 부피, … 등
- 물질이 많아지면 질량이 커진다. 동일한 크기 성질은 더할 수 있다.

2) 세기 성질은 물질의 양과는 무관하다.

- 온도, 녹는점, 끓는점, 밀도, … 등

1.5 화학은 실험을 바탕으로 결과를 산출한다

실험 결과 ⇨ **숫자 + 단위**

1) 단위(Unit) → International System Unit(SI 단위)

물리적 양	단위명	기호
길이	Meter (미터)	m
질량	Kilogram (킬로그램)	kg
시간	Second (초)	sec
전류	Ampere (암페어)	A
온도	Kelvin (켈빈, 절대온도)	K
빛의 세기	Candela (칸델라)	cd
물질의 양	Mole (몰)	mol

2) 과학적 표기법

엄청나게 큰 수나 작은 수를 10의 지수승으로 나타내는 방법이다.

예를 들면, $120,000,000 = 1.2 \times 10^8$, $0.00000005 = 0.5 \times 10^{-7}$으로 나타내는 것이다.

■ 몇 가지 SI 단위계의 접두어

의미	접두사	약자	의미	접두사	약자
10^6	mega	M	10^{-3}	milli	m
10^3	kilo	k	10^{-6}	micro	μ
10^{-1}	deci	d	10^{-9}	nano	n
10^{-2}	centi	c	10^{-12}	pico	p

알아두기

온도: 어떤 물질의 차고 따뜻한 정도를 나타내는 것이다.

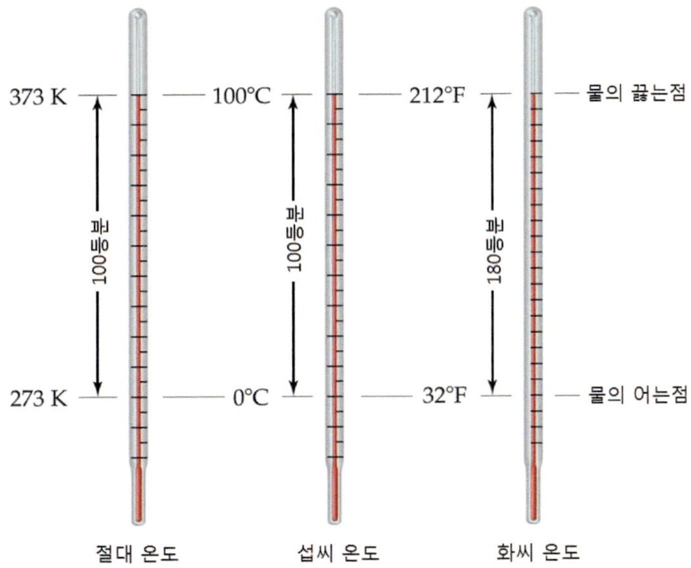

1) 섭씨온도와 절대온도의 상관관계

$$\frac{\blacksquare\,^{\circ}\mathrm{C}}{100} = \frac{\triangle\,\mathrm{K} - 273}{100} \Rightarrow \boxed{\blacksquare\,^{\circ}\mathrm{C} = \triangle\,\mathrm{K} - 273}$$

2) 섭씨온도와 화씨온도의 상관관계

$$\frac{\blacksquare\,^{\circ}\mathrm{C}}{100} = \frac{\bullet\,^{\circ}\mathrm{F} - 32}{180} \Rightarrow \begin{cases} \boxed{\blacksquare\,^{\circ}\mathrm{C} = \frac{5}{9}\left(\bullet\,^{\circ}\mathrm{F} - 32\right)} \\ \boxed{\bullet\,^{\circ}\mathrm{F} = \frac{9}{5}\left(\blacksquare\,^{\circ}\mathrm{C}\right) + 32} \end{cases}$$

예제 1.2

화씨온도가 섭씨온도의 2배가 되는 온도는 얼마인가?

풀이

$T_{°F} = 2(T_{℃})$

$T_{°F} = 1.8(T_{℃}) + 32$

$2(T_{℃}) = 1.8(T_{℃}) + 32$

$0.2(T_{℃}) = 32$

$T_{℃} = \mathbf{160℃}$, $T_{°F} = 1.8(160) + 32 = \mathbf{320°F}$

3) 측정값의 불확정성; 측정값은 100% 정확하지 않다.

- 정확도와 정밀도
  - ✔ **정밀도(Precision):** 동일한 양을 여러 번 측정하였을 때, 측정한 값들이 서로 어느 정도 일치하는가를 나타낸다. 즉, 재현성(reproducibility)의 정도를 나타낸다.
  - ✔ **정확도(Accuracy):** 실제 값(참값)과 일치하는 정도를 나타낸다.

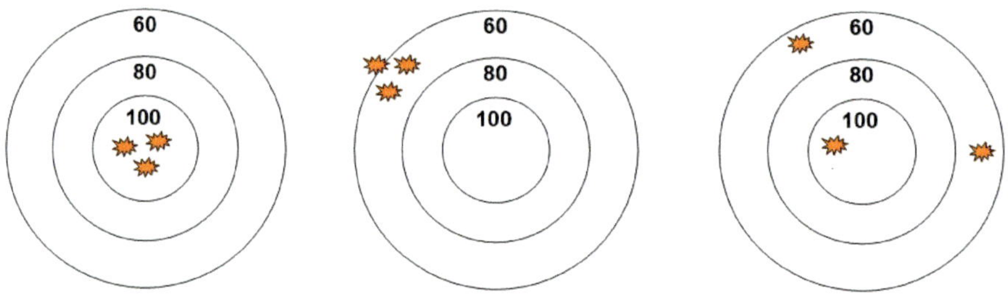

(a) (b) (c)

4) 유효 숫자(Significant figure)

어떤 결과를 나타낼 때, 사용한 유효 숫자의 개수를 가지고 측정량에 대한 정밀도를 나타낸다.

0에 대한 유효 숫자 규칙

1. 0이 아닌 정수는 항상 유효 숫자로 계산된다.
2. 0(zero), 3가지 종류
   - 가) 0이 아닌 숫자 앞에 있는 0은 절대로 유효 숫자가 아니다.
     (예, 0.0024 (유효 숫자 2개))
   - 나) 0이 아닌 숫자 사이에 있는 0은 유효 숫자로 간주한다.
     (예, 1004 (유효 숫자 4자리), 1.004 (유효 숫자 4개))
   - 다) 숫자의 끝에 있는 0은
     - ✓ 소수점 다음에 오는 0은 언제나 유효 숫자이다.
       (예, 45.000 (유효 숫자 5개))
     - ✓ 소수점이 없으면서 끝에 오는 0은 유효 숫자인지 확실치 않기 때문에 과학적 표기법을 이용한다.
       (예, 15,000 (불확실), 1.5×10^3 (2개), 1.50×10^3 (2개))
3. 정확한 수(완전수): 계산에 있어 유효 숫자를 생각하지 않는다.

5) 사칙연산에 있어 유효 숫자의 개념

가) 곱셈과 나눗셈: 가장 적은 개수의 유효 숫자가 계산 결과의 유효 숫자가 된다.

5.02×89.665×0.10=45.~~0118~~=45

5.892/6.10=0.965~~90~~=0.966

나) 덧셈과 뺄셈: 소수점 이하 가장 적은 개수의 유효 숫자가 계산 결과의 유효 숫자가 된다.

5.74+0.823+2.651=9.21~~4~~=9.21

4.8−3.965=0.8~~35~~=0.8

다) 곱셈과 나눗셈, 덧셈과 뺄셈을 모두 포함하는 계산

6.78×5.903×(5.489−5.01)=6.78×5.903×(0.4790)=19.~~1707~~=19

19.667−(5.4×0.916)=19.667−(4.9464)=14.7~~206~~=14.7

예제 1.3

다음을 유효 숫자를 맞춰서 계산하면?

(a) $(3.8\times10^5)-(8.45\times10^5)$
(b) $0.00456+1.0936$
(c) $(78.4-890.43)/(0.0087)$
(d) $(34.6784\times5.38)+(445.56)$
(e) $[(8.9\times10^5)/(2.348\times10^2)]+121$

풀이

(a) -4.7×10^5, **(b)** 1.0982, **(c)** 8.93×10^4, **(d)** 632, **(e)** 3.9×10^3

1.6 화학 문제 풀이; 단위분석을 이용한다

$$\text{주어진 단위} \times \boxed{\frac{\text{원하는 단위}}{\text{주어진 단위}}} = \text{원하는 단위}$$

⇑

환산인자(Conversion factor)

알아두기

미터법-영어식의 표기 관계

길이	2.54 cm = 1 inch 1 m = 39.37 inch 1.609 km = 1 mile
부피	1 L = 1.057 qt 28.32 L = 1 ft^3
질량	453.6 g = 1 lb 1 g = 0.03527 oz

예제 1.4

어떤 남학생의 허리둘레가 38 inch라면, 이 남학생의 허리둘레는 몇 cm인가?

풀이

$$38 \in \mathrm{ch} \times \frac{2.54\ \mathrm{cm}}{1 \in \mathrm{ch}} = 96.52 = \mathbf{96.5\ cm}$$

예제 1.5

평균적인 성인은 5.2 L의 혈액을 가지고 있다. 혈액의 부피는 몇 m^3인가?

(힌트) $1\ \mathrm{L} = 1000\ \mathrm{cm}^3$, $1\ \mathrm{cm} = 1 \times 10^{-2}\ \mathrm{m}$

풀이

$$(5.2\ \mathrm{L})\left(\frac{1000\ \mathrm{cm}^3}{1\ \mathrm{L}}\right)\left(\frac{0.01\ \mathrm{m}}{1\ \mathrm{cm}}\right)^3 = \mathbf{5.2 \times 10^{-3}\ m^3}$$

1.7 밀도와 비중

1) 밀도(density)는 단위부피당 질량으로 정의한다.

$$\text{밀도} = \frac{\text{질량}}{\text{부피}} \quad \text{또는} \quad d = \frac{m}{v}$$

가) 두 물질을 구별하거나 또는 특정물질을 규명하는 데 사용할 수 있는 물질의 고유 특성이다.

나) 단위는 $\mathrm{g/cm^3}$, $\mathrm{g/mL}$이다.

예제 1.6

질량이 321 g이고, 밀도가 0.84 g/mL인 액체의 부피는?

풀이

$$(321\ \text{g})\left(\frac{1\ \text{mL}}{0.84\ \text{g}}\right)\left(\frac{0.01\ \text{L}}{1\ \text{mL}}\right)=\mathbf{0.38\ L}$$

2) 비중(specific gravity)

가) 어떤 물질의 비중은 같은 온도에서 물에 대한 그 물질의 밀도 비로 정의한다.

$$\text{비중}=\frac{d_{\text{물질}}}{d_{\text{물}}}$$

나) 비중은 어떤 물질이 물보다 얼마나 더 무거운가를 알려준다.

다) 비중은 단위가 없다.

예제 1.7

식염수의 밀도가 25℃에서 2.16 g/mL이다. 이 소금의 비중은?

풀이

25℃에서 물의 밀도를 1 g/mL라고 하면,

$$\text{비중}=\frac{d_{\text{식염수}}}{d_{\text{물}}}=\left(\frac{2.16}{1}\right)=\mathbf{2.16}$$

CHAPTER 2

원자 분자 및 이온

> 고대 그리스 철학자들의 원자론
>
> 루키포스(Leucippus, B.C. 5세기경)와 데모크리토스(Democritus, B.C. 460~B.C. 370): 물질이 궁극적으로는 아토모스(atomos) 또는 "나눌 수 없는"이라는 의미인 "원자(atoms)"라고 불렸던 작고 나누어질 수 없는 입자로 구성되었다는 것을 이론화하였다. 데모크리토스는 물질을 더욱 작은 조각으로 나눈다면 결국 작고, 쪼개어지지 않는 입자인 원자에 도달할 것이라고 제안하였다.

2.1 현대 원자론을 뒷받침하는 법칙들

1) 질량 보존의 법칙(Law of conservation of mass): Antoine Lavoisier(1789)

화학 반응을 할 때, 반응에 참여한 물질의 총질량은 변하지 않는다.

2) 일정성분비의 법칙(Law of definite proportion): Joseph Proust(1797)

주어진 한 화합물의 모든 시료는 화합물의 출처나 만들어진 방법에 관계없이 같은 비율의 구성 원소를 갖는다.

3) 배수비례의 법칙(Law of multiple proportion): John Dalton(1804)

두 원자 A와 B가 결합하여 하나 이상의 화합물을 형성할 때, A 원자는 하나, 둘, 셋 또는 그 이상의 B 원자와 결합한다(A_B, AB_2, AB_3, ⋯, etc). 그러므로 A의 고정된 질량과 반응하는 B의 질량은 항상 정수비로 연관된다.

2.2 원자와 원자론: John Dalton(1808)

1) 원소는 원자라는 파괴할 수 없는 작은 입자로 구성되어 있다.

2) 주어진 원소의 모든 원자들은 같은 질량을 갖고, 다른 원소의 원자와는 다른 성질을 가진다.

3) 원자들은 화합물을 형성하기 위해서 간단한 정수비로 결합한다.

4) 일반적인 화학 반응에서 원자는 어떤 물질에서 다른 물질로 이동하는데, 이때 어떤 원자도 없어지거나 다른 원자로 바뀌지 않는다.

2.3 원자에 대한 초기 실험들

1) 전자(electron)의 발견

가) Thomson은 음극선관을 이용 — 전자를 발견

나) Millikan은 기름방울 실험을 통해 전자의 질량을 측정(9.11×10^{-31} kg)

2) 방사능

가) 감마(γ)선: 고에너지 빛

나) 베타(β)입자: 빠른 속도의 전자

다) 알파(α)입자: +2의 전하를 갖는 핵입자

3) 원자핵의 발견: Rutherford의 α입자 산란실험

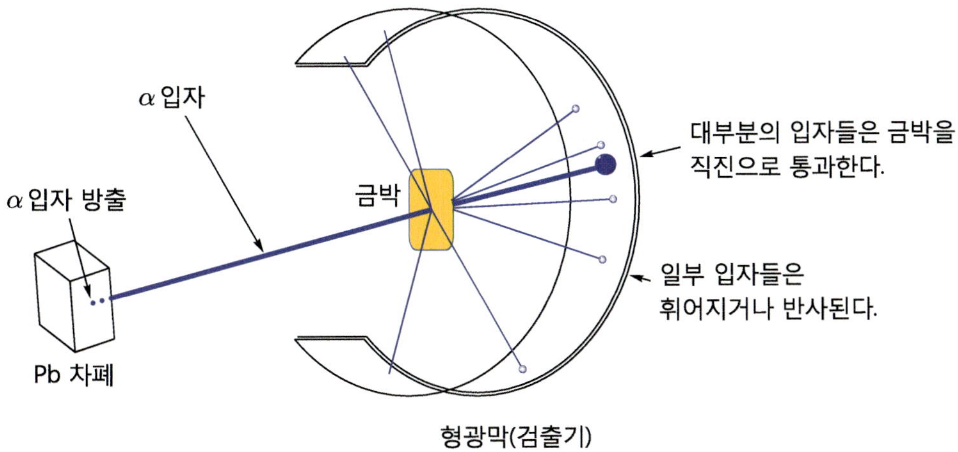

	질량(kg)	질량(amu)	상대적인 전하	전하량(C)
양성자	1.67262×10^{-27}	1.00727	+1	$+1.60218 \times 10^{-19}$
중성자	1.67493×10^{-27}	1.00866	0	0
전자	0.00091×10^{-27}	0.00055	−1	-1.60218×10^{-19}

2.4 원자의 구성 및 표현방법

1) 원자의 구성

가) 원자는 **핵**과 **전자**로 구성되어 있다.

나) 원자핵은 **양전하(+)가 하전된 양성자와 전하를 띠지 않는 중성자**로 구성되어 있다.

2) 원자의 표현방법

가) 원자는 **화학 기호(원소 기호), 원자 번호, 질량수**로 표현한다.

나) 모든 원소의 원자는 핵 속에 양성자를 포함하며 그 수는 원소의 기본 성질로

서 그 원소의 **원자 번호**(atomic number)로 정의한다.

다) 중성 원자에서는 **핵 속의 양성자 수**는 핵 외부에 존재하는 **전자의 수와 동일**하다.

라) 양성자의 질량은 전자의 질량보다 약 2,000배 무겁기 때문에 원자의 질량은 핵의 질량수에 비례한다. 그러므로 **질량수는 양성자의 수**+**중성자의 수**로 나타낸다.

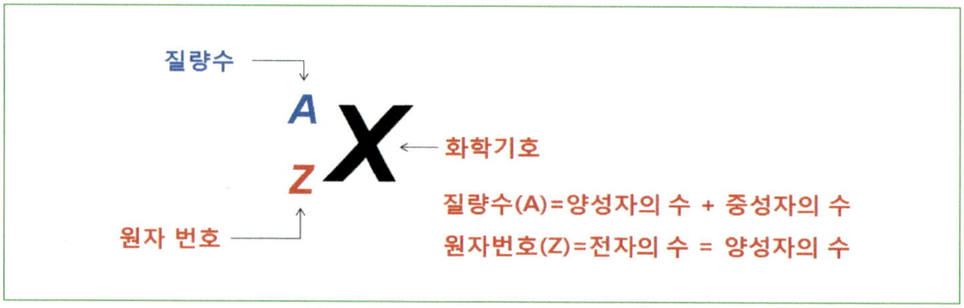

예를 들어 다음 원자들을 살펴보면,

핵기호	전하	양성자수	중성자수	전자수
$^{19}_{9}F$	0	9	10	9
$^{31}_{15}P$	0	15	16	15
$^{57}_{27}Co^{3+}$	+3	27	30	24
$^{32}_{16}S^{2-}$	−2	16	16	18

2.5 동위원소(Isotope)

1) 대부분의 원소는 자연계에서 동위원소의 혼합물로 존재한다.

2) 동위원소는 양성자의 수는 같으나 중성자의 수가 다른 원소를 말한다. 존재하는 동위원소의 상대적인 양은 항상 같다.

예를 들면, 수소의 경우, 질량수 1인 수소, 질량수 2인 수소(중수소), 질량수 3인 수소(삼중수소)로 3가지의 동위원소가 존재한다.

3) 동위원소 표기법

가) 원자를 표현하는 방법과 동일하게 한다.

나) 원소 기호-질량수로 표현할 수 있다.

다) 원소 기호를 특정한 기호로 표현하기도 한다.

$$ {}^{1}_{1}\mathrm{H}\ (\mathrm{H}),\ {}^{2}_{1}\mathrm{H}\ (\mathrm{D}),\ {}^{3}_{1}\mathrm{H}\ (\mathrm{T})\ \text{ 또는 }\ \mathrm{H}-1,\ \mathrm{H}-2,\ \mathrm{H}-3 $$

4) 동위원소 존재비

$$ \text{존재비 백분율} = \frac{(\text{주어진 원소의 동위원소의 개수})}{(\text{해당 원소 전체의 동위원소 원자의 개수})} \times 100 $$

2.6 원자량(Atomic mass or atomic weight)

1) 동위원소의 존재에 의해, 원자 질량은 평균 원자 질량을 표시한다.

$$ \text{평균 원자 질량} = \sum((\text{존재비})(\text{동위원소의 질량})) $$

2) $^{12}\mathrm{C}$ 동위원소의 질량을 12 amu로 기준으로 하여, 다른 원자들의 질량은 상대적인 값으로 나타낸다.

3) 단위는 **원자 질량 단위(atomic mass unit: amu)**로 표현한다.

$$ 1\ \mathrm{amu} = 1.66054 \times 10^{-24}\,\mathrm{g}\ \text{ 또는 }\ 1\ \mathrm{g} = 6.022 \times 10^{23}\ \mathrm{amu} $$

4) 질량 분석기(mass spectrometry)를 이용하면 원자나 분자의 질량을 비교적 정확히 측정할 수 있다.

예제 2.1

질량 분석기를 이용하여 탄소의 원자량을 측정하였다. 이 결과로부터 탄소의 평균 원자량을 계산하면?

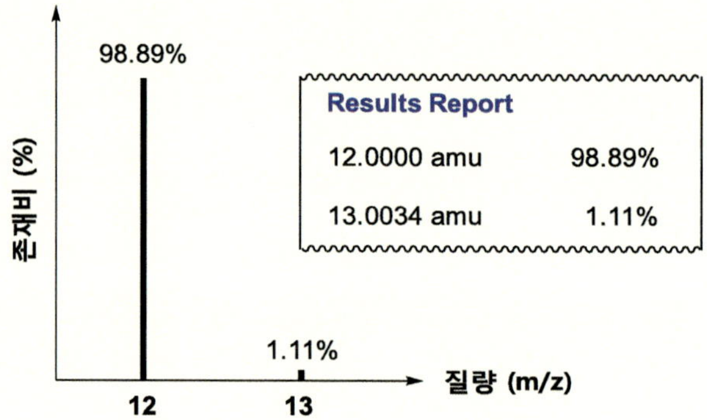

풀이

탄소의 평균 원자량 $= ({}^{12}_{6}\text{C 질량})({}^{12}_{6}\text{C 존재비}) + ({}^{13}_{6}\text{C 질량})({}^{13}_{6}\text{C 존재비})$

$= (12.0000\ \text{amu})(0.9889) + (13.0034\ \text{amu})(0.0111)$

$= 12.011\ \text{amu}$

예제 2.2

자연계에 존재하는 염소 시료를 이용하여 질량 분석한 결과, $^{35}\text{Cl}(75.77\%)$, $^{37}\text{Cl}(24.23\%)$일 때 평균 원자량은? (단, ^{35}Cl와 ^{37}Cl의 질량은 각각 34.969 amu, 36.966 amu이다)

풀이

원자량 $= ({}^{35}_{17}\text{Cl 질량})({}^{37}_{17}\text{Cl 존재비}) + ({}^{37}_{17}\text{Cl 질량})({}^{37}_{17}\text{Cl 존재비})$

$= (34.969\ \text{amu})(0.7577) + (36.966\ \text{amu})(0.2423)$

$= 35.45\ \text{amu}$

원소주기율표
(Periodic Table of the Elements)

KEY

An element: 79 (Atomic number), Au (Symbol), Gold (Name), 196.9666 (Atomic weight)

- Main group metals
- Transition metals
- Metalloids
- Nonmetals, noble gases

Period number; Group number, U.S. system; Group number, IUPAC system

Period	1A (1)	2A (2)	3B (3)	4B (4)	5B (5)	6B (6)	7B (7)	8B (8)	8B (9)	8B (10)	1B (11)	2B (12)	3A (13)	4A (14)	5A (15)	6A (16)	7A (17)	8A (18)
1	1 **H** Hydrogen 1.0079																	2 **He** Helium 4.0026
2	3 **Li** Lithium 6.941	4 **Be** Beryllium 9.0122											5 **B** Boron 10.811	6 **C** Carbon 12.0107	7 **N** Nitrogen 14.0067	8 **O** Oxygen 15.9994	9 **F** Fluorine 18.9984	10 **Ne** Neon 20.1797
3	11 **Na** Sodium 22.9898	12 **Mg** Magnesium 24.3050											13 **Al** Aluminum 26.9815	14 **Si** Silicon 28.0855	15 **P** Phosphorus 30.9738	16 **S** Sulfur 32.065	17 **Cl** Chlorine 35.453	18 **Ar** Argon 39.948
4	19 **K** Potassium 39.0983	20 **Ca** Calcium 40.078	21 **Sc** Scandium 44.9559	22 **Ti** Titanium 47.867	23 **V** Vanadium 50.9415	24 **Cr** Chromium 51.9961	25 **Mn** Manganese 54.9380	26 **Fe** Iron 55.845	27 **Co** Cobalt 58.9332	28 **Ni** Nickel 58.6934	29 **Cu** Copper 63.546	30 **Zn** Zinc 65.38	31 **Ga** Gallium 69.723	32 **Ge** Germanium 72.64	33 **As** Arsenic 74.9216	34 **Se** Selenium 78.96	35 **Br** Bromine 79.904	36 **Kr** Krypton 83.798
5	37 **Rb** Rubidium 85.4678	38 **Sr** Strontium 87.62	39 **Y** Yttrium 88.9058	40 **Zr** Zirconium 91.224	41 **Nb** Niobium 92.9064	42 **Mo** Molybdenum 95.96	43 **Tc** Technetium (98)	44 **Ru** Ruthenium 101.07	45 **Rh** Rhodium 102.9055	46 **Pd** Palladium 106.42	47 **Ag** Silver 107.8682	48 **Cd** Cadmium 112.411	49 **In** Indium 114.818	50 **Sn** Tin 118.710	51 **Sb** Antimony 121.760	52 **Te** Tellurium 127.60	53 **I** Iodine 126.9045	54 **Xe** Xenon 131.293
6	55 **Cs** Cesium 132.9055	56 **Ba** Barium 137.327	57 **La** Lanthanum 138.9055	72 **Hf** Hafnium 178.49	73 **Ta** Tantalum 180.9479	74 **W** Tungsten 183.84	75 **Re** Rhenium 186.207	76 **Os** Osmium 190.23	77 **Ir** Iridium 192.217	78 **Pt** Platinum 195.084	79 **Au** Gold 196.9666	80 **Hg** Mercury 200.59	81 **Tl** Thallium 204.3833	82 **Pb** Lead 207.2	83 **Bi** Bismuth 208.9804	84 **Po** Polonium (209)	85 **At** Astatine (210)	86 **Rn** Radon (222)
7	87 **Fr** Francium (223)	88 **Ra** Radium (226)	89 **Ac** Actinium (227)	104 **Rf** Rutherfordium (261)	105 **Db** Dubnium (262)	106 **Sg** Seaborgium (266)	107 **Bh** Bohrium (264)	108 **Hs** Hassium (277)	109 **Mt** Meitnerium (268)	110 **Ds** Darmstadtium (281)	111 **Rg** Roentgenium (272)	112 — (285)	113 — (284)	114 — (289)	115 — (288)	116 — (293)		118 — (294)

ses are mass
re isotopes.

Lanthanides	6	58 **Ce** Cerium 140.116	59 **Pr** Praseodymium 140.9076	60 **Nd** Neodymium 144.242	61 **Pm** Promethium (145)	62 **Sm** Samarium 150.36	63 **Eu** Europium 151.964	64 **Gd** Gadolinium 157.25	65 **Tb** Terbium 158.9254	66 **Dy** Dysprosium 162.500	67 **Ho** Holmium 164.9303	68 **Er** Erbium 167.259	69 **Tm** Thulium 168.9342	70 **Yb** Ytterbium 173.054	71 **Lu** Lutetium 174.9668
Actinides	7	90 **Th** Thorium 232.0381	91 **Pa** Protactinium 231.0359	92 **U** Uranium 238.0289	93 **Np** Neptunium (237)	94 **Pu** Plutonium (244)	95 **Am** Americium (243)	96 **Cm** Curium (247)	97 **Bk** Berkelium (247)	98 **Cf** Californium (251)	99 **Es** Einsteinium (252)	100 **Fm** Fermium (257)	101 **Md** Mendelevium (258)	102 **No** Nobelium (259)	103 **Lr** Lawrencium (262)

2.7 이온과 분자

1) 이온(Ions)

양이온(Cation): 중성 원자가 전자를 잃어서 형성되는 이온이다.

$$M \rightarrow M^{n+} + ne^-$$

음이온(Anion): 중성 원자가 전자를 얻어서 형성되는 이온이다.

$$ne^- + X \rightarrow X^{n-}$$

2) 일반적인 양이온과 음이온

주기율표를 참고하여, 양이온, 음이온의 경향성을 파악한다.

1	2											13	14	15	16	17	18
1A																	8A
H	2A											3A	4A	5A	6A	7A	He
Li^+	Be	3	4	5	6	7	8	9	10	11	12			N^{3-}	O^{2-}	F^-	Ne
Na^+	Mg^{2+}											Al^{3+}			S^{2-}	Cl^-	Ar
K^+	Ca^{2+}										Zn^{2+}					Br^-	Kr
Rb^+	Sr^{2+}										Cd^{2+}					I^-	Xe
Cs^+	Ba^{2+}																Rn

3) 분자(Molecular)

두 개 또는 그 이상의 원자들이 서로 화학 결합하여 전하를 띠지 않는 물질이다.

4) 원소와 화합물을 분류하면, 다음과 같다.

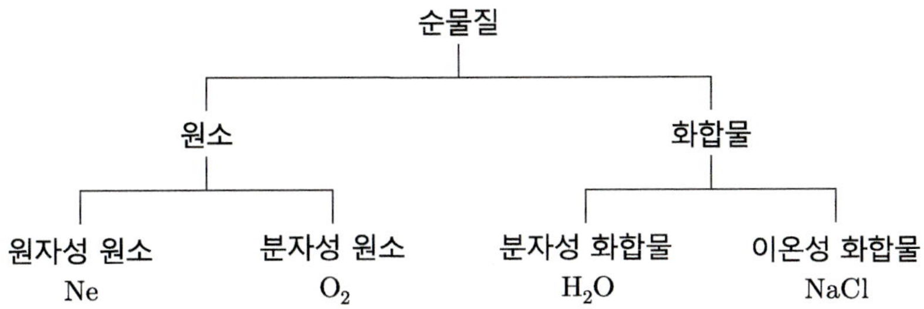

2.8 화합물 명명법

현재까지 수많은 종류의 화합물이 발견되고 있다. 그래서 화합물에 대한 체계적인 명명이 필요하다.

1) 금속과 비금속을 포함하는 이성분 화합물

가) 금속의 전하가 한 종류일 때: 주족 금속+비금속

① 음이온을 명명한다.

② 음이온의 어미를 "-소" 대신 "-화"로 바꾼다.

③ 마지막으로 양이온은 그대로 명명한다.

예를 들면, CaO(산화 칼슘), ZnS(황화 아연), Mg_3N_2(질화 마그네슘), KF(플루오르화 칼륨)

나) 금속의 전하가 두 종류 이상일 때: 전이금속+비금속

- 전하가 한 종류일 때와 거의 같다.
- 차이점: 전하 구별방식

① 양이온 명명 → 낮은 전하(제일), 높은 전하(제이)

② **Stock 명명법:** 양이온의 전하를 로마 숫자로 금속 이름 바로 뒤에 ( ) 속에 넣는다.

$FeCl_2$: 염화 제일철, 염화 철(Ⅱ)
$FeCl_3$: 염화 제이철, 염화 철(Ⅲ)
CuCl: 염화 제일구리, 염화 구리(Ⅰ)
$CuCl_2$: 염화 제이구리, 염화 구리(Ⅱ)
CrS: 황화 제일크롬, 황화 크롬(Ⅱ)
Cr_2S_3: 황화 제이크롬, 황화 크롬(Ⅲ)

2) 두 개의 비금속으로 된 이성분 화합물

- 이성분 이온성 화합물의 명명과 거의 비슷하다.
- 차이점: 원소의 수를 그리스 접두어로 표시

① 일반적으로 전기음성도가 작은 비금속을 먼저 명명하고, 전기음성도가 큰 비금속은 나중에 명명하며 어간에 -ide(-화)를 붙인다.

② 같은 비금속 화합물이 하나 이상 존재한다면, 각 원소의 수를 그리스 접두어를 이용하여 구별한다. (mono-, di-, tri-, …)

③ Stock 법을 사용하지 않는다: 두 화합물의 식별이 용이하지 않다.
NO_2, N_2O_4 둘 모두 nitrogen(Ⅳ) oxide 산화 질소(Ⅳ)
nitrogen dioxide(이산화질소), dinitrogen tetraoxide(사산화이질소)

3) 산소산과 그들의 염

산소산(oxoacid): 수소, 산소와 다른 원소를 포함하고 있는 산

가) 두 개의 산소산이 존재할 때

① 많은 수의 산소를 가질 때: 그대로 부른다.
② 적은 수의 산소를 가질 때: 접두어로 "아-"를 붙인다.
예를 들면, H_2SO_4(황산), H_2SO_3(아황산), HNO_3(질산), HNO_2(아질산)

나) 네 개의 산소산이 존재할 때(할로젠 원소)

① 가장 많은 수의 산소를 가질 때: 접두어로 "과-"를 붙인다.
② 많은 수의 산소를 가질 때: 그대로 부른다.
③ 적은 수의 산소를 가질 때: 접두어로 "아-"를 붙인다.

④ 가장 적은 수의 산소를 가질 때: 접두어로 "하이포아-"를 붙인다.

> $HClO$: 하이포아염소산, hypochlorous acid
> $HClO_2$: 아염소산, chlorous acid
> $HClO_3$: 염소산, chloric acid
> $HClO_4$: 과염소산, perchloric acid

다) 산소산 음이온의 명명

① 산소 원자의 수가 많은 산소산 음이온은 -ate(산)이라는 접미사를, 산소 원자의 수가 적은 산소산 음이온은 -ite(아-산)이라는 접미사를 붙인다.

> NO_3^-: nitrate ion(질산 이온)
> NO_2^-: nitrite ion(아질산 이온)
> SO_4^{2-}: sulfate ion(황산 이온)
> SO_3^{2-}: sulfite ion(아황산 이온)

② 산소산 이온이 네 개 존재할 때

> ClO_4^-: perchlorate(과염소산 이온)
> ClO_3^-: chlorate(염소산 이온)
> ClO_2^-: chlorite(아염소산 이온)
> ClO^-: hypochlorite(하이포아염소산 이온)

CHAPTER 3

화학량론과 반응식

3.1 화학식량(Formula Weight, F.w)

1) 분자 또는 화학식 단위의 질량으로 정의한다.

2) 물질의 화학식에 있는 각 원자들의 원자량의 합으로 나타낸다.

예제 3.1

(a) NaCl과 (b) $Ca(NO_3)_2$의 화학식량은?

풀이

(a) 화학식량(NaCl) = (14.01 amu) + (35.45 amu) = **49.46 amu**

(b) 화학식량($Ca(NO_3)_2$) = (40.08 amu) + 2[(14.00 amu) + 3(16.00 amu)] = **164.08 amu**

3.2 조성 백분율(%)(=질량 백분율 조성)

$$= \frac{(\text{해당 원소의 개수})(\text{해당 원소의 원자량})}{(\text{어떤 물질의 화학식량})} \times 100$$

예제 3.2

$C_{12}H_{22}O_{11}$ 중 탄소, 수소, 그리고 산소의 질량 백분율 조성은?

풀이

$C_{12}H_{22}O_{11}$의 화학식량 $= (12 \times 12.01\ \text{amu}) + (22 \times 1.01\ \text{amu}) + (11 \times 16.01\ \text{amu}) = 342.45\ \text{amu}$

탄소의 조성 백분율: $\dfrac{(12 \times 12.01\ \text{amu})}{342.45\ \text{amu}} \times 100 = \mathbf{42.08\%}$

수소의 조성 백분율: $\dfrac{(22 \times 1.01\ \text{amu})}{342.45\ \text{amu}} \times 100 = \mathbf{6.489\%}$

산소의 조성 백분율: $\dfrac{(11 \times 16.01\ \text{amu})}{342.45\ \text{amu}} \times 100 = \mathbf{51.43\%}$

3.3 몰(mol)

1) 몰(mol)은 정확히 12 g의 순수한 ^{12}C 중에 들어 있는 탄소 원자의 수와 같은 수라고 정의한다.

2) 이 수는 6.022×10^{23}으로 결정되었으며, Avogadro 수(N_A)라고 한다.

어떤 물질 1 mol은 그 물질 6.022×10^{23}개로 구성되어 있다.

알아두기

- 화합물 1 mol에 들어 있는 질량을 **몰질량(molar mass)**이라고 한다.
- g/mol로 나타내는 몰질량은 원자 질량 단위(amu)로 나타내는 원자 질량과 같다.

예제 3.3

탄소 1.5 mol에 들어 있는 탄소 원자의 수는?

풀이

$$1.5\ \text{mol C} \times \left(\frac{6.022 \times 10^{23}\ \text{C}}{1\ \text{mol C}} \right) = \mathbf{9.0 \times 10^{23}\ C\ 원자}$$

예제 3.4

0.0265 g의 탄소의 양을 몰수로 나타내면?

풀이

$$0.0265\ \text{g C} \times \left(\frac{1\ \text{mol C}}{12.01\ \text{g C}} \right) = \mathbf{2.21 \times 10^{3}\ mol\ C}$$

3.4 화합물의 화학식 결정

화학식은 실험식과 분자식으로 나누어진다.

1) 실험식: 가장 간단한 정수비로 나타내는 화학식이다.

2) 실험식을 구하는 방법

단계 1. 화합물의 정확한 출발 양은 보통 100 g으로 가정한다.
단계 2. 각 원소의 g을 몰질량을 이용하여 mol 수를 구한다.
단계 3. 단계 2에서 얻어진 각각의 값에서 가장 작은 수로 나눈다. 만약 정수로 되지 않을 경우 → 적당한 수를 곱하여 정수비로 만든다.

예제 3.5

아이소프로필 알코올은 세척용 알코올로 많이 사용되고 있다. 순수한 아이소프로필 알코올을 분석한 결과, 탄소 60%, 수소 13.4%와 산소 26.6%를 얻었다. 순수한 아이소프로필 알코올의 실험식은?

풀이

단계 1. 100 g의 아이소프로필 알코올이 있다고 가정하면, 탄소 60 g, 수소 13.4 g, 산소 26.6 g을 포함하고 있다.

단계 2. 주어진 양(g)을 mol 수로 전환

탄소: $(60\text{ g C}) \times \left(\dfrac{1\text{ mol C}}{12.01\text{ g C}}\right) = 5.00\text{ mol C}$

수소: $(13.4\text{ g H}) \times \left(\dfrac{1\text{ mol H}}{1.008\text{ g H}}\right) = 13.3\text{ mol H}$

산소: $(26.6\text{ g O}) \times \left(\dfrac{1\text{ mol O}}{16.00\text{ g O}}\right) = 1.66\text{ mol O}$

단계 3. 가장 작은 수 1.66 mol로 각각을 나눈다.

탄소: $\dfrac{5.00\text{ mol}}{1.66\text{ mol}} = 3.01$

수소: $\dfrac{13.3\text{ mol}}{1.66\text{ mol}} = 8.01$

산소: $\dfrac{16.6\text{ mol}}{1.66\text{ mol}} = 1.00$

3 mol C : 8 mol H : 1 mol H

간단한 정수비를 형성하고 있으므로, 실험식은 $\mathbf{C_3H_8O}$이다.

예제 3.6

철황화물은 Fe 2.233 g, S 1.926 g이다. 이 화합물에 대한 실험식은?

풀이

단계 1. 먼저, 주어진 양이 g 단위이므로, 바로 **단계 2**로 넘어간다.

단계 2. 각 원소의 mol 수를 구한다.

$$\text{Fe: } (2.233\text{ g Fe}) \times \left(\frac{1\text{ mol Fe}}{55.85\text{ g Fe}}\right) = 0.03998\text{ mol Fe}$$

$$\text{S: } (1.926\text{ g S}) \times \left(\frac{1\text{ mol O}}{32.06\text{ g O}}\right) = 0.06007\text{ mol O}$$

단계 3. 가장 작은 mol 수로 각각을 나눈다.

$$\text{Fe: } \frac{0.03998\text{ mol}}{0.03998\text{ mol}} = 1.000$$

$$\text{S: } \frac{0.06007\text{ mol}}{0.03998\text{ mol}} = 1.503$$

1 mol F : 1.5 mol S

간단한 정수비를 만들기 위해 ×2를 하면,

2 mol F : 3 mol S

실험식은 **Fe_2S_3**이다.

예제 3.7

남성 호르몬 테스토스테론 1.00 g을 연소 분석한 결과, 2.90 g의 이산화탄소와 0.875 g의 물을 얻었다. 테스토스테론의 실험식은?

풀이

단계 1.

$$2.90\text{ g }CO_2 \times \frac{1\text{ mol }CO_2}{44.01\text{ g }CO_2} \times \frac{1\text{ mol C}}{1\text{ mol }CO_2} \times \frac{12.01\text{ g C}}{1\text{ mol C}} = 0.791\text{ g C}$$

$$0.875\text{ g }H_2O \times \frac{1\text{ mol }H_2O}{18.02\text{ g }H_2O} \times \frac{2\text{ mol H}}{1\text{ mol }H_2O} \times \frac{1.008\text{ g H}}{1\text{ mol H}} = 0.0979\text{ g H}$$

산소의 g 수는

$$1.00\ \text{g 테스토스테론} - (0.791\ \text{g C} + 0.0979\ \text{g H}) = 0.1111\ \text{g O}$$

단계 2. 각 원자의 mol 수를 구하면

$$\text{C:}\ 0.791\ \text{g C} \times \frac{1\ \text{mol C}}{12.01\ \text{g C}} = 0.0659\ \text{mol C}$$

$$\text{H:}\ 0.0979\ \text{g H} \times \frac{1\ \text{mol H}}{1.008\ \text{g H}} = 0.0971\ \text{mol H}$$

$$\text{O:}\ 0.1111\ \text{g O} \times \frac{1\ \text{mol O}}{16.00\ \text{g O}} = 0.00694\ \text{mol O}$$

단계 3. 가장 작은 mol 수로 각각을 나누면

$$\text{C:}\ \frac{0.0659\ \text{mol}}{0.00694\ \text{mol}} = 9.5$$

$$\text{H:}\ \frac{0.0971\ \text{mol}}{0.00694\ \text{mol}} = 14$$

$$\text{O:}\ \frac{0.00694\ \text{mol}}{0.00694\ \text{mol}} = 1.0$$

9.5 mol C : 14 mol H : 1.0 mol O

단계 4. 정수비를 만들기 위해서 2를 곱하면, C : H : O = 19 : 28 : 2이므로 실험식은 $C_{19}H_{28}O_2$이다.

3) 실험식으로부터 분자식을 계산하는 방법

가) 분자식은 항상 실험식의 정수배이다.

$$\text{분자식} = (\text{실험식}) \times n$$

나) 화합물의 몰질량은 실험식의 몰질량의 정수배이다.

$$\text{화합물의 몰질량} = (\text{실험식의 몰질량}) \times n$$

다) n을 결정하면, 분자식을 구할 수 있다.

$$n = \frac{\text{화합물의 몰질량}}{\text{실험식의 몰질량}}$$

예제 3.8

가솔린에 첨가되어 노킹 방지제로 쓰이는 화합물은 Cl(71.65%), C(24.27%), H(4.07%)의 조성을 이루고 있으며, 이 화합물에 대한 몰질량은 98.96 g이다. 이 화합물에 대한 실험식과 분자식은?

풀이

먼저 실험식을 구하면 다음과 같다.

단계 1. 화합물을 100 g으로 가정하면, 71.65 g의 Cl, 24.27 g의 C, 4.07 g의 H이다.

단계 2. 각각의 mol 수를 구한다.

$$\text{Cl: } (71.65\text{ g Cl}) \times \left(\frac{1\text{ mol Cl}}{35.45\text{ g Cl}}\right) = 2.021\text{ mol Cl}$$

$$\text{C: } (24.27\text{ g C}) \times \left(\frac{1\text{ mol C}}{12.01\text{ g C}}\right) = 2.021\text{ mol C}$$

$$\text{H: } (4.07\text{ g H}) \times \left(\frac{1\text{ mol H}}{1.01\text{ g H}}\right) = 4.30\text{ mol H}$$

가장 작은 mol 수인 2.01로 각각을 나누면,

$$\text{Cl: } \frac{2.01\text{ mol}}{2.01\text{ mol}} = 1$$

$$\text{C: } \frac{2.01\text{ mol}}{2.01\text{ mol}} = 1$$

$$\text{H: } \frac{4.30\text{ mol}}{2.01\text{ mol}} = 2$$

$$1\text{ mol Cl} : 1\text{ mol C} : 2\text{ mol H}$$

실험식은 **$ClCH_2$**이다.

실험식량은 $35.34\text{ g/mol} + 12.01\text{ g/mol} + (2 \times 1.01\text{ g/mol}) = 49.48\text{ g/mol}$이다.

$$\text{분자식} = (\text{실험식}) \times n$$

분자식을 구하기 위해 n을 구하면 된다.

$$n = \frac{\text{화합물의 몰질량}}{\text{실험식의 몰질량}} = \frac{98.86\text{ g/mol}}{49.48\text{ g/mol}} = 2$$

분자식 $= (\text{실험식}) \times n = (ClCH_2) \times 2 =$ **$Cl_2C_2H_4$**이다.

3.5 화학 반응식(Chemical Equation)

1) 우리가 화학 반응식으로부터 얻을 수 있는 정보에는 어떤 것들이 있는가?

반응물 (Reactant) ⟶ 생성물 (Product)

A + B ⟶ C + D

$$2\,H_2 + O_2 \longrightarrow 2\,H_2O$$

반응물 생성물

가) 무엇이 반응물이고 생성물인지를 알 수 있다.
나) 반응물과 생성물의 화학식 및 물질의 상태를 알 수 있다.
다) 반응물과 생성물의 분자의 개수를 알 수 있다.
라) 반응물과 생성물 각각의 mol 수를 알 수 있다.
마) 반응에 참여하거나 생성되는 물질의 g 수를 알 수 있다.

알아두기

화학 반응식을 표기할 때, 반응물과 생성물의 물리적 상태가 매우 중요하다.

고체: (s), **액체:** (l), **기체:** (g), **수용액:** (aq)

예제 3.9

고체 포타슘과 액체 물이 반응하여, 수소 기체와 물에 용해된 수산화포타슘을 생성하였다. 이를 화학 반응식으로 표현하면?

풀이

화학 반응식으로 쓰면,

포타슘(s) + 물 → 수소(g) + 수산화포타슘(aq)

화합물의 이름을 화학식으로 바꿀 수 있다.

$$K(s) + H_2O(aq) \rightarrow H_2(g) + KOH(aq)$$

반응물과 생성물의 전체적인 균형이 맞지 않은 **불균형 화학 반응식**을 얻을 수 있다.

2) 균형 화학 반응식 쓰기

단계 1. 반응식으로 옮겨 적을 반응이 무엇인지 파악한다.
단계 2. 균형이 맞지 않은 반응식, 또는 불균형 반응식을 쓴다.
단계 3. 반응식의 균형을 맞춘다. → 반응물과 생성물의 각 원소에서 대하여 비교하여 계수를 찾을 수 있다. 그러나 화학 반응식이 복잡할 경우, 미정계수법을 이용하는 것이 용이하다.

예제 3.10

수산화알루미늄이 황산과 반응하여, 황산알루미늄과 물을 생성시킨다. 이 반응에 대한 균형 화학 반응식을 완성하면?

풀이

1. 수산화알루미늄 + 황산 → 황산알루미늄 + 물
2. $Al(OH)_3 + H_2SO_4 \rightarrow Al_2(SO_4)_3 + H_2O$
3. 미정계수법을 이용하여 화학량론 계수를 결정

   $aAl(OH)_3 + bH_2SO_4 \rightarrow cAl_2(SO_4)_3 + dH_2O$

	좌측	우측
Al원자	a	2c
O원자	3a+4b	12c+d
H원자	3a+2b	2d
S원자	b	3c

여기서, 좌측과 우측을 등식으로 하면,

$a = 2c$ ············ (1)

$3a + 4b = 12c + d$ ············ (2)

$3a + 2b = 2d$ ············ (3)

$b = 3c$ ············ (4)

식 (1), (4)를 식 (3)에 대입하면, $12c = 2d \rightarrow d = 6c$

$a = 2c$, $b = 3c$, $d = 6c \rightarrow c = 1$이면, $a = 2$, $b = 3$, $d = 6$이다.

그러므로 균형 화학 반응식은 $\mathbf{2Al(OH)_3 + 3H_2SO_4 \rightarrow Al_2(SO_4)_3 + 6H_2O}$이다.

예제 3.11

암모니아 기체가 산소 기체와 반응하여 일산화질소 기체와 수증기를 만들었다. 균형 화학 반응식을 쓰면?

풀이

1. 암모니아(기체) + 산소(기체) → 일산화질소(기체) + 수증기(기체)
2. $NH_3(g) + O_2(g) \rightarrow NO(g) + H_2O(g)$
3. 미정계수법을 이용하여 화학량론 계수를 결정

$$aNH_3(g) + bO_2(g) \rightarrow cNO(g) + dH_2O(g)$$

	좌측	우측
N원자	a	c
H원자	3a	2d
O원자	2b	c+d

여기서, 좌측과 우측을 등식으로 하면,

$a = c$ ············ (1)

$3a = 2d$ .... (2)

$2b = c + d$ .... (3)

모든 식을 c에 관한 식으로 정리하면, $a = c$, $d = \frac{3}{2}c$, $b = \frac{5}{4}c$이므로, $c = 4$이면, $a = 4$, $b = 5$, $d = 6$이다.

균형 화학 반응식은 $4NH_3(g) + 5O_2(g) \rightarrow 4NO(g) + 6H_2O(g)$이다.

3.6 화학 반응식으로부터 주어지는 문제 풀이 요령

단계 1. 균형 화학 반응식을 완성한다.

단계 2. 문제에서 주어진 양(mol…?, g…?, #…?)을 체크한다.

단계 3. 주어진 양(만약에 g인 경우)을 mol 수로 변환한다.

단계 4. 균형 화학 반응식에서 주어진 조건과 관련된 적절한 mol 비를 이용한다.

단계 5. 필요한 반응물이나 생성물의 양(mol…?, g…?, #…?)을 계산한다.

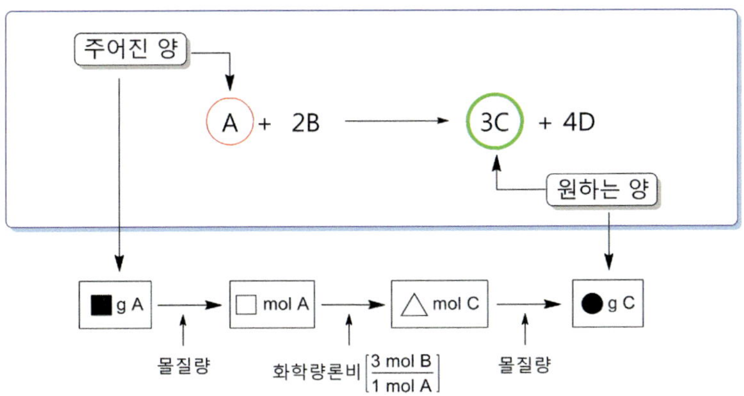

예제 3.12

대기 오염 물질인 산화질소(NO)를 제거하는 방법으로 암모니아와 반응시켰다.

$$4NH_3(g) + 6NO(g) \rightarrow 5N_2(g) + 6H_2O$$

다음을 계산하면?

(a) 72개의 산화질소로부터 만들어지는 질소 분자의 수는?
(b) 0.418 mol의 암모니아로부터 물의 질량은?
(c) 6.752 mol의 암모니아와 반응하기 위해 필요한 NO의 질량은?
(d) 12.0 g의 질소를 만들기 위해 필요한 암모니아의 질량은?
(e) 250 g의 NO를 반응시키는 데 필요한 암모니아의 질량은?

풀이

(a) $(72\text{개 NO}) \times \left(\frac{5\text{ mol N}_2}{6\text{ mol NO}}\right) = 60\text{개 N}_2$

(b) $(0.418\text{ mol NH}_3) \times \left(\frac{6\text{ mol H}_2\text{O}}{4\text{ mol NH}_3}\right) \times \left(\frac{18.02\text{ g H}_2\text{O}}{1\text{ mol H}_2\text{O}}\right) = 11.3\text{ g H}_2\text{O}$

(c) $(6.752\text{ mol NH}_3) \times \left(\frac{6\text{ mol NO}}{4\text{ mol NH}_3}\right) \times \left(\frac{30.00\text{ g NO}}{1\text{ mol NO}}\right) = 303.8\text{ g NO}$

(d) $(12.0\text{ g N}_2) \times \left(\frac{1\text{ mol N}_2}{28.00\text{ g N}_2}\right) \times \left(\frac{4\text{ mol NH}_3}{5\text{ mol N}_2}\right) \times \left(\frac{17.03\text{ g NH}_3}{1\text{ mol NH}_3}\right) = 5.84\text{ g NH}_3$

(e) $(250\text{ g NO}) \times \left(\frac{1\text{ mol NO}}{30.00\text{ g NO}}\right) \times \left(\frac{4\text{ mol NH}_3}{6\text{ mol NO}}\right) \times \left(\frac{17.03\text{ g NH}_3}{1\text{ mol NH}_3}\right) = 94.6\text{ g NH}_3$

예제 3.13

응급실에서 사용하는 산소마스크는 초과산화포타슘(KO_2)을 포함하고 있다. 이것은 날숨에 포함된 이산화탄소 및 물과 반응하여 산소를 발생시킨다. 균형 화학 반응식은 다음과 같다.

$$4KO_2(s) + 2H_2O(g) + 4CO_2(g) \rightarrow 4KHCO_3(s) + 3O_2(g)$$

이 산소마스크를 착용한 사람이 분당 0.702 g의 이산화탄소를 방출하면서 숨을 내쉰다면 60분 동안 소모되는 초과산화포타슘의 질량은?

풀이

먼저, 주어진 양, 분당 0.702 g의 이산화탄소를 60분 동안 발생한 이산화탄소의 질량으로 나타내면,

$$(60\text{분}) \times \left(\frac{0.702\ \text{g CO}_2}{1\text{분}}\right) = 42.1\ \text{g CO}_2$$

주어진 양 42.1 g의 이산화탄소를 이용하여 계산하면

$$(42.1\ \text{g CO}_2) \times \left(\frac{1\ \text{mol CO}_2}{44.01\ \text{g CO}_2}\right) \times \left(\frac{4\ \text{mol KO}_2}{4\ \text{mol CO}_2}\right) \times \left(\frac{71.10\ \text{g KO}_2}{1\ \text{mol KO}_2}\right) = \mathbf{66.6\ g\ KO_2}$$

3.7 한계 반응물(Limiting reactant)

화학 공정에서는 하나 이상의 반응물을 화학량론적으로 필요한 양보다 과량으로 사용하여 반응을 진행시키는 것이 일반적이다. 이는 화학 반응에 참여하는 모든 반응물들이 100% 생성물로 전환되지 않기 때문이다. 이는 보다 많은 생성물을 얻기 위해서 사용하는 방법으로서, 이때 사용되는 반응물을 **한계 반응물**이라고 한다.

한계 반응물(limiting reactant)

- 반응에 전부 참여하는 반응물
- 반응에서 먼저 소모되어 생성물의 양을 제한하는 반응물
- 생성물의 mol 수(또는 g 수)를 가장 작게 만드는 반응물

예제 3.14

요소는 암모니아와 이산화탄소로부터 만든다.

$$2NH_3(g) + CO_2(g) \rightarrow (NH_2)_2CO(aq) + H_2O(l)$$

100 g NH_3와 100 g CO_2을 반응시켰을 때,

(a) 두 반응물 중 한계 반응물은?
(b) 생성된 요소의 g 수는?
(c) 반응이 끝난 후 남는 과잉 반응물의 g 수는?
(단, NH_3 분자량=17.03 g/mol, CO_2 분자량=44.01 g/mol, $(NH_2)_2CO$ 분자량 =60.06 g/mol이다)

풀이

(a) 두 반응물 중 생성물의 mol 수가 작은 것이 한계 반응물이다.

$$NH_3: (100\ g\ NH_3)\times\left(\frac{1\ mol\ NH_3}{17.03\ g\ NH_3}\right)\times\left(\frac{1\ mol\ 요소}{2\ mol\ NH_3}\right)=2.94\ mol\ 요소$$

$$CO_2: (100\ g\ CO_2)\times\left(\frac{1\ mol\ CO_2}{44.01\ g\ CO_2}\right)\times\left(\frac{1\ mol\ 요소}{1\ mol\ CO_2}\right)=\mathbf{2.27\ mol\ 요소}$$

한계 반응물은 CO_2이고, NH_3는 과잉 반응이다.

(b) 한계 반응물로부터 생성되는 요소의 g 수를 결정한다.

$$CO_2: (100\ g\ CO_2)\times\left(\frac{1\ mol\ CO_2}{44.01\ g\ CO_2}\right)\times\left(\frac{1\ mol\ 요소}{1\ mol\ CO_2}\right)\times\left(\frac{60.06\ g\ 요소}{1\ mol\ 요소}\right)=136\ g\ 요소$$

(c) 한계 반응물로부터 생성된 요소의 양으로부터 반응에 참여하는 과잉 반응물의 양을 결정한다.

$$(2.27\ mol\ 요소)\times\left(\frac{1\ mol\ NH_3}{1\ mol\ 요소}\right)\times\left(\frac{17.03\ g\ NH_3}{1\ mol\ NH_3}\right)=38.7\ g\ NH_3$$

반응하고 남은 과잉 반응물은 $100\ g\ NH_3 - 38.7\ g\ NH_3 = \mathbf{61.3\ g\ NH_3}$이다.

예제 3.15

25.9 g의 $NiCl_2$와 10.0 g의 NaOH를 포함하고 있는 두 용액을 반응시켜 얻을 수 있는 최대의 $Ni(OH)_2$의 양은? (단, $NiCl_2$ 분자량=129.6 g/mol, NaOH 분자량=40.0 g/mol, $Ni(OH)_2$ 분자량=92.7 g/mol이다)

풀이

단계 1. 먼저, 균형 화학 반응식을 완성하면, 다음과 같다.

$$NiCl_2 + 2NaOH \rightarrow Ni(OH)_2 + 2NaCl$$

단계 2. 두 반응물 중 어느 것이 한계 반응물인지를 결정한다.

$$NiCl_2\text{:}\ 25.9\ g\ NiCl_2 \times \left(\frac{1\ mol\ NiCl_2}{129.6\ g\ NiCl_2}\right) \times \left(\frac{1\ mol\ Ni(OH)_2}{1\ mol\ NiCl_2}\right) = 0.200\ mol\ Ni(OH)_2$$

$$NaOH\text{:}\ 10.0\ g\ NaOH \times \left(\frac{1\ mol\ NaOH}{40.0\ g\ NaOH}\right) \times \left(\frac{1\ mol\ Ni(OH)_2}{2\ mol\ NaOH}\right) = \mathbf{0.125\ mol\ Ni(OH)_2}$$

한계 반응물은 NaOH이다.

단계 3. 한계 반응물로부터 얻어지는 최대 생성물의 mol 수로부터 g 수를 결정한다.

$$0.125\ mol\ Ni(OH)_2 \times \left(\frac{92.7\ g\ Ni(OH)_2}{1\ mol\ Ni(OH)_2}\right) = \mathbf{11.6\ g\ Ni(OH)_2}$$

3.8 백분율 수득률(% 수득률)

$$\text{백분율 수득률} = \frac{\text{실제 수득량}}{\text{이론적 수득량}} \times 100$$

예제 3.16

15.6 g C_6H_6이 과량의 HNO_3와 반응하여, 18.0 g의 $C_6H_5NO_2$를 얻었다면, (a) 이 반응에서 $C_6H_5NO_2$의 이론적 수득량은 몇 g인가? (b) $C_6H_5NO_2$의 % 수득률은? (단, C_6H_6 분자량=78.1 g/mol, $C_6H_5NO_2$ 분자량=123.1 g/mol이다)

풀이

단계 1. 균형 화학 반응식은 다음과 같다.

$$C_6H_6 + HNO_3 \rightarrow C_6H_5NO_2 + H_2O$$

단계 2. 한계 반응물로부터 이론적 수득량을 결정한다.

$$15.6\ \text{g}\ C_6H_6 \times \frac{1\ \text{mol}\ C_6H_6}{78.1\ \text{g}\ C_6H_6} \times \frac{1\ \text{mol}\ C_6H_5NO_2}{1\ \text{mol}\ C_6H_6} \times \frac{123.1\ \text{g}\ C_6H_5NO_2}{1\ \text{mol}\ C_6H_5NO_2} = 24.6\ \text{g}\ C_6H_5NO_2$$

이론적 수득량은 24.6 g이다.

단계 3. % 수득률을 계산한다.

$$\%\ \text{수득률} = \left(\frac{\text{실제 수득량}}{\text{이론적 수득량}}\right) \times 100 = \left(\frac{18.0\ \text{g}}{24.6\ \text{g}}\right) \times 100 = \mathbf{73.2\%}$$

CHAPTER 4 수용액상에서의 반응

4.1 수용액의 일반적인 성질

1) 용액(Solution) = 용질(Solute) + 용매(Solvent)

2) 이온결합화합물이 물에 녹으면 어떤 일이 일어나는가?
양이온과 음이온으로 분리된다.

3) 전해질: 수용액이 이온을 포함하여 전기를 전도하는 물질
- 강 전해질: 100% 물에 해리되는 물질
- 약 전해질: 일부만 물에 해리되는 물질

4.2 용액의 조성

화학 반응은 두 용액을 섞을 때 일어난다. 이러한 경우 화학량론적인 계산을 하기 위해서는 물 속에 녹아 있는 화학 물질의 정확한 형태에 따른 반응의 성질(반응 추진

력), 용액에 존재하는 화학 물질의 양인 농도 등을 알아야 한다.

1) 농도: 어떤 용액의 진하고 묽은 정도를 나타내는 것으로 % 농도, 몰농도, 몰랄농도 등이 있다.

2) 농도의 종류, 정의 및 단위

종류	정의	단위
질량부분비	$\frac{\text{용질의 질량}}{\text{용액의 질량}} \times \text{곱인자}$	
백분율(%)	곱인자=100	%
백만분율	곱인자=10^6	ppm
십억분율	곱인자=10^9	ppb
물농도(M)	$\frac{\text{용질의 몰수}}{\text{용액의 부피}}$	mol/L
몰랄농도(m)	$\frac{\text{용질의 몰수}}{\text{용매의 질량(kg)}}$	mol/kg

3) 실험실에서 1 M NaCl 용액 만들기

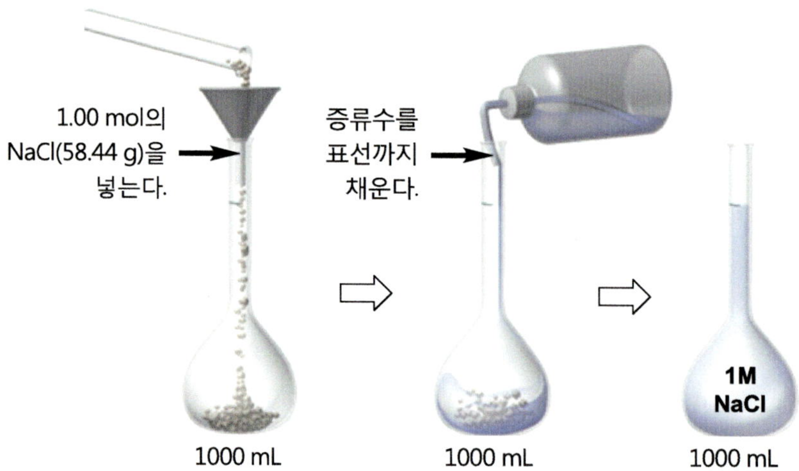

예제 4.1

25.5 g의 KBr을 비이커에 넣고, 물을 가하여 만들어진 1.75 L KBr 용액의 몰농도를 계산하면? (단, KBr 분자량=119.0 g/mol이다)

풀이

단계 1. 먼저, 용질의 mol 수를 구한다.

$$(25.5\ \text{g KBr}) \times \left(\frac{1\ \text{mol KBr}}{119.0\ \text{g KBr}}\right) = 0.214\ \text{mol KBr}$$

단계 2. 몰농도를 구한다.

$$\text{몰농도} = \frac{\text{용질의 mol 수}}{\text{용액 L}} = \frac{0.214\ \text{mol KBr}}{1.75\ \text{L KBr 용액}} = \mathbf{1.22\ M\ KBr}$$

예제 4.2

38% 농도를 갖는 염산의 몰농도는? (단, 염산의 밀도는 1.174 g/mL이며, 분자량은 36.46 g/mol이다)

풀이

단계 1. 먼저, 38% 염산에 해당하는 염산의 밀도를 구한다.

$$\left(\frac{38\ \text{g}}{100\ \text{g}}\right) \times \left(\frac{1.174\ \text{g}}{1\ \text{mL}}\right) = 0.446\ \text{g/mL}$$

단계 2. 밀도와 분자량의 관계식으로부터 몰농도를 구한다.

$$\left(\frac{0.446\ \text{g HCl}}{1\ \text{mL}}\right) \times \left(\frac{1000\ \text{mL}}{1\ \text{L}}\right) \times \left(\frac{1\ \text{mol HCl}}{36.46\ \text{g HCl}}\right) = \frac{12.23\ \text{mol HCl}}{\text{L}} = \mathbf{12.23\ M\ HCl}$$

알아두기. 시판되는 염산의 몰농도는 **12.10 M**이다.

예제 4.3

2.16 M 중크롬산 포타슘($K_2Cr_2O_7$) 용액 250 mL를 만들기 위하여 필요한 $K_2Cr_2O_7$의 g 수는? (단, $K_2Cr_2O_7$ 분자량=294.2 g/mol이다)

풀이

단계 1. 먼저, mol 수를 구한다.

$$(0.25\ \text{L 용액}) \times \left(\frac{2.16\ \text{mol}\ K_2Cr_2O_7}{1\ \text{L 용액}}\right) = 0.54\ \text{mol}\ K_2Cr_2O_7$$

단계 2. mol 수로부터 g 수를 결정한다.

$$(0.54\ \text{mol}\ K_2Cr_2O_7) \times \left(\frac{294.2\ \text{g}\ K_2Cr_2O_7}{1\ \text{mol}\ K_2Cr_2O_7}\right) = \mathbf{159\ g\ K_2Cr_2O_7}$$

예제 4.4

0.381 g 글루코스($C_6H_{12}O_6$)를 이용해서 0.53 M $C_6H_{12}O_6$를 만들 때, 이 용액의 부피는? (단, $C_6H_{12}O_6$ 분자량=180.2 g/mol이다)

풀이

단계 1. 글루코스의 mol 수를 구한다.

$$(0.381\ \text{g}\ C_6H_{12}O_6) \times \left(\frac{1\ \text{mol}\ C_6H_{12}O_6}{180.2\ \text{g}\ C_6H_{12}O_6}\right) = 2.11 \times 10^{-3}\ \text{mol}\ C_6H_{12}O_6$$

단계 2. 몰농도를 이용하여, 부피를 구한다.

$$(2.11 \times 10^{-3}\ \text{mol}\ C_6H_{12}O_6) \times \left(\frac{1\ \text{L 용액}}{0.53\ \text{mol}\ C_6H_{12}O_6}\right) = \mathbf{3.98\ mL\ 용액}$$

예제 4.5

0.001 M $AlCl_3$ 용액 1.75 L 중에 녹아 있는 Cl^- 이온의 mol 수는?

풀이

단계 1. 이온의 용해에 대한 균형 화학 반응식을 쓴다.

$$AlCl_3(s) \rightarrow Al^{3+}(aq) + 3Cl^-(aq)$$

단계 2. 용액 속에 들어 있는 Cl^-의 몰농도를 구한다.

$$(0.001\ M\ AlCl_3) \times \left(\frac{3\ mol\ Cl^-}{1\ mol\ AlCl_3}\right) = 0.003\ M\ Cl^-$$

단계 3. Cl^-의 mol 수를 구한다.

$$(1.75\ L\ 용액) \times \left(\frac{0.003\ mol\ Cl^-}{1\ L\ 용액}\right) = \mathbf{5.25 \times 10^{-3}\ mol\ Cl^-}$$

4) 용액의 희석(묽힘)

희석 전의 용질의 mol 수 = 희석 후의 용질의 mol 수

$$M_1V_1 = M_2V_2$$

예제 4.6

8.65 M H_2SO_4를 이용해서 1.65 M H_2SO_4 용액 500 mL를 만들려고 한다. 이때 필요한 부피는?

풀이

단계 1. 필요한 H_2SO_4의 mol 수를 구한다.

$$(0.5\ L\ 용액) \times \left(\frac{1.65\ mol\ H_2SO_4}{L\ 용액}\right) = 0.825\ mol\ H_2SO_4$$

단계 2. 0.825 mol H_2SO_4가 들어 있는 8.65 M 황산의 부피를 구한다.

$$(0.825\ mol\ H_2SO_4) \times \left(\frac{L\ 용액}{8.65\ mol\ H_2SO_4}\right) = 0.095\ L = \mathbf{95\ mL\ 용액}$$

4.3 화학 반응의 종류

반응물을 생성물로 변화시키는 몇 가지 **추진력**(driving force)이 존재한다.

1) 고체를 형성 → **침전 반응**

$$A + B \rightarrow C(s)\downarrow + D$$

2) 물을 형성 → **산-염기 중화 반응**

$$HA + BOH \rightarrow BA + H_2O(l)$$

cf. **기체 생성**을 수반으로 하는 산-염기 반응

$$2HCl(aq) + Na_2S(aq) \rightarrow H_2S(g)\uparrow + 2NaCl(aq)$$

3) 전자의 이동 → **산화-환원 반응**

$$A + BX \rightarrow AX + B$$

4.4 고체를 형성하는 반응(침전 반응)

1) 침전물은 용액으로부터 분리되는 **불용성 고체 화합물**이다.

$$\text{반응물} \rightarrow \text{생성물}(s)$$

$$Pb(NO_3)_2(aq) + 2KI(aq) \rightarrow PbI_2(s) + 2KNO_3(aq)$$

2) **용해도**는 어떤 특정온도에서 주어진 양의 용매에 녹을 수 있는 용질의 최대량을 의미한다.

3) 이온 결합 화합물들은 용해도 정도에 따라 ⅰ) 가용성, ⅱ) 미용성, ⅲ) 불용성으로 분류할 수 있다.

25℃에서 물에 대한 이온 결합 화합물(염)의 일반적인 용해도 규칙

가) 1족 금속이온(Li^+, Na^+, K^+, Rb^+, Cs^+)와 NH_4^+를 포함하는 화합물은 가용성

나) NO_3^-, HCO_3^-, ClO_3^-를 포함하는 화합물은 가용성

다) Cl^-, Br^-, I^-를 포함하는 화합물은 가용성 (단, Ag^+, Hg_2^{2+}, Pb^{2+}는 제외)

라) SO_4^{2-}를 포함하는 화합물은 가용성 (단, Ag^+, Ca^{2+}, Sr^{2+}, Ba^{2+}, Hg_2^{2+}, Pb^{2+}는 제외)

마) CO_3^{2-}, PO_4^{3-}, CrO_4^{2-}, S^{2-}를 포함하는 화합물은 대부분 불용성

바) OH^-를 포함하는 화합물은 불용성 (단, 1족 금속이온, Ba^{2+}를 포함하는 화합물은 제외)

예제 4.7

용해도 규칙을 참고하여, 다음 용액을 혼합하면 어떤 일이 일어날지를 예측하면?

(a) $CuSO_4(aq)$와 $NaCl(aq)$

(b) $Mn(NO_3)_2(aq)$와 $NaOH(aq)$

(c) $AgNO_3(aq)$와 $HCl(aq)$

(d) $CoSO_4(aq)$와 $Ba(OH)_2(aq)$

(e) $(NH_4)_2(CO_3)(aq)$와 $KOH(aq)$

풀이

(a) 이온으로 분리되면, Cu^{2+}, SO_4^{2-}, Na^+, Cl^-
가능한 생성물, $CuCl_2$, Na_2SO_4
용해도 규칙에 의하면, 두 화합물은 모두 가용성이다.

(b) 이온으로 분리되면, Mn^{2+}, NO_3^-, Na^+, OH^-
가능한 생성물, $Mn(OH)_2$, $NaNO_3$
용해도 규칙에 의하면, $NaNO_3$는 가용성이고, $Mn(OH)_2$는 불용성으로 침전물을 형성한다.

(c) 이온으로 분리되면, Ag^+, NO_3^-, H^+, Cl^-
가능한 생성물, $AgCl$, HNO_3

용해도 규칙에 의하면, HNO_3는 가용성이고, AgCl는 불용성으로 침전물을 형성한다.

(d) 이온으로 분리되면, Co^{2+}, SO_4^{2-}, Ba^{2+}, OH^-

가능한 생성물, $Co(OH)_2$, $BaSO_4$

용해도 규칙에 의하면, 두 화합물은 모두 불용성으로 침전물을 형성한다.

(e) 이온으로 분리되면, NH_4^+, CO_3^{2-}, K^+, OH^-

가능한 생성물, NH_4OH, K_2CO_3

용해도 규칙에 의하면, 두 화합물은 모두 가용성이다.

알아두기

수용액에서의 반응을 기술할 때, **3가지 종류의 반응식**이 이용된다.

가) **분자 반응식**: 전체 반응을 나타내나 용액 속의 반응물과 생성물의 실제 형태를 반드시 나타내지 않는다.

나) **완전 이온 반응식**: 강 전해질인 모든 반응물과 생성물을 이온으로 나타낸다. 모든 반응물과 생성물이 포함된다.

다) **알짜 이온 반응식**: 실제로 화학 반응에 참여하는 화학종만을 포함한다.

라) **구경꾼 이온**: 전체 반응에 포함되지 않는 이온

예를 들면,

$Pb(NO_3)_2(aq) + 2KI(aq) \rightarrow PbI_2(s) + 2KNO_3(aq)$ ………………………… 분자 반응식

$Pb^{2+}(aq) + NO_3^-(aq) + 2K^+(aq) + 2I^-(aq) \rightarrow PbI_2(s) + 2K^+(aq) + 2NO_3^-(aq)$

………………………………………… 완전 이온 반응식

$Pb^{2+}(aq) + 2I^-(aq) \rightarrow PbI_2(s)$ ………………………………………… 알짜 이온 반응식

예제 4.8

다음의 각 반응에 대하여, 분자 반응식, 완전 이온 반응식, 알짜 이온 반응식을 완성하면?

(a) 염화카드뮴 수용액과 황화암모늄 수용액을 혼합하여 황화카드뮴과 염화암모늄을 얻었다.

(b) 질산납(Ⅱ) 수용액과 염화암모늄 수용액을 혼합하여 염화납(Ⅱ)과 질산암모늄을 얻었다.

풀이

(a) 분자 반응식: $CdCl_2(aq) + (NH_4)_2S(aq) \rightarrow CdS(s) + 2NH_4Cl(aq)$

완전 이온 반응식:

$$Cd^{2+}(aq) + 2Cl^-(aq) + NH_4^+(aq) + S^{2-}(aq) \rightarrow CdS(s) + 2NH_4^+(aq) + 2Cl^-$$

알짜 이온 반응식: $Cd^{2+}(aq) + S^{2-} \rightarrow CdS(s)$

(b) 분자 반응식: $Pb(NO_3)_2(aq) + 2NH_4Cl(aq) \rightarrow PbCl_2(s) + 2NH_4NO_3(aq)$

완전 이온 반응식: $Pb^{2+}(aq) + 2NO_3^-(aq) + 2NH_4^+(aq) + 2Cl^-(aq) \rightarrow$

$PbCl_2(s) + 2NH_4^+(aq) + 2NO_3^-(aq)$

알짜 이온 반응식: $Pb^{2+}(aq) + 2Cl^-(aq) \rightarrow PbCl_2(s)$

예제 4.9

수용액상에서 알루미늄 이온과 탄산 이온이 반응하면 탄산알루미늄 침전물을 형성한다.

(a) 이 반응의 알짜 이온 반응식은?

(b) 0.274 M 탄산소듐 용액 35.5 mL와 완전히 반응하기 위해 염화알루미늄 용액 15.0 mL가 필요하다면, 이 용액의 몰농도는?

(c) (b)에서 탄산알루미늄이 몇 g 생성되는가?

풀이

(a) $2Al^{3+}(aq) + 3CO_3^{2-}(aq) \rightarrow Al_2(CO_3)_3(s)$

(b) $(0.0355\ L) \times \left(\dfrac{0.274\ mol\ Na_2CO_3}{1\ L}\right) \times \left(\dfrac{1\ mol\ CO_3^{2-}}{1\ mol\ Na_2CO_3}\right) = 9.73 \times 10^{-3}\ mol\ CO_3^{2-}$

$(9.73 \times 10^{-3}\ mol\ CO_3^{2-}) \times \left(\dfrac{2\ mol\ Al^{3+}}{3\ mol\ CO_3^{2-}}\right) = 6.49 \times 10^{-3}\ mol\ Al^{3+}$

$(6.49 \times 10^{-3}\ mol\ Al^{3+}) \times \left(\dfrac{1\ mol\ AlCl_3}{1\ mol\ Al^{3+}}\right) = 6.49 \times 10^{-3}\ mol\ AlCl_3$

$$M = \frac{\text{용질의 mol 수}}{\text{L 용액}} = \frac{0.00649 \text{ mol } AlCl_3}{0.015 \text{ L}} = \mathbf{0.433\ M\ AlCl_3}$$

(c) $$(9.73 \times 10^{-3} \text{ mol } CO_3^{2-}) \times \left(\frac{1 \text{ mol } Al_2(CO_3)_3}{3 \text{ mol } CO_3^{2-}}\right) \times \left(\frac{234.0 \text{ g } Al_2(CO_3)_3}{1 \text{ mol } Al_2(CO_3)_3}\right) = \mathbf{0.759\ g\ Al_2(CO_3)_3}$$

4.5 산–염기 반응

1) 산-염기의 정의

1. Arrhenius의 정의

가) 산(acid): 수용액 속에서 H^+를 내어놓는 것

$$HCl(aq) + H_2O \rightarrow H^+(aq) + Cl^-(aq)$$

나) 염기(base): 수용액 속에서 OH^-를 내어놓는 것

$$NaOH(aq) + H_2O \rightarrow Na^+(aq) + OH^-(aq)$$

Arrhenius 정의의 한계

① 물에서는 단순히 자유로운 양성자가 존재하지 않는다.

⇒ H^+이온은 물과 결합하여 히드로늄 이온(H_3O^+) 생성

② 암모니아나 이와 관련된 화합물의 염기성을 설명하지 못한다.

③ 수용액에서만 적용된다.

2. Brönsted-Lowry의 정의

가) 산(acid): 양성자 주개(proton donor)

$$HCl + H_2O \rightarrow H_3O^+ + Cl^-$$

나) 염기(base): 양성자 받개(proton acceptor)

$$NH_3 + H_2O \rightarrow NH_4^+ + OH^-$$

3. Lewis의 정의

가) 산(acid): 전자쌍 받개(electron pair acceptor)

나) 염기(base): 전자쌍 주개(electron pair donor)

$$\underset{\text{acid}}{BCl_3(g)} + \underset{\text{base}}{\ddot{N}H_3(g)} \rightarrow Cl_3B:NH_3$$

2) 다양성자성 산(polyprotonic acid)

1. 일양성자성 산: 해리되었을 때, 양성자(H^+)를 하나 내어놓는 산

$HCl \rightarrow H^+ + Cl^-$

$HNO_3 \rightarrow H^+ + NO_3^-$

$CH_3COOH \rightarrow H^+ + CH_3COO^-$

2. 이양성자성 산: 해리되었을 때, 양성자(H^+)를 두 개 내어놓는 산

$H_2SO_4 \rightarrow H^+ + HSO_4^-$

$HSO_4^- \rightarrow H^+ + SO_4^{2-}$

3. 삼양성자성 산: 해리되었을 때, 양성자(H^+)를 세 개 내어놓는 산

$H_3PO_4 \rightarrow H^+ + H_2PO_4^{2-}$

$H_2PO_4^- \rightarrow H^+ + HPO_4^{2-}$

$HPO_4^{2-} \rightarrow H^+ + PO_4^{3-}$

3) 산-염기 중화 반응

$$\text{산} + \text{염기} \rightarrow \text{염} + \text{물}(H_2O(l))$$

예를 들면, 염산과 수산화나트륨이 반응하여 물과 염화나트륨을 생성한다.

1. 분자 반응식:

$$HCl(aq) + NaOH(aq) \rightarrow NaCl(aq) + H_2O(l)$$

2. 완전 이온 반응식:

$$H^+(aq) + Cl^-(aq) + Na^+(aq) + OH^-(aq) \rightarrow Na^+(aq) + Cl^-(aq) + H_2O(l)$$

3. 알짜 이온 반응식:

$$H^+(aq) + OH^-(aq) \rightarrow H_2O(l)$$

4) 기체를 생성하는 산-염기 반응

탄산(CO_3^{2-}), 탄산수소(HCO_3^-), 아황산(SO_3^{2-}), 황화(S^{2-})	를 포함하는 염 + 산 → 기체(g)↑

$$Na_2CO_3(aq) + 2HCl(aq) \rightarrow 2NaCl(aq) + 2NaCl(aq) + H_2CO_3(aq)$$
$$H_2CO_3(aq) \rightarrow H_2O(l) + CO_2(g)\uparrow$$
$$NaHCO_3(aq) + HCl(aq) \rightarrow NaCl(aq) + H_2O(l) + CO_2(g)\uparrow$$
$$Na_2S(aq) + 2HCl(aq) \rightarrow 2NaCl(aq) + H_2S(g)\uparrow$$

예제 4.10

적정실험에서, 0.5468 g KHP(프탈산포타슘)를 완전히 중화하기 위해서 23.48 mL의 NaOH 용액이 필요하다. NaOH 용액의 몰농도는? (단, KHP 분자량=204.2 g/mol이다)

풀이

단계 1. 먼저, 분자 반응식을 완성한다.

$$KHP(aq) + NaOH(aq) \rightarrow NaKP(aq) + H_2O(l)$$

단계 2. KHP의 mol 수를 구한다.

$$0.5468\ g\ KHP \times \left(\frac{1\ mol\ KHP}{204.2\ g\ KHP}\right) = 2.678 \times 10^{-3}\ mol\ KHP$$

단계 3. NaOH의 mol 수를 구한다.

$$(2.678 \times 10^{-3}\ \text{mol KHP}) \times \left(\frac{1\ \text{mol NaOH}}{1\ \text{mol KHP}}\right) = 2.678 \times 10^{-3}\ \text{mol KHP}$$

단계 4. NaOH의 몰농도를 구한다.

$$\left(\frac{2.678 \times 10^{-3}\ \text{mol KHP}}{23.48\ \text{mL 용액}}\right) \times \left(\frac{1000\ \text{mL 용액}}{1\ \text{L 용액}}\right) = \mathbf{0.114\ M\ NaOH}$$

예제 4.11

0.245 M H_2SO_4 용액 20.0 mL를 중화시키려면, 0.610 M NaOH이 얼마나 필요한가?

풀이

단계 1. 먼저, 균형 화학 반응식을 완성한다.

$$H_2SO_4(aq) + 2NaOH(aq) \rightarrow Na_2SO_4(aq) + 2H_2O(l)$$

단계 2. H_2SO_4의 mol 수는 몰농도와 부피로부터 구한다.

$$(20.0\ \text{mL 용액})\left(\frac{0.245\ \text{mol}\ H_2SO_4}{1000\ \text{mL 용액}}\right) = 4.90 \times 10^{-3}\ \text{mol}\ H_2SO_4$$

단계 3. 반응에 참여하는 NaOH의 mol 수를 구한다.

$$(4.90 \times 10^{-3}\ \text{mol}\ H_2SO_4) \times \left(\frac{2\ \text{mol NaOH}}{1\ \text{mol}\ H_2SO_4}\right) = 9.80 \times 10^{-3}\ \text{mol NaOH}$$

단계 4. NaOH의 mol 수와 몰농도로부터 부피를 구한다.

$$(9.80 \times 10^{-3}\ \text{mol NaOH}) \times \left(\frac{1\ \text{L 용액}}{0.610\ \text{mol NaOH}}\right) = \mathbf{0.016\ L\ 용액}$$

4.6 산화-환원 반응(Redox reaction)

산화-환원을 반응의 주체를 기준으로 정의하면, 다음과 같다.

주체	산화(Oxidation)	환원(Reduction)
산소	산소를 얻는 것	산소를 잃는 것
전자	전자를 잃는 것	전자를 얻는 것
수소	H를 잃는 것	H를 얻는 것
산화수	산화수가 증가	산화수가 감소

산화제(oxidizing agent)는 전자를 얻어, **어떤 것**을 산화시키는 것이고, **환원제**(reducing agent)는 전자를 잃어, **어떤 것**을 환원시키는 것이다.

1) 산화수(oxidation number): 전자들이 모두 이동했다고 가정할 때, 어떤 분자 속에 있는 어떤 원자가 가지고 있는 전하의 수를 정의한다. 이를 산화 상태(oxidation state)라고도 한다.

2) 산화수의 결정 규칙

가) 자유 원소(결합되지 않은 상태)에서 각 원자의 산화수는 0이다.

예) Cu (0), Cl_2 (0)

나) 단원자 이온의 산화수는 그 이온의 전하와 같다.

예) Ca^{2+} (+2), Cl^- (−1)

다) 대부분 화합물에서 산소의 산화수는 −2이다. (단, H_2O_2에서는 −1이다)

라) 일반적인 경우, 수소의 산화수는 +1이다. (단, 이성분 화합물에서 금속과 결합할 때에는 −1이다(LiH, NaH, CaH_2))

마) 중성 분자에서 모든 원자들의 산화수의 합은 0이다.

바) 이온 결합 화합물에 있는 모든 원소의 산화수의 합은 그 이온의 총전하와 같다.

예제 4.12

다음 주어진 화합물의 밑줄 친 원자들의 산화수를 결정하면?

(a) $\underline{S}O_3$ (b) $\underline{S}O_4^{2-}$

(c) $\underline{N}_2O_5$ (d) $K\underline{Mn}O_4$

풀이

(a) SO_3: $S+3(-2)=0$, $\mathbf{S=+6}$

(b) SO_4^{2-}: $S+4(-2)=-2$, $\mathbf{S=+6}$

(c) N_2O_5: $2(N)+5(-2)=0$, $\mathbf{N=+5}$

(d) $KMnO_4$: $(1)+Mn+4(-2)=0$, $\mathbf{Mn=+7}$

CHAPTER 5

열화학

5.1 에너지(Energy)

1) 일을 하거나 열을 전달하는 물리적 양 혹은 그 능력을 에너지라고 한다.

$$\text{Energy} = \underset{q}{\text{Heat}} + \underset{w}{\text{Work}}$$

2) 에너지의 종류에는 운동에너지(Kinetic Energy), 위치에너지(Potential Energy), 정전기적 위치에너지, … 등이 있다.

3) 에너지의 단위는 J, cal를 사용한다. 영양학에서는 1 Cal=1000 cal로 표기하기도 한다.

알아두기

우주 = **계**(System) + **주위**(Surrounding)

가) **계**: 관심 대상 또는 반응이 일어나는 곳

나) **주위**: 계 밖의 나머지 우주

다) **계의 종류**

- Open System(**열린 계**): 물질과 에너지의 출입이 가능한 계
- Closed System(**닫힌 계**): 물질은 출입하지 않지만, 에너지의 출입이 가능한 계
- Isolated System(**고립 계**): 물질과 에너지의 출입이 불가능한 계

계의 열역학적 상태(Thermodynamic state of system)

가) 계의 성질을 완전히 나타낼 수 있는 일련의 조건들에 의해 정의된다.

나) 이러한 조건들은 계에 대한 **압력**, **온도**, **조성**, **물리적 성질** 등에 의해 결정된다.

5.2 엔탈피 변화(Enthalpy change)

1) 대부분의 화학 반응 및 물리적 변화는 일정압력하에서 일어난다. 이때 계에 전이 되는 열량을 **엔탈피 변화**라고 한다.

1. 온도가 변할 때
2. 물질이 상 변화할 때(온도는 일정)
3. 물질의 양에 의해서도 변화(엔탈피는 크기 성질)

2) 엔탈피 변화는 넓은 의미에서 열 변화를 의미하기도 한다.

$$\Delta H = H_{나중상태} - H_{처음상태} = H_{생성물} - H_{반응물}$$

3) 어떤 화학 반응에서 $\Delta H > 0$과 $\Delta H < 0$의 의미

1. $\Delta H > 0$일 때, $H_{생성물} > H_{반응물}$이므로, 이 반응은 흡열 과정을 가진다.

2. $\Delta H < 0$일 때, $H_{생성물} < H_{반응물}$이므로, 이 반응은 발열 과정을 가진다.

5.3 열량 측정법: 열 흐름을 측정

화학 반응의 결과 방출되거나 흡수되는 열량을 열량계(calorimeter)를 이용하여 실험적으로 측정할 수 있다.

1) 비열과 열용량

비열(specific heat)이란 물질 1 g을 온도 1℃ 올리는 데 필요한 열량이며, 열용량(heat capacity)은 주어진 양의 물질을 온도 1℃ 올리는 데 필요한 열량이다.

$$C = m \times s$$

C: 열용량, m: 질량, s: 물질의 비열

즉, 시료에 대한 비열, 질량 및 온도 변화를 안다면, 흡수 또는 방출되는 열량을 알 수 있다.

$$q = ms\Delta t = C\Delta t$$

$$\Delta t = t_{나중} - t_{처음}$$

열량(q)의 부호는 엔탈피 변화와 동일하다. 따라서 흡열 반응이면 q는 양의 값이고, 발열 반응이면 q는 음의 값을 갖는다.

2) 열량계법은 열을 측정하는 과학적인 방법으로 물체가 열을 흡수하거나 방출할 때 온도의 변화를 관찰하는 방법이며, 일정부피열량계법과 일정압력열량계법으로 나눌 수 있다.

3) 일정부피열량계: Bomb 열량계

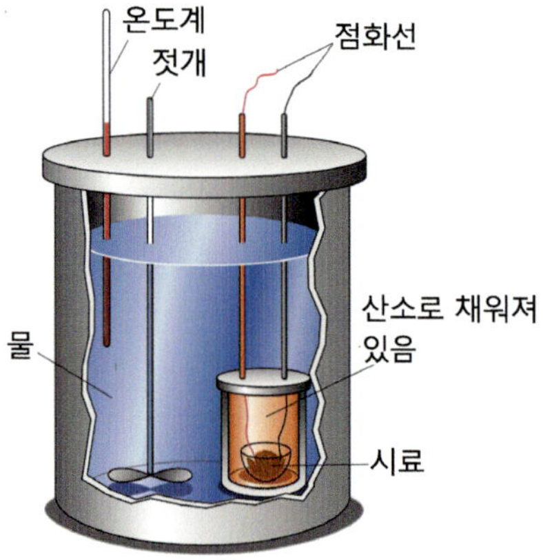

Bomb 열량계는 열의 유·출입이 전혀 없는 고립계로 볼 수 있다.

$$q_{계} = q_{물} + q_{Bomb} + q_{반응} = 0$$

$$q_{반응} = -(q_{물} + q_{Bomb})$$

물의 열량:

$$q_{물} = (m_{물})(4.184\ J/g \cdot ℃)\Delta t$$

Bomb의 열량:

$$q_{Bomb} = C_{Bomb} \times \Delta t$$

* Bomb 열량계의 열용량은 기기 제작에서 결정된다.

4) 일정압력열량계

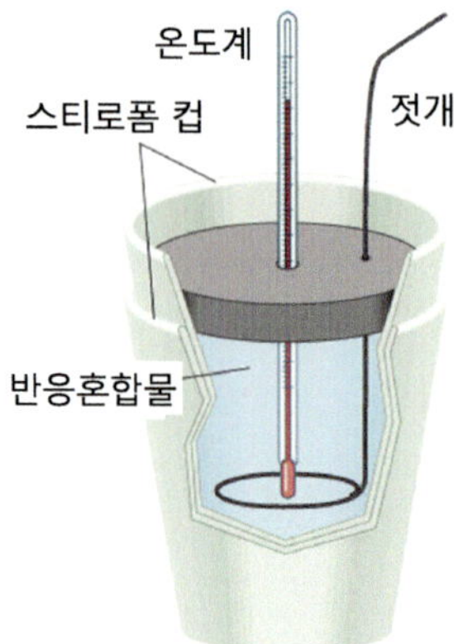

가) 일정부피열량계보다 훨씬 단순한 열량계로, 대기압이라는 일정압력하에 존재하므로 장치가 간단하며 대부분 비연소 반응에 대한 열 변화를 측정하는 데 이용된다.

나) 산-염기 중화열, 묽힘 열 및 용해열을 측정하는 데 주로 이용된다.

다) 일정 대기압하에서 측정되는 열 변화는 엔탈피 변화와 동일하다.

라) 열 변화를 측정하는 방법은 일정부피열량계와 동일하다.

예제 5.1

1.45 g의 나프탈렌($C_{10}H_8$)을 Bomb 열량계에 넣고 연소시킨 결과, 물의 온도가 20.52℃에서 25.78℃로 증가하였다. 이때 들어간 물의 양은 2000 g이었고, 이 열량계의 열용량은 1.80 kJ/℃라면 나프탈렌의 mol당 연소열은?

풀이

단계 1. 먼저, 물의 열량을 계산한다.

$q = ms\Delta t$

$q_{물} = (2000\ g) \times (4.184\ J/g℃) \times (25.78℃ - 20.52℃) = 44016\ J$

단계 2. Bomb의 열량을 계산한다.

$q = C\Delta t$

$q_{bomb} = (1.80 \times 10^3\ J/℃) \times (25.78℃ - 20.52℃) = 9468\ J$

단계 3. 반응 열량을 계산한다.

$q_{반응} = -(q_{물} + q_{Bomb}) = -(44016\ J + 9468\ J) = -5.348 \times 10^4\ J$

단계 4. 나프탈렌의 mol당 연소열을 구한다.

$$\left(\frac{-5.348 \times 10^4\ J}{1.45\ g\ 나프탈렌}\right) \times \left(\frac{128.2\ g\ 나프탈렌}{1\ mol\ 나프탈렌}\right) = 4.728 \times 10^6\ J/mol$$

5.4 열역학 제1법칙

1) 내부에너지(Internal energy)는 계가 가지는 에너지로 정의한다.

2) 열역학 제1법칙

가) 고립계의 내부에너지는 일정하다.

나) 우주의 에너지는 일정하다. (즉, 에너지 보존의 법칙)

$$\Delta E_{계} + \Delta E_{주위} = 0$$

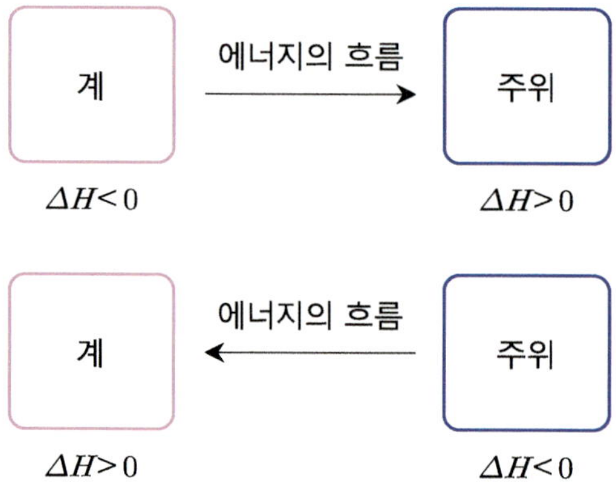

3) 상태 함수(State function)

가) 계의 성질이 현재의 상태에만 관계되는 것으로 경로와는 무관하며, 변화량으로만 나타낼 수 있다.

나) **경로 함수**(Path function)는 변화가 이루어지는 경로에 따라 그 값이 달라지는 함수 또는 물리적 양이다.

4) 열과 일의 정량

가) 열(heat)은 계와 주위 사이에서의 열에너지가 교환되는 것을 말한다.

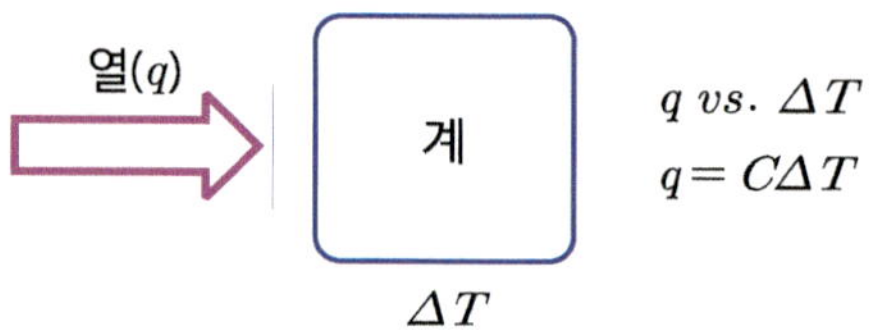

나) 일은 압력-부피의 일, 즉 팽창에 의한 일로 나타낸다.

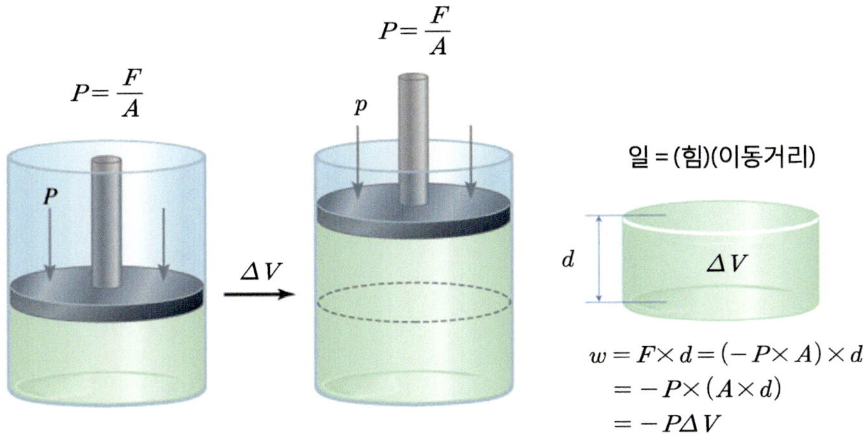

5) 내부에너지와 엔탈피

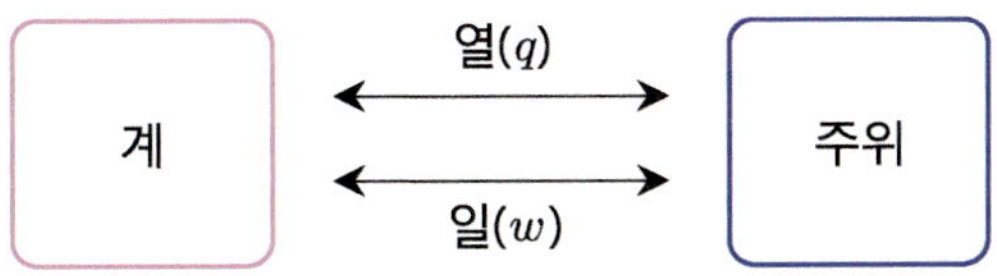

$$\Delta E=q+w=q+(-P\Delta V)$$
$$q=\Delta E+P\Delta V$$

가) 부피가 일정할 때, $\Delta V=0$이므로, $\boldsymbol{q_V=\Delta E}$

나) 압력이 일정할 때, $p=$ 상수이므로, $\boldsymbol{q_V=\Delta E+P\Delta V}$

일정압력 조건에서 전이되는 열에너지를 **엔탈피**(enthalpy)라고 한다.

$$q_V=\Delta E+P\Delta V=\Delta H$$
$$\Delta H=H_f-H_i=q_V$$

가) $\Delta H > 0$이면, 흡열 반응

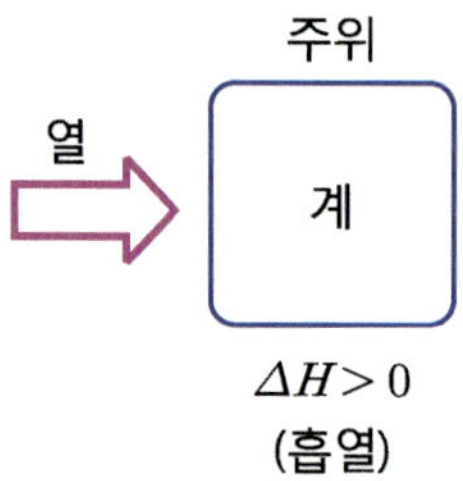

나) $\Delta H < 0$이면, 발열 반응

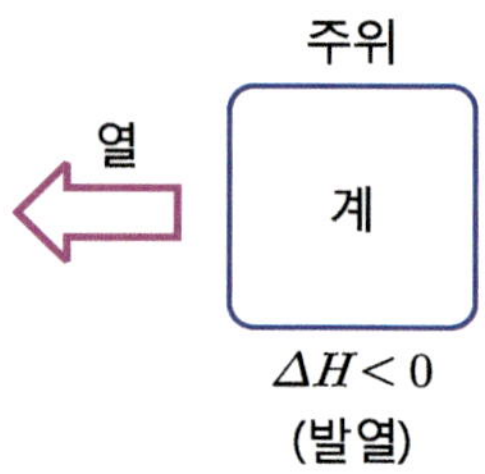

예제 5.2

어떤 기체가 일정한 온도하에서 부피가 2.1 L에서 4.5 L로 팽창하였다.

(a) 이 기체가 진공상태에 대항하여 팽창한 일은?

(b) 이 기체가 3.72 atm의 일정압력에 대하여 대항하여 팽창하였다면 이때 한 일은?

풀이

(a) 진공상태는 외부 압력이 0이므로, 이때 한 일은

$$w = -P\Delta V = -0(4.5\text{ L} - 2.1\text{ L}) = \mathbf{0}$$

(b) 외부 압력이 3.72 atm이므로, 이때 한 일은

$$w = -P\Delta V = -(3.72\text{ atm})(4.5\text{ L} - 2.1\text{ L}) = \mathbf{-8.9\text{ L}\cdot\text{atm}} \times \left(\frac{101.3\text{ J}}{1\text{ L}\cdot\text{atm}}\right) = \mathbf{-9.0 \times 10^2\text{ J}}$$

5.5 열화학 반응식

1) 화학 반응식에 엔탈피 변화가 포함된 식을 **열화학 반응식**이라고 한다.
예를 들면, 2 mol의 수소 분자와 1 mol의 산소 분자가 반응하여 물을 만들 때, 483.6 kJ의 열을 방출하였다면 열화학 반응식은 다음과 같다.

$$2H_2(g) + O_2(g) \rightarrow 2H_2O(l) + 483.6\ \text{kJ}$$

또는

$$2H_2(g) + O_2(g) \rightarrow 2H_2O(l) \quad \Delta H = -483.6\ \text{kJ}$$

2) 반응 엔탈피

$$\Delta H_{\text{반응}} = \Delta H_{\text{생성물}} - \Delta H_{\text{반응물}}$$

가) 엔탈피는 크기 성질이다.

$$CH_4(g) + 2O_2(g) \rightarrow CO_2(g) + 2H_2O(l) \quad \Delta H = -890\ \text{kJ}$$

$$-74.8 \qquad 0 \qquad -393.5 \quad 2(-285.83)$$

$$\Delta H = [-93.5\ \text{kJ} + (2(-285.83))] - [-74.8\ \text{kJ}] = -890\ \text{kJ}$$

나) 한 반응에서 엔탈피 변화값은 같지만 역반응일 경우 부호는 반대이다.

$$CO_2(g) + 2H_2O(l) \rightarrow CH_4(g) + 2O_2(g) \quad \Delta H = +890\ \text{kJ}$$

다) 한 반응의 엔탈피 변화는 반응물과 생성물의 상태에 의존한다(상태 함수).
if) $H_2O(l) \cdots (-285.83\ \text{kJ})$, $H_2O(g) \cdots (-241.82\ \text{kJ})$

라) 한 반응에 대한 전체 엔탈피 변화는 그 반응의 각 단계에 대한 엔탈피 변화의 합과 같다(**Hess의 법칙**).

$$\begin{array}{ll} A + 2B \rightarrow C & \Delta H_1 \\ C \rightarrow 2D & \Delta H_2 \\ \hline A + 2B \rightarrow 2D & \Delta H_3 = \Delta H_1 + \Delta H_2 \end{array}$$

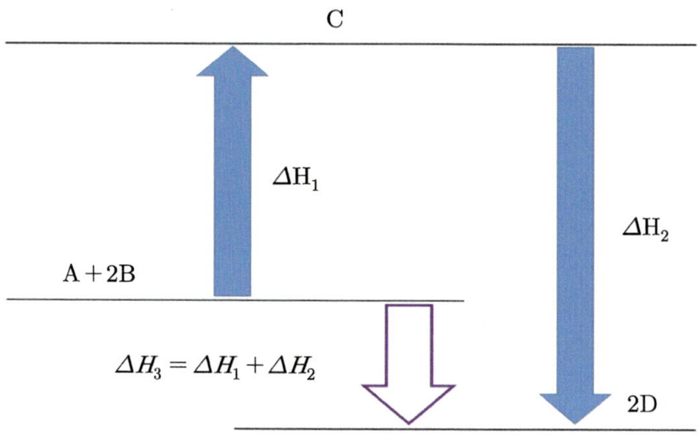

메테인(CH_4)이 연소되어 물과 이산화탄소가 생성되는 반응을 살펴보면 이해할 수 있다.

$$CH_4(g) + 2O_2(g) \rightarrow CO_2(g) + 2H_2O(l) \quad \Delta H = -890\ \text{kJ}$$

이 반응은 두 단계로 수행될 수 있는데, 각 단계의 엔탈피 변화를 각각 ΔH_1 과 ΔH_2로 나타낼 수 있다.

단계 1.	$CH_4(g) + 2O_2(g) \rightarrow CO_2(g) + 2H_2O(g)$	$\Delta H_1 = -802$ kJ
단계 2.	$2H_2O(g) \rightarrow 2H_2O(l)$	$\Delta H_2 = -88$ kJ
알짜 반응:	$CH_4(g) + 2O_2(g) \rightarrow CO_2(g) + 2H_2O(g)$	$\Delta H = -890$ kJ

5.6 표준 생성 엔탈피(ΔH_f^o) vs. 표준 반응 엔탈피(ΔH_{rxn}^o)

1) 표준 상태와 표준 엔탈피 변화

가) 표준 상태

(a) 기체의 표준 상태는 정확히 1 atm하에 있는 순수한 기체이다.

(b) 액체와 고체의 표준 상태는 1 atm과 관심 있는 온도(보통 25℃)에서 가장 안정한 형태의 순수한 물질이다.

(c) 용액 안에 있는 물질의 표준 상태는 정확히 1 M 농도일 때이다.

나) 표준 엔탈피 변화(ΔH^o): 모든 반응물과 생성물이 표준상태에 있을 때 엔탈피의 변화이다.

다) 표준 생성 엔탈피(ΔH_f^o)

(a) 순수한 화합물: 표준 상태에서 구성원소로부터 1 mol의 화합물을 형성할 때의 엔탈피 변화

(b) 표준 상태의 순수 원소: $(\Delta H_f^o) = 0$

2) 반응의 표준 엔탈피의 변화 계산

첫 번째 단계에서는 반응물은 표준 상태에 있는 구성 원소로 분해되고, 두 번째 단계에서 표준 상태에 있는 구성 원소로부터 생성물을 생성시킨다. 이 두 열화학 반응을 더하게 되면, 반응의 표준 엔탈피를 계산할 수 있다.

반응물 → 원소	$\Delta H_1 = -\sum(\Delta H_f^o)(\text{반응물})$
원소 → 생성물	$\Delta H_2 = +\sum(\Delta H_f^o)(\text{생성물})$
반응물 → 생성물	$\Delta H_{rxn}^o = \Delta H_1 + \Delta H_2$

〈표 5.1〉 25℃, 1 atm에서 화합물의 생성 엔탈피

화합물	ΔH_f^o (kJ/mol)	화합물	ΔH_f^o (kJ/mol)	화합물	ΔH_f^o (kJ/mol)	화합물	ΔH_f^o (kJ/mol)
$Ag_2O(s)$	−30.6	$C_2H_5OH(l)$	−277.6	$HCl(g)$	−92.3	$NH_4Cl(s)$	−315.4
$Ag_2S(s)$	−31.8	$C_2H_6(g)$	−84.7	$HF(g)$	−268.6	$NH_4NO_3(s)$	−365.1
$AgBr(s)$	−99.5	$C_3H_8(g)$	−103.8	$HgO(s)$	−90.7	$NiO(s)$	−244.3
$AgCl(s)$	−127.0	$n\text{-}C_4H_{10}(g)$	−124.7	$HgS(s)$	−58.2	$NO(g)$	+90.4
$AgI(s)$	−62.4	$n\text{-}C_5H_{12}(l)$	−173.1	$HI(g)$	+25.9	$NO_2(g)$	+33.9
$Al_2O_3(s)$	−1669.8	$CO(g)$	−110.5	$HNO_3(l)$	−173.2	$Pb_3O_4(s)$	−734.7
$BaCl_2(s)$	−860.1	$CO_2(g)$	−393.5	$KBr(s)$	−392.2	$PbBr_2(s)$	−277.0
$BaCO_3(s)$	−1218.8	$CoO(s)$	−239.3	$KCl(s)$	−435.9	$PbCl_2(s)$	−359.2
$BaO(s)$	−558.1	$Cr_2O_3(s)$	−1128.4	$KClO_3(s)$	−391.4	$PbO(s)$	−217.9
$BaSO_4(s)$	−1465.2	$Cu_2O(s)$	−166.7	$KF(s)$	−562.6	$PbO_2(s)$	−276.6
$Ca(OH)_2(s)$	−986.6	$CuO(s)$	−155.2	$Mg(OH)_2(s)$	−924.7	$PCl_3(g)$	−306.4
$CaCl_2(s)$	−795.0	$CuS(s)$	−48.5	$MgCl_2(s)$	−641.8	$PCl_5(g)$	−398.9
$CaCO_3(s)$	−1207.0	$CuSO_4(s)$	−769.9	$MgCO_3(s)$	−1113	$SiO_2(s)$	−859.4
$CaO(s)$	−635.5	$Fe_2O_3(s)$	−822.2	$MgO(s)$	−601.8	$SnCl_2(s)$	−349.8
$CaSO_4(s)$	−1432.7	$Fe_3O_4(s)$	−1120.9	$MgSO_4(s)$	−1278.2	$SnCl_4(l)$	−545.2
$CCl_4(l)$	−139.5	$H_2O(g)$	−241.8	$MnO(s)$	−384.9	$SnO(s)$	−286.2
$CH_3OH(l)$	−238.6	$H_2O(l)$	−285.8	$MnO_2(s)$	−519.7	$SnO_2(s)$	−580.7
$CH_4(g)$	−74.8	$H_2O_2(l)$	−187.6	$NaCl(s)$	−411.0	$SO_2(g)$	−296.1
$CHCl_3(l)$	−131.8	$H_2S(g)$	−20.1	$NaF(s)$	−569.0	$SO_3(g)$	−395.2
$C_2H_2(g)$	+226.7	$H_2SO_4(l)$	−811.3	$NaOH(s)$	−426.7	$ZnO(s)$	−348.0
$C_2H_4(g)$	+52.3	$HBr(g)$	−36.2	$NH_3(g)$	−46.2	$ZnS(s)$	−202.9

〈표 5.2〉 25℃, 1 atm에서 양이온과 음이온의 생성 엔탈피

양이온	ΔH_f^o (kJ/mol)	양이온	ΔH_f^o (kJ/mol)	음이온	ΔH_f^o (kJ/mol)	음이온	ΔH_f^o (kJ/mol)
$Ag^+(aq)$	+105.9	$K^+(aq)$	−251.2	$Br^-(aq)$	−120.9	$H_2PO_4^-(aq)$	−1302.5
$Al^{3+}(aq)$	−524.7	$Li^+(aq)$	−278.5	$Cl^-(aq)$	−167.4	$HPO_4^{2-}(aq)$	−1298.7
$Ba^{2+}(aq)$	−538.4	$Mg^{2+}(aq)$	−462.0	$ClO_3^-(aq)$	−98.3	$I^-(aq)$	−55.9
$Ca^{2+}(aq)$	−543.0	$Mn^{2+}(aq)$	−218.8	$ClO_4^-(aq)$	−131.4	$MnO_4^-(aq)$	−518.4
$Cd^{2+}(aq)$	−72.4	$Na^+(aq)$	−239.7	$CO_3^{2-}(aq)$	−676.3	$NO_3^-(aq)$	−206.6
$Cu^{2+}(aq)$	+64.4	$NH_4^+(aq)$	−132.8	$CrO_4^{2-}(aq)$	−863.2	$OH^-(aq)$	−229.9
$Fe^{2+}(aq)$	−87.9	$Ni^{2+}(aq)$	−64.0	$F^-(aq)$	−329.1	$PO_4^{3-}(aq)$	−1284.1
$Fe^{3+}(aq)$	−47.7	$Pb^{2+}(aq)$	+1.6	$HCO_3^-(aq)$	−691.1	$S^{2-}(aq)$	+41.8
$H^+(aq)$	0.0	$Sn^{2+}(aq)$	−10.0			$SO_4^{2-}(aq)$	−907.5
		$Zn^{2+}(aq)$	−152.4				

예제 5-3

다음 열화학 반응식으로부터 반응의 표준 생성 엔탈피를 계산하면?

$$C_3H_8(g) + 5O_2(g) \rightarrow 3CO_2(g) + 4H_2O(l)$$

풀이

〈**표 5.1**〉을 이용하여 생성 엔탈피를 계산하면,

$$\Delta H^o_{rxn} = [3\Delta H^o_f(CO_2) + 4\Delta H^o_f(H_2O)] - [\Delta H^o_f(C_3H_8) + 5\Delta H^o_f(O_2)]$$

$$\Delta H^o_{rxn} = [3\ \text{mol}(-393.5\ \text{kJ/mol}) + 4\ \text{mol}(-285.8\ \text{kJ/mol})] - [1\ \text{mol}(-103.8\ \text{kJ/mol}) + 5\ \text{mol}(0.0\ \text{kJ/mol})]$$

$$\boldsymbol{\Delta H^o_{rxn} = -2219.9\ \text{kJ}}$$

에테인의 연소 반응에 대한 반응 엔탈피 변화는 다음과 같다.

(1) $C_3H_8(g) \rightarrow 3C(s) + 4H_2(g)$ $\qquad -\Delta H^o_f = +103.8\ \text{kJ}$

(2) $3[C(s) + O_2(g) \rightarrow CO_2(g)]$ $\qquad 3[\Delta H^o_f = -393.5\ \text{kJ}] = -1180.5\ \text{kJ}$

(3) $4\left[H_2(g) + \frac{1}{2}O_2(g) \rightarrow H_2O(g)\right]$ $\qquad 4[\Delta H^o_f = -285.8] = -1143.2\ \text{kJ}$

$C_3H_8(g) + 5O_2(g) \rightarrow 3CO_2(g) + 4H_2O(l)$ $\qquad \Delta H^o_{rxn} = -2219.9\ \text{kJ}$

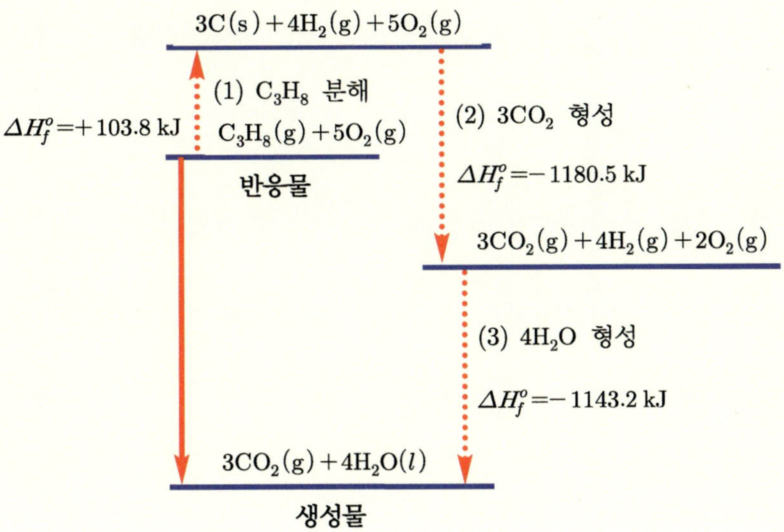

예제 5.4

질산을 제조하는 어떤 공장에서 Ostwald 공정을 이용하여 암모니아와 산소를 반응시켜 산화질소(NO)와 $H_2O(g)$를 만들었다.

(a) 이 반응의 생성 엔탈피는?

(b) 이 공장에서 Ostwald 공정을 이용할 때 하루에 1.0×10^{15} kJ의 에너지를 소모한다면, 이 에너지를 생성하기 위해서 필요한 암모니아의 g 수는?

풀이

(a) 먼저, 열화학 반응식을 완성하면,

$$4NH_3(g) + 5O_2(g) \rightarrow 4NO(g) + 6H_2O(g)$$

〈표 5.1〉을 이용하여 생성 엔탈피를 계산하면,

$$\Delta H^o_{rxn} = \left[\sum(\Delta H^o_f \text{ 생성물})\right] - \left[\sum(\Delta H^o_f \text{ 반응물})\right]$$

$$\Delta H^o_{rxn} = [4\Delta H^o_f(NO) + 6\Delta H^o_f(H_2O)] - [4\Delta H^o_f(NH_3) + 5\Delta H^o_f(O_2)]$$

$$\Delta H^o_{rxn} = [4\text{ mol}(90.4\text{ kJ/mol}) + 6\text{ mol}(-241.8\text{ kJ/mol})]$$
$$-[4\text{ mol}(-46.2\text{ kJ/mol}) + 5\text{ mol}(0.0\text{ kJ/mol})]$$

$$\Delta H^o_{rxn} = \mathbf{-904.4\ kJ}$$

(b) $(-1.0 \times 10^{15}\text{ kJ}) \times \left(\dfrac{1\text{ mol }NH_3}{-904.4\text{ kJ}}\right) \times \left(\dfrac{17.03\text{ g }NH_3}{1\text{ mol }NH_3}\right) = \mathbf{2.0 \times 10^{13}\ g\ NH_3}$

예제 5.5

포도당($C_6H_{12}O_6(s)$)은 포도 주스의 발효에 의해 에탄올($C_2H_5OH(l)$)과 이산화탄소를 생성한다. 12%의 에탄올을 함유하고 있는 포도주 750 mL을 얻었다. 이때 생성되는 열량은? (단, 포도당의 표준 생성 엔탈피 값은 −1275.2 kJ/mol이고, 에탄올의 밀도는 0.789 g/mL이다)

풀이

먼저, 화학 반응식을 완성하면,

$$C_6H_{12}O_6(s) \rightarrow 2C_2H_5OH(l) + 2CO_2(g)$$

〈표 5.1〉을 이용하여 생성 열량을 계산하면

$$\Delta H^o_{rxn} = \left[\sum(\Delta H^o_f \text{ 생성물})\right] - \left[\sum(\Delta H^o_f \text{ 반응물})\right]$$

$$\Delta H^o_{rxn} = [2\Delta H^o_f(C_2H_5OH) + 2\Delta H^o_f(CO_2)] - [\Delta H^o_f(C_6H_{12}O_6)]$$

$$\Delta H^o_{rxn} = [2\text{ mol}(-277.6\text{ kJ/mol}) + 2\text{ mol}(-393.5\text{ kJ/mol})] - [1\text{ mol}(-1275.2\text{ kJ/mol})]$$

$$\Delta H^o_{rxn} = -\mathbf{67\ kJ}$$

포도주 750 mL의 에탄올의 부피는

$$(750\text{ mL 포도주}) \times \left(\frac{12\text{ 에탄올}}{100\text{ 포도주}}\right) = 90\text{ mL 에탄올}$$

에탄올의 mol 수는

$$(90\text{ mL 에탄올}) \times \left(\frac{0.789\text{ g 에탄올}}{\text{mL 에탄올}}\right) \times \left(\frac{1\text{ mol 에탄올}}{46.07\text{ g 에탄올}}\right) = 1.54\text{ mol 에탄올}$$

생성되는 열량은

$$(1.54\text{ mol 에탄올}) \times \left(\frac{-67\text{ kJ}}{1\text{ mol 에탄올}}\right) = -\mathbf{103.2\ kJ}$$

CHAPTER 6 현대 원자 이론

6.1 빛의 본질

전자와 전자의 원자 내 거동을 공부하기 이전에 빛에 대한 몇 가지 사항을 이해해야 한다.

20세기 이후의 변화된 개념

1) 빛의 파동성: 빛은 전자기 복사선이다.

가) 전자기 복사(Electromagnetic radiation): 전기장과 자기장에서 진동하는 에너지이다. 전기장(electric field)은 전하를 띤 입자가 힘을 느끼는 공간이고, 자기장(magnetic field)은 자성을 띤 입자가 힘을 느끼는 공간이다.

나) 파(Wave)의 성질

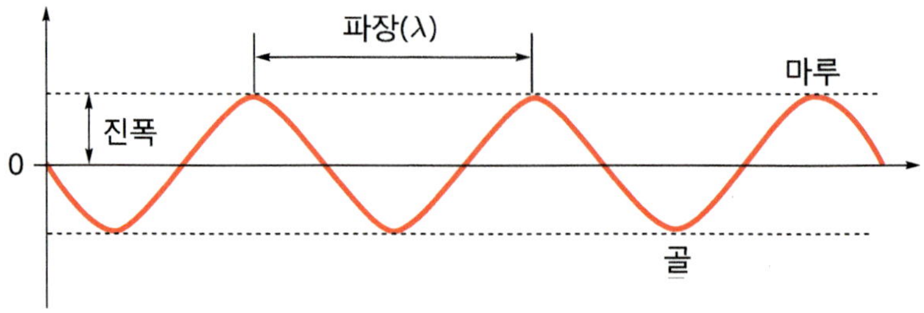

(a) 진폭(amplitude)

(b) 파장(λ): 한 파동간의 거리

(c) 진동수(ν): 초당(단위 시간당) 주기의 수, Hz(1/sec)

$$파장 \times 진동수 = 속도$$

$$\lambda(\mathrm{m}) \times \nu(\mathrm{s}^{-1}) = c(\mathrm{m/s})$$

$$빛의\ 속도(c = 3.00 \times 10^8\ \mathrm{m/sec})$$

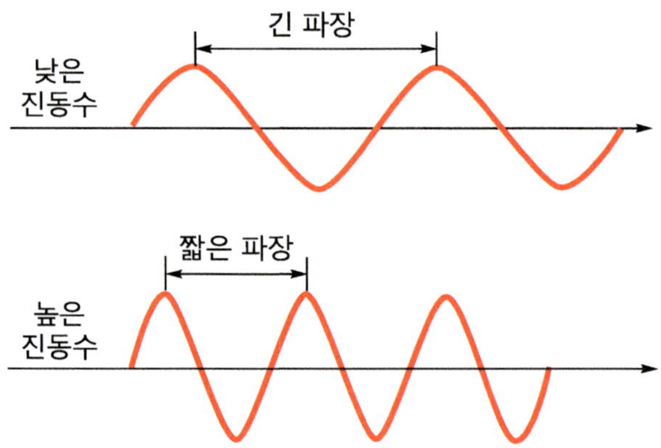

다) 전자기 스펙트럼과 원자 스펙트럼

(a) 전자기 스펙트럼

태양이나 전구에서 나오는 빛은 백색광이다. 이 빛은 전자기 스펙트럼의 가시광선 영역 전체를 차지하는 모든 파장의 빛이 다 섞여 있다는 것을 의미한다.

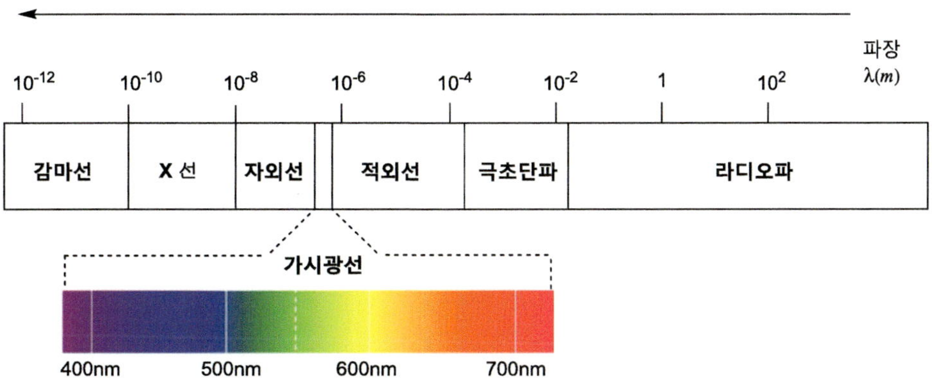

(b) 원자 스펙트럼

어떤 원자 고에너지를 흡수하게 되면 높은 에너지 상태로 들뜬 원자가 방출하는 빛은 모든 파장에서 연속적으로 분포하지 않고, 불연속적으로 특정파장에서 선 스펙트럼으로 나타난다.

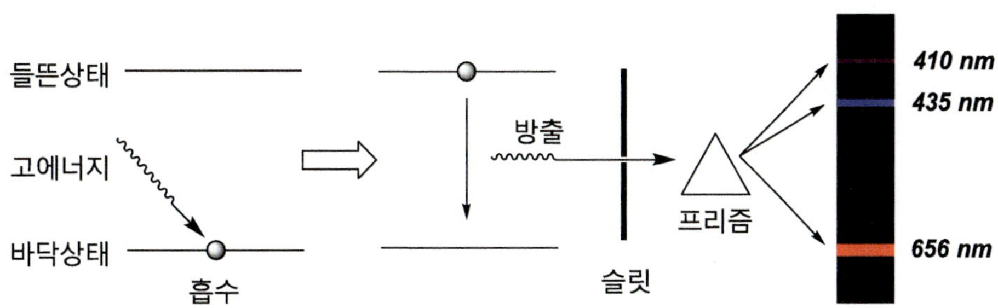

알아두기

양자(quantum)와 광자(photon)

1) **양자**는 양을 나타내는 기본 단위,

2) **광자**는 빛의 양의 단위체,

3) **양자화**는 불연속적 성질을 가짐을 의미한다.

예제 6.1

소듐에서 나오는 진동수가 $5.09\times10^{14}\,\mathrm{sec}^{-1}$인 노란빛의 파장은?

풀이

$c=\nu\times\lambda$

$$\lambda=\frac{c}{\nu}=\frac{3.00\times10^{8}\,\mathrm{m\cdot s^{-1}}}{5.09\times10^{14}\,\mathrm{sec^{-1}}}=5.89\times10^{-7}\,\mathrm{m}=\mathbf{589\ nm}$$

예제 6.2

오로라에서 붉은 빛은 들뜬 산소 원자에서 방출되는 630.0 nm의 빛이다.

(a) 이 빛의 진동수는?

(b) 들뜬 산소 원자에서 방출된 광자의 에너지(J)는?

(c) 광자 1 mol당 에너지(kJ)는?

풀이

(a) $c=\nu\times\lambda$

$$\lambda=630.0\,\mathrm{nm}\times\frac{1\,\mathrm{m}}{10^{9}\,\mathrm{nm}}=6.300\times10^{-7}\,\mathrm{m}$$

$$\nu=\frac{c}{\lambda}=\frac{3.00\times10^{8}\,\mathrm{m\cdot s^{-1}}}{6.300\times10^{-7}\,\mathrm{m}}=4.759\times10^{14}\,\mathrm{s^{-1}}=\mathbf{4.759\ Hz}$$

(b) $$E=\frac{hc}{\lambda}=\frac{(6.626\times10^{-24}\,\mathrm{J\cdot s})(3.00\times10^{8}\,\mathrm{m\cdot s^{-1}})}{(6.300\times10^{-7}\,\mathrm{m})}=\mathbf{3.153\times10^{-19}\ J}$$

(c) $E = (3.153 \times 10^{-19}\ \text{J}) \times \dfrac{1\ \text{kJ}}{10^3\ \text{J}} \times \dfrac{6.022 \times 10^{23}\text{개 광자}}{1\ \text{mol 광자}} = \mathbf{1.899 \times 10^2\ kJ \cdot 개 \cdot mol^{-1}}$

2) 빛의 입자성

가) 흑체 복사(Blackbody radiation) − Plank

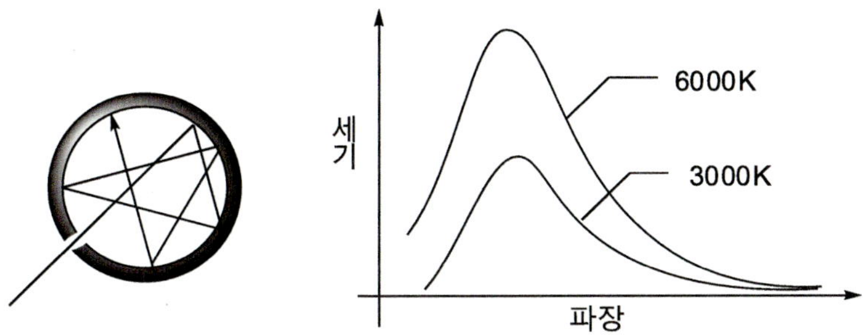

$$E = h,\ 2h,\ 3h,\ \cdots$$

$$\text{Planck constant} = h = 6.6260755 \times 10^{-34}\ \text{J} \cdot \text{s}$$

나) 광전효과(Photoelectric effect)

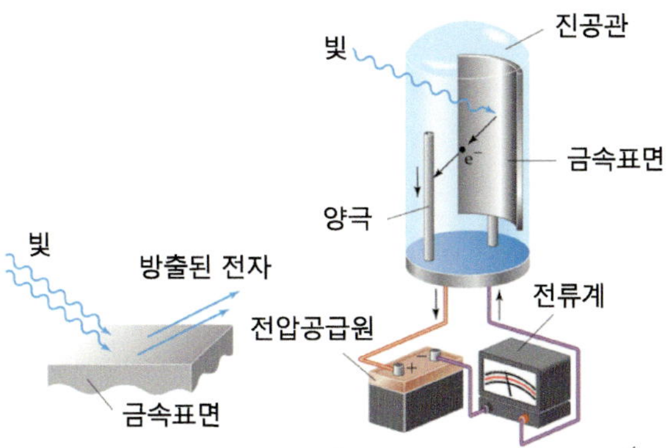

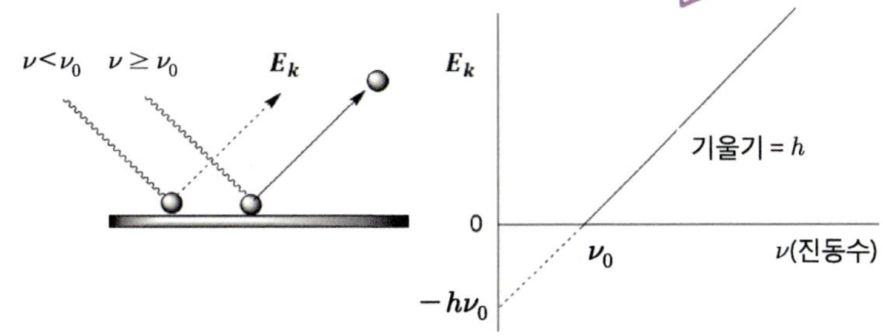

Einstein(1905)의 설명;

Planck의 가설을 받아들여, 빛(광자)이 가지는 에너지는 진동수에 따라 특정한 값만 가지므로 낮은 진동수의 빛은 전자를 떼어내지 못하고(전자 하나가 금속 원자 하나에 충돌), 일단 충분히 큰 진동수를 가진 빛을 쪼이면 이것이 전자를 떼어낼 수 있고(이때의 진동수를 **문턱 진동수**(ν_o)라고 함), 빛의 세기가 증가하면(시간당 충돌하는 광자의 개수가 증가) 이에 따라 방출되는 전자의 개수가 증가(전류의 증가)할 것이다. → 실험적 사실을 정확히 설명하였다.

$$E_k = h\nu - \Phi = h\nu - h\nu_0$$

예제 6.3

소듐의 일함수가 3.65×10^{-19} J일 때 소듐의 문턱 진동수는?

풀이

일함수에서 문턱 진동수를 구하면,

$$\Phi = h\nu_0 \rightarrow \nu_0 = \frac{\Phi}{h} = \frac{3.65 \times 10^{-19}\ \text{J}}{(6.626 \times 10^{-34}\ \text{J} \cdot \text{s})} = \mathbf{5.51 \times 10^{14}\ s^{-1}}$$

예제 6.4

소듐의 문턱 진동수가 5.51×10^{14} Hz이다. 소듐 표면에 파장 180 nm의 자외선으로 주사했을 때, 방출되는 전자의 운동에너지는?

풀이

파장을 진동수로 나타내면,

$$\nu = \frac{c}{\lambda} = \frac{(3.00 \times 10^{8}\ \text{m} \cdot \text{s}^{-1})}{(180 \times 10^{-9}\ \text{m})} = 1.67 \times 10^{15}\ \text{s}^{-1}$$

소듐의 문턱 진동수: $5.51 \times 10^{14}\ \text{Hz} = 5.51 \times 10^{14}\ \text{s}^{-1}$

방출된 전자의 운동에너지는

$$E_k = h\nu - \Phi = h\nu - h\nu_0$$

$$E_k = (6.626\times10^{-34}\ \mathrm{J\cdot s})[(1.67\times10^{15}\ \mathrm{s^{-1}}) - (5.51\times10^{14}\ \mathrm{s^{-1}})] = \mathbf{7.41\times10^{-19}\ J}$$

6.2 수소 원자의 보어의 모형

1) 수소의 전자는 제한된 궤도상에만 존재한다.

2) 각 궤도의 에너지는 특정한 값을 가진다. 궤도 내 전자의 운동에너지는 양자화된다.

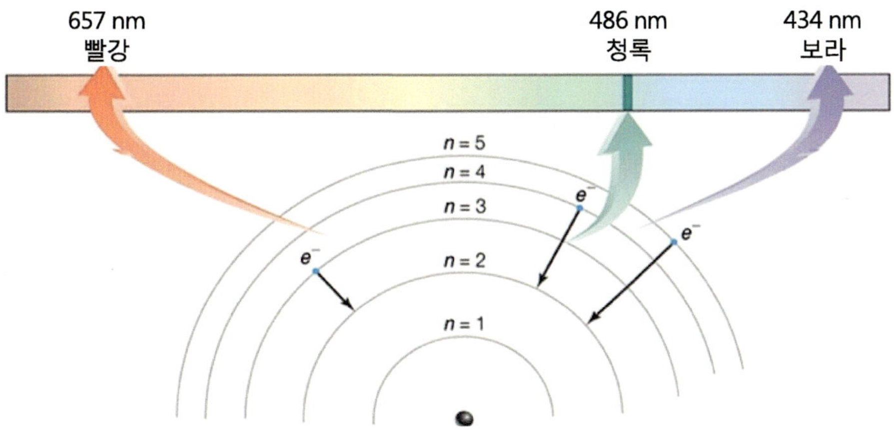

$$E_n = -R_H\left(\frac{1}{n^2}\right), \quad n = 1,\ 2,\ 3,\ \cdots$$

$R_H = 2.180\times10^{-18}\ \mathrm{J}$

$n = \infty$(자유 전자); $E_\infty = 0$

$n = 1$(바닥 전자); 가장 안정한 상태

$n = 2,\ 3,\ 4,\ 5$; 들뜬상태

3) Balmer는 수소 원자에 대한 4개의 선 스펙트럼 파장을 Balmer-Rydberg 식을 이용하여 설명하였다.

$$\Delta E = h\nu = E_2 - E_1 = -R_H\left(\frac{1}{n_2^2} - \frac{1}{n_1^2}\right)$$

$$h\nu = -R_H\left(\frac{1}{n_2^2} - \frac{1}{n_1^2}\right)$$

$$\nu = \frac{R_H}{h}\left(\frac{1}{n_1^2} - \frac{1}{n_2^2}\right)$$

$$\frac{1}{\lambda} = \frac{R_H}{hc}\left(\frac{1}{n_1^2} - \frac{1}{n_2^2}\right) = (1.097\times 10^{-2}\ \mathrm{nm}^{-1})\left(\frac{1}{n_1^2} - \frac{1}{n_2^2}\right)$$

Series	n_1	n_2
Lyman	1	2, 3, 4, ⋯ ∞
Balmer	2	3, 4, 5, ⋯ ∞
Paschen	3	4, 5, 6, ⋯ ∞
Brackett	4	5, 6, 7, ⋯ ∞

예제 6.5

$n=3$ 준위에서 $n=2$ 준위로 전자 전이가 일어날 때 수소의 원자 스펙트럼선의 진동수와 파장은?

풀이

$$\nu = \frac{R_H}{h}\left(\frac{1}{n_1^2} - \frac{1}{n_2^2}\right) = \frac{(2.180\times 10^{-18}\ \mathrm{J})}{(6.626\times 10^{-34}\ \mathrm{J\cdot s})}\left[\frac{1}{3^2} - \frac{1}{2^2}\right] = 4.569\times 10^{14}\ \mathrm{s}^{-1}$$

$$\nu\cdot\lambda = c \rightarrow \lambda = \frac{c}{\nu} = \frac{(3.00\times 10^{8}\ \mathrm{m\cdot s^{-1}})}{(4.569\times 10^{14}\ \mathrm{s}^{-1})} = 6.562\times 10^{-7}\ \mathrm{m}$$

$$(6.562\times 10^{-7}\ \mathrm{m})\times\left(\frac{1\ \mathrm{nm}}{10^{-9}\ \mathrm{m}}\right) = \mathbf{656.2\ nm}$$

예제 6.6

바닥상태에 있는 수소 원자에서 전자를 완전히 제거하는 데 필요한 에너지는?

풀이

바닥상태에 있는 수소 원자에서 전자를 완전히 제거하는 것이 $n=1$에서 $n=\infty$까지의 전이에 해당한다.

$$\Delta E = E_\infty - E_1 = -R_H\left(\frac{1}{\infty^2} - \frac{1}{1^2}\right) = -(2.180\times10^{-18}\ \mathrm{J})\left(-\frac{1}{1^2}\right) = \mathbf{2.180\times10^{-18}\ J}$$

6.3 물질의 파동성: de Broglie 물질파(전자의 파동성)

De Broglie는 물질이 파동과 비슷한 성질을 갖는다는 것을 설명하기 위하여, Einstein의 상대성 원리를 도입하여 설명하였다.

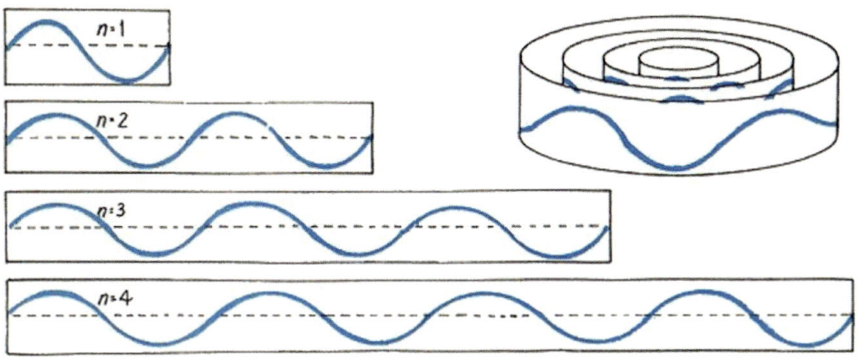

$$\text{정류파: } 2\pi r = n\lambda$$

$$E = mc^2 = h\nu = \frac{hc}{\lambda}, \qquad \therefore\ \lambda = \frac{h}{m\nu} = \frac{h}{p}$$

예제 6.7

광속 1.00%로 운동하는 전자의 드 브로이 파장은?

풀이

전자의 질량은 9.11×10^{-31} kg이고,

전자의 속도는 $\nu = (0.01)(3.00 \times 10^{8}\ \text{m} \cdot \text{s}^{-1}) = 3.00 \times 10^{6}\ \text{m} \cdot \text{s}^{-1}$이다.

$$\lambda = \frac{h}{m\nu} = \frac{(6.626 \times 10^{-34}\ \text{J} \cdot \text{s})}{(9.11 \times 10^{-31}\ \text{kg})(3.00 \times 10^{6}\ \text{m} \cdot \text{s}^{-1})} = 2.43 \times 10^{-10}\ \text{m}$$

$$(2.43 \times 10^{-10}\ \text{m})\left(\frac{1\ \text{nm}}{10^{-9}\ \text{m}}\right) = \mathbf{0.243\ nm}$$

6.4 불확정성의 원리(Heisenberg)

전자의 파동성과 입자성은 **상보성**이다. 즉, 전자의 위치의 불확정성과 운동량의 불확정성에 의해 전자는 전자의 위치와 속도를 물리적으로 측정할 때마다 불확실하다는 것이다.

운동량의 불확정성

$$\Delta x \cdot \Delta(m\nu) \geq \frac{h}{4\pi}$$

위치의 불확정성

예제 6.8

전자는 9.11×10^{-31} kg의 질량을 갖고, 5.0×10^{6} m/s의 속도로 수소 원자 내에서 움직인다. 만약 이 전자의 속도가 갖는 불확정성이 1%이면, 위치에 대한 불확정성은 얼마인가?

풀이

속도 1%의 불확정성은

$$(0.01)\times(5.0\times10^{6}\ \mathrm{m/s}) = 5.0\times10^{4}\ \mathrm{m/s}$$

$$(\Delta x)(\Delta m\nu) \geq \frac{h}{4\pi}$$

$$(\Delta x) \geq \frac{h}{(4\pi)(\Delta mc)} = \frac{6.626\times10^{-34}\ \mathrm{kg\cdot m^{2}\cdot s^{-1}}}{4\pi(9.11\times10^{-31}\ \mathrm{kg})(5.0\times10^{4}\ \mathrm{m/s})} = 1.0\times10^{-9}\ \mathrm{m} = 1000\ \mathrm{pm}$$

수소 원자의 지름이 2.4×10^{-10} m = 240 pm이므로, 전자 위치의 불확정성은 원자의 지름보다 크기 때문에 원자에서 전자의 위치를 알 수 없다.

6.5 Schrödinger 파동 방정식(1926)

$$\hat{H}\Psi = E\Psi$$

1) 3차원 고정파에 대한 방정식

2) 식을 풀면, 입자의 운동을 알 수 있는 파동함수(Ψ)를 얻는다.

6.6 양자수(Quantum number)

1) 전자 배치(Electron configuration): 원자 내의 전자의 배열

2) 원자 궤도 함수(Atomic orbital)

가) 전자를 발견할 확률이 높은 공간

나) 전자의 운동을 나타내는 수학적 함수

3) 전자의 네 가지 양자수

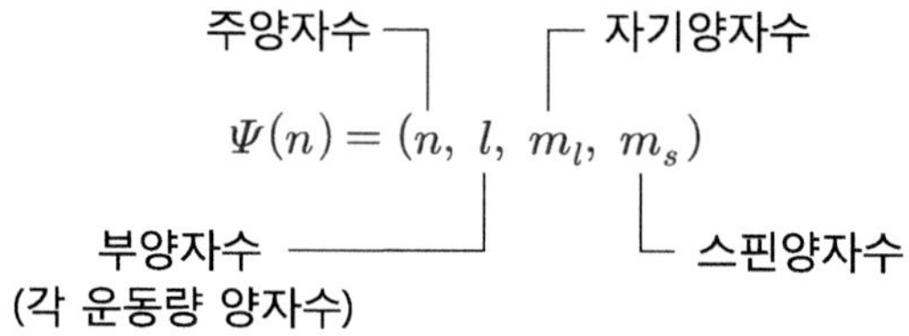

가) 주양자수(n) (principal QN)

(a) 전자 에너지 결정

$$\Delta E_n = -(2.18 \times 10^{-18}\ \mathrm{J})\left(\frac{1}{n^2}\right)$$

(b) 핵에서 전자까지의 거리를 나타낸다(껍질수).

(c) $n = 1,\ 2,\ 3,\ 4,\ \cdots\ \infty$

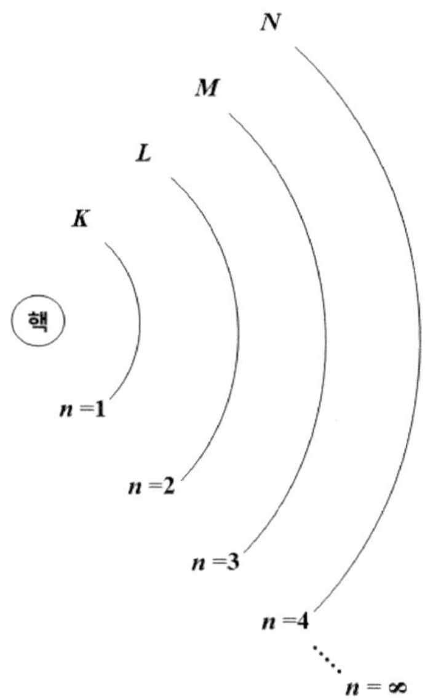

나) 각 운동량 양자수(l) (angular momentum QN)

(a) 궤도 함수(orbital) 모양을 결정한다.

(b) $l = 0, 1, 2, 3, \cdots, (n-1)$

(c) $s, p, d, f, \cdots$ 오비탈

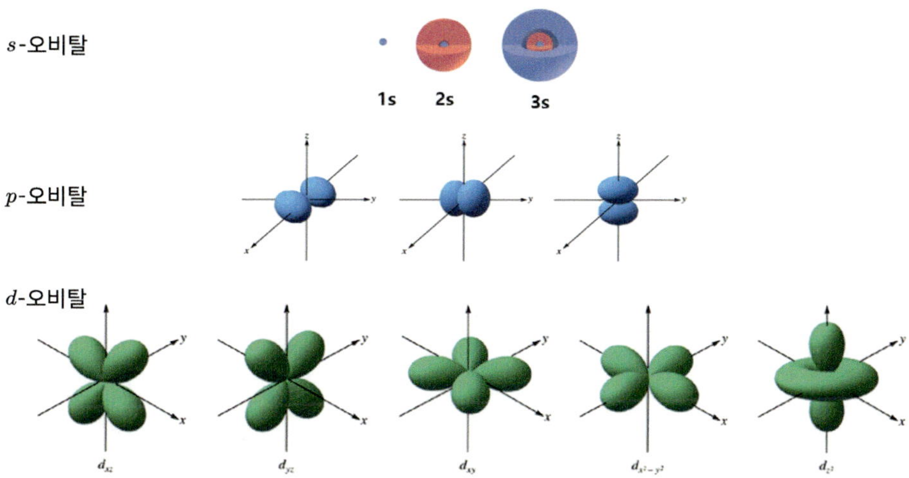

다) 자기 양자수(m_l) (magnetic QN)

(a) 공간 배향(orientation) (즉, 전자가 들어갈 수 있는 오비탈의 수)

(b) m_l: $-l, \cdots, -1, 0, 1, \cdots, l(m_l = 2l+1)$

라) 스핀 양자수(m_s) (spin QN)

(a) 스핀에 의해 생기는 자기장의 배향

(b) $m_s = +\frac{1}{2}, -\frac{1}{2}$

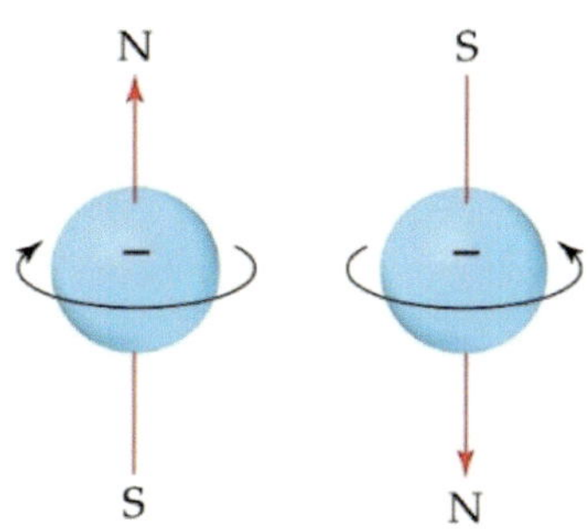

양자수와 궤도 함수 사이의 관계

n	l	오비탈	m_l	오비탈의 수	최대수용전자수
1	0	s	0	1	2
2	0	s	0	1	2
	1	p	−1, 0, 1	3	6
3	0	s	0	1	2
	1	p	−1, 0, 1	3	6
	2	d	−2, −1, 0, 1, 2	5	10
4	0	s	0	1	2
	1	p	−1, 0, 1	3	6
	2	d	−2, −1, 0, 1, 2	5	10
	3	f	−3, −2, −1, 0, 1, 2, 3	7	14

6.7 궤도 함수 에너지(Orbital energy)

1) 수소 원자의 경우, 1개의 전자만을 가진다.

가) 전자간 반발이 없다.

나) 주양자수 n이 같은 궤도 함수 에너지는 동일하다.

$$1s < 2s = 2p < 3s = 3p = 3d < 4s = 4p = 4d = 4f \cdots$$

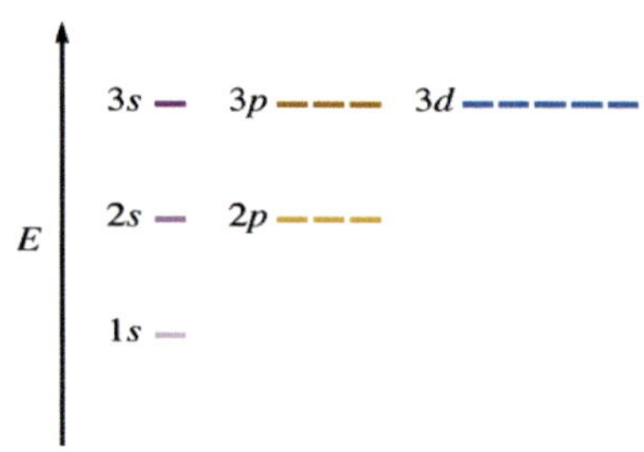

2) 다전자 원자의 경우, 가) 전자간 반발 및 나) 핵에 가까운 전자에 의한 가리움 효과로 인하여, 주양자수(n)가 같더라도(즉 동일 껍질에 속하더라도) 궤도 함수 에너지는 달라진다. 주양자수(n)가 같을 때, $s < p < d < f$의 순으로 에너지가 증가한다.

$$1s < 2s < 2p < 3s < 3p < 4s < 3d \cdots$$

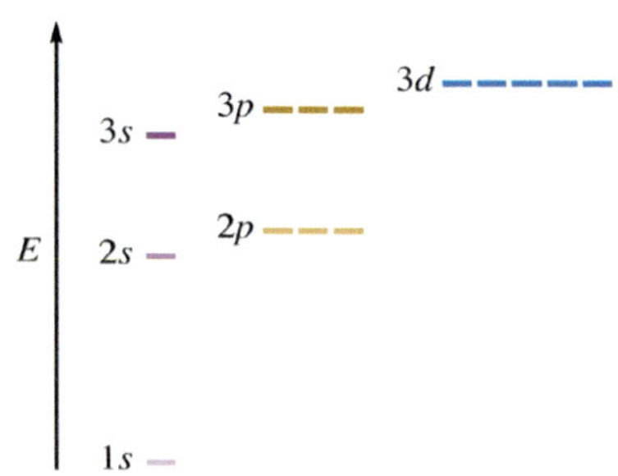

6.8 다원자의 전자 배치(Electron configurations)

= 쌓음(축조) 원리(Aufbau Principle)

1) 전자 배치(Electron configuration): 전자가 궤도 함수를 차지하는 방법으로, 전자 배치는 특정원자에 대해 전자들의 궤도 함수 점유를 보여준다.

2) 두 가지 방식

(a) 바닥상태의 수소 원자의 전자 배치

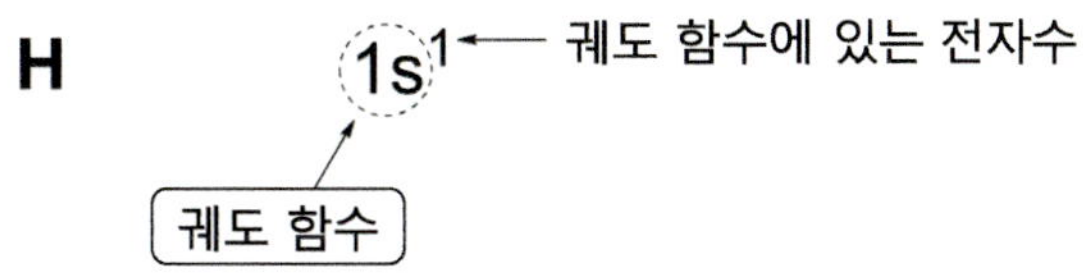

(b) 궤도 함수 그림(orbital diagram)

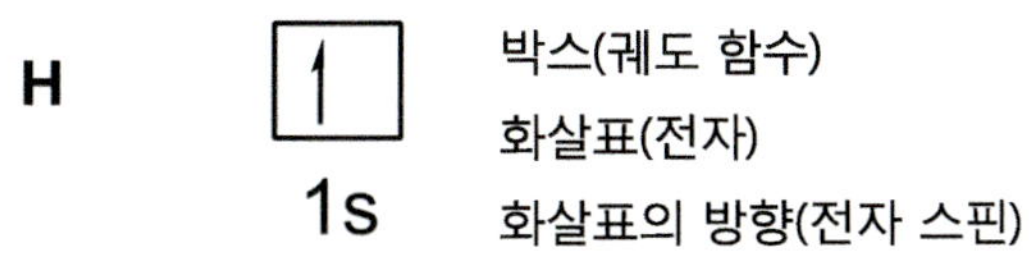

3) 다전자 원자의 전자 배치

가) 궤도 함수들이 채워지는 순서(에너지가 낮은 것부터)

$1s < 2s < 2p < 3s < 3p$

$< 4s < 3d < 4p \cdots$

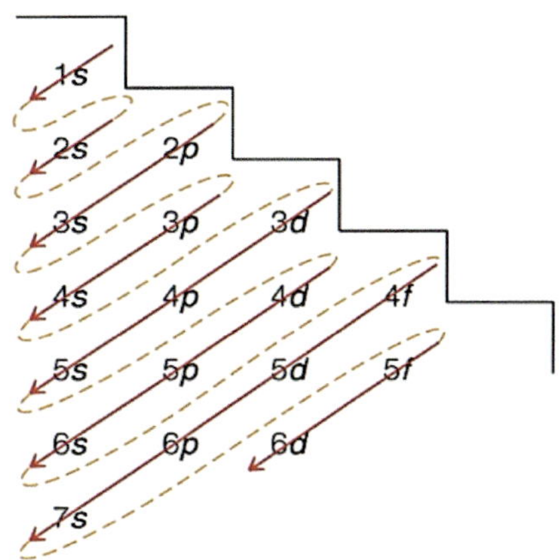

나) Pauli의 배타 원리(Pauli exclusion principle)

"1개의 궤도 함수에는 최대 2개의 전자가 채워질 수 있으며 그 경우 전자의 스핀은 짝을 이루어야 한다."

다) Hund의 규칙

한 부껍질에 둘 이상의 궤도 함수가 존재하면 전자는 다른 전자와 짝을 이루기 전에 빈 궤도 함수부터 채운다.

Pauli의 배타 원리와 Hund의 규칙은 실험적으로 얻은 사실이며 원자에 존재하는 짝짓지 않는 전자는 자기장에 영향을 받으므로 짝짓지 않은 전자의 개수는 자기장에 끌리는 정도에 비례한다. 짝짓지 않는 전자를 가지면서 자기장에 의해 끌리는 성질을 갖는 원자를 **상자기성**이라 하고, 모두 짝지은 전자들만 가지고 있는 경우 자기장에 의해 약하게 반발할 것이며, 이 성질을 갖는 원자를 **반자기성**이라고 한다.

원자 번호 3에서 13까지 원자의 전자 배치

원자	전체 전자수	오비탈 그림	전자 배치
Li	3	[↑↓] [↑] [ ][ ][ ] [ ]	$1s^2 2s^1$
Be	4	[↑↓] [↑↓] [ ][ ][ ] [ ]	$1s^2 2s^2$
B	5	[↑↓] [↑↓] [↑][ ][ ] [ ]	$1s^2 2s^2 2p^1$
C	6	[↑↓] [↑↓] [↑][↑][ ] [ ]	$1s^2 2s^2 2p^2$
N	7	[↑↓] [↑↓] [↑][↑][↑] [ ]	$1s^2 2s^2 2p^3$
O	8	[↑↓] [↑↓] [↑↓][↑][↑] [ ]	$1s^2 2s^2 2p^4$
F	9	[↑↓] [↑↓] [↑↓][↑↓][↑] [ ]	$1s^2 2s^2 2p^5$
Ne	10	[↑↓] [↑↓] [↑↓][↑↓][↑↓] [ ]	$1s^2 2s^2 2p^6$
Na	11	[↑↓] [↑↓] [↑↓][↑↓][↑↓] [↑]	$1s^2 2s^2 2p^6 3s^1$

예제 6.9

V(원자 번호 23)의 전자 배치는?

풀이

V는 23개의 전자가 존재하므로 $4s$ 오비탈까지 전자를 채울 수 있다. $3d$ 오비탈이 $4s$보다 에너지가 높기 때문에 $4s$를 먼저 채우고, $3d$ 오비탈을 채운다. 전자 배치는 전체를 표기하는 방법과 비활성 기체의 전자 배치를 활용하는 방법이 있다.

$$1s^2 2s^2 2p^6 3s^2 3p^6 4s^2 3d^3 = [\mathrm{Ar}]4s^2 3d^3$$

예제 6.10

전자 배치 $4f^9$에서 전자의 스핀 양상은?

풀이

f 오비탈의 부양자수는 7이므로, 9개의 전자는 Hund 규칙에 의해 배치하면,

↑↓ ↑↓ ↑ ↑ ↑ ↑ ↑

예제 6.11

$n = 4$일 때, 취할 수 있는 부양자수 l 값과 오비탈의 형태는?

풀이

부양자수값은 $l = 0, 1, 2, \cdots, n-1$이므로, $l = 0, 1, 2, 3$이다.
오비탈의 형태는 s, p, d, f이다.

예제 6.12

이리듐(원자 번호 77)의 원자에 존재하는 홀전자의 수는?

풀이

이리듐(원자 번호 77)의 전자 배치는

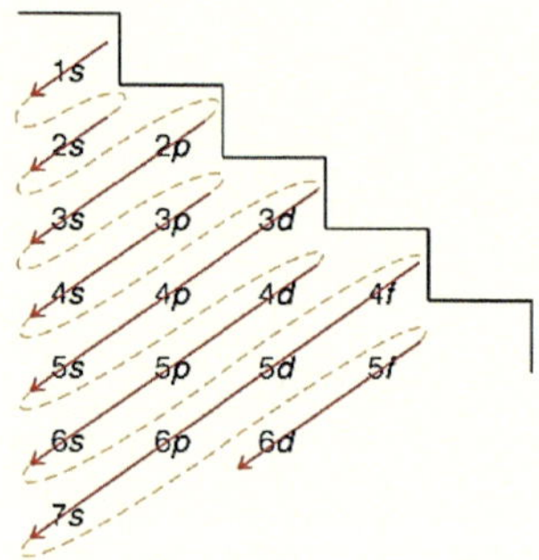

$$1s^2 2s^2 2p^6 3s^2 3p^6 4s^2 3d^{10} 4p^6 5s^2 4d^{10} 5p^6 6s^2 4f^{14} 5d^7$$

$5d^7$

홀전자의 개수는 **3개**이며, 짝짓지 않은 홀전자가 존재하므로, **상자기성**이다.

예제 6.13

어떤 행성에서 스핀 양자수가 $+\frac{1}{2}$, 0, $-\frac{1}{2}$의 값을 가질 수 있으며, 다른 양자수를 결정하는 방법과 부양자수를 채우는 방법은 동일하다고 가정할 때,

(a) s, p, d 오비탈에 들어갈 수 있는 최대 전자수는?

(b) $n = 3$의 준위에는 몇 개의 전자를 채울 수 있는가?

(c) 원자 번호가 각각 8과 17인 원자의 전자 배치는?

풀이

(a) s 오비탈은 1개 존재하며, 최대 3개의 전자가 들어갈 수 있다.
p 오비탈은 3개 존재하며, 최대 9개의 전자가 들어갈 수 있다.
d 오비탈은 5개 존재하며, 최대 15개의 전자가 들어갈 수 있다.
그러므로 전체 들어갈 수 있는 전자는 27개이다.

(b) $n=3$일 때, 부양자수는 0, 1, 2이므로 s, p, d 오비탈이 가능하다.
그러므로 s^3, p^9, d^{15}이므로, 27개의 전자가 들어갈 수 있다.

(c) 원자 번호 8: $1s^3 2s^3 2p^2$, 원자 번호 17: $1s^3 2s^3 2p^9 3s^2$

CHAPTER 7

원소의 주기적 성질

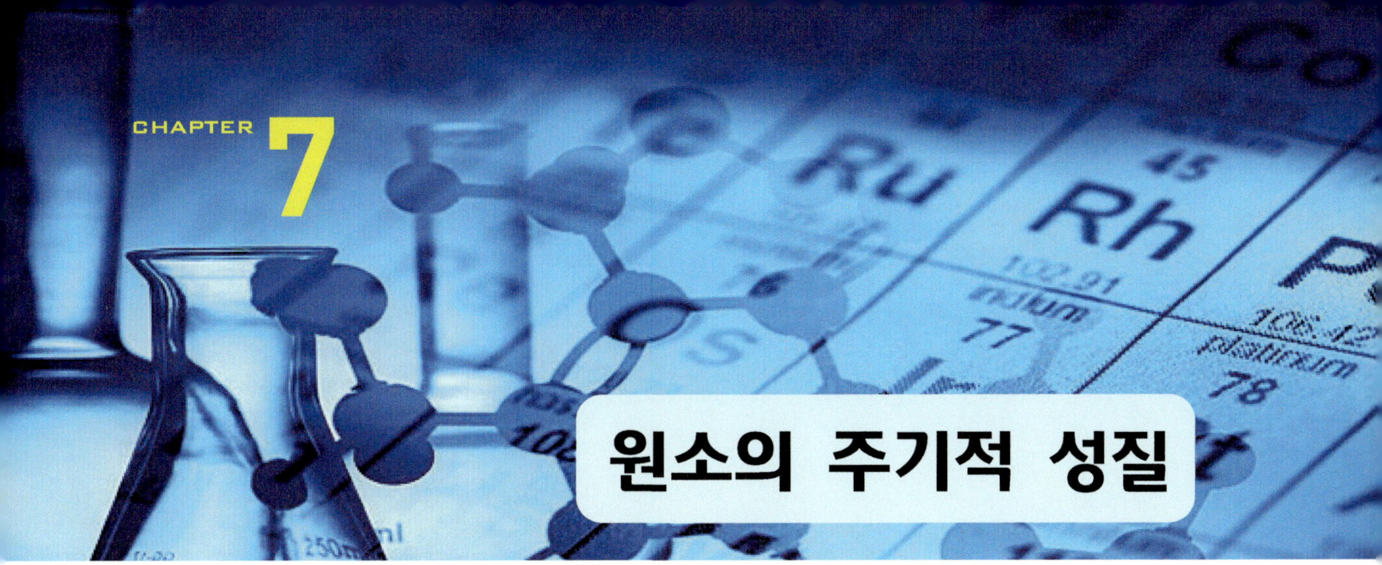

7.1 주기율표의 발전

1) Mendeleev의 주기율표

REIHEN	GRUPPE I — R^2O	GRUPPE II — RO	GRUPPE III — R^2O^3	GRUPPE IV RH^4 RO^2	GRUPPE V RH^3 R^2O^5	GRUPPE VI RH^2 RO^3	GRUPPE VII RH R^2O^7	GRUPPE VIII — RO^4
1	H=1							
2	Li=7	Be=9,4	B=11	C=12	N=14	O=16	F=19	
3	Na=23	Mg=24	Al=27,3	Si=28	P=31	S=32	Cl=35,5	
4	K=39	Ca=40	— =44	Ti=48	V=51	Cr=52	Mn=55	Fe=56, Co=59, Ni=59, Cu=63
5	(Cu=63)	Zn=65	— =68	— =72	As=75	Se=78	Br=80	
6	Rb=85	Sr=87	?Yt=88	Zr=90	Nb=94	Mo=96	— =100	Ru=104, Rh=104, Pd=106, Ag=108
7	(Ag=108)	Cd=112	In=113	Sn=118	Sb=122	Te=125	J=127	
8	Cs=133	Ba=137	?Di=138	?Ce=140	—	—	—	--------
9	(—)	—	—	—	—	—	—	
10	—	—	?Er=178	?La=180	Ta=182	W=184	—	Os=195, Ir=197, Pt=198, Au=199
11	(Au=199)	Hg=200	Tl=204	Pb=207	Bi=208	—	—	
12	—	—	—	Th=231	—	U=240	—	--------

가) 원자량의 개념을 기초

나) 주기와 족을 구분

다) 새로운 원소에 대한 예측: 에카-알루미늄(갈륨), 에카-실리콘(게르마늄)

성질	Eka-aluminium	Gallium	Eka-silicon	Germanium
원자 질량	68	69.7	72	72.61
밀도(g/cm^3)	5.9	5.94	5.5	5.35
녹는점(℃)	낮다	32	높다	947
염화물의 화학식	$EaCl_3$	$GaCl_3$	$EsCl_4$	$GeCl_4$
산화물의 화학식	Ea_2O_3	Ga_2O_3	EsO_2	GeO_2

2) Henry Moseley의 주기율표

가) 원자들이 고에너지 전자와 충돌했을 때 방출 X-선의 진동수를 측정

나) 원자 질량이 증가함에 따라 진동수가 증가한다는 것을 관찰

다) 원자 번호에 따라 원소를 나열한 주기율표 도입

7.2 유효핵전하(Effective nuclear change)

1) 가리움 효과(Shielding effect)

(a) 내부(inner) 전자와 외부(outer) 전자

(b) 외부 전자와 핵전하

(c) 가리움 효과: $s \gg p > d \sim f$

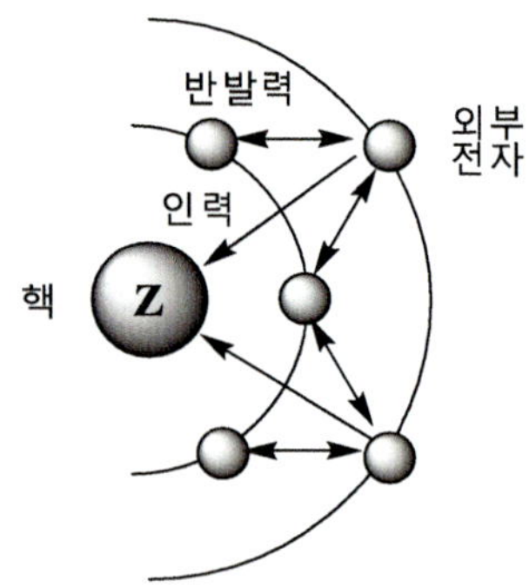

2) 유효핵전하(Effective nuclear charge: Z_{eff})

$$Z_{eff} = Z - S$$

- Z_{eff}: 유효 핵전하
- Z: 실제 핵전하
- S: 다른 전자에 의해 가리워진 전하

$_{11}$Na : $1s^2\ 2s^22p^6$ ⋮ $3s^1$ (내부전자: $1s^2\ 2s^22p^6$)

$Z_{eff} = 11 - 10 = +1$

$_{12}$Mg : $1s^2\ 2s^22p^6$ ⋮ $3s^2$ (내부전자: $1s^2\ 2s^22p^6$)

$Z_{eff} = 12 - 10 = +2$

$_{13}$Al : $1s^2\ 2s^22p^6$ ⋮ $3s^23p^1$ (내부전자: $1s^2\ 2s^22p^6$)

$Z_{eff} = 13 - 10 = +3$

> **알아두기**
>
> 1) **원자가껍질**
>   - 바닥상태 전자 배치에서 가장 큰 n값을 갖는 껍질 → 가장 바깥쪽에 위치한 껍질
>
> 2) **원자가전자(최외각전자)**
>   - 원자가껍질에 들어 있는 전자
>   - 핵으로부터 가장 멀리 떨어져 있다.
>
>   cf. 주족 금속: 원자가전자를 잃고, 양이온 형성이 쉽다.
>   주족 비금속: 원자가껍질에 있는 전자를 받아 음이온 형성이 쉽다.
>
> **핵심부 전자(내부 전자):** 보통 화학결합에는 관여하지 않는다.

3) 팔전자규칙(Octet rule)

가) 주족 원소는 바깥 껍질을 8개의 전자로 채워 반응하는 경향이 있다. 즉, 주족 원소는 반응하여 원자가전자 껍질 중 s와 p 오비탈이 채워진 영족기체 전자 배열로 된다.

나) 팔전자규칙이 적용되지 않는 것들은 일반적으로 13족과 그 밑에 있는 주기율표 오른쪽(13~18A족) 원소들이다. → d-오비탈 덕분에 추가 전자를 수용할 수 있다.

다) 이전자규칙(바깥 껍질에 2개의 전자를 채우는 규칙, H $1s^1$)

7.3 원자 반지름

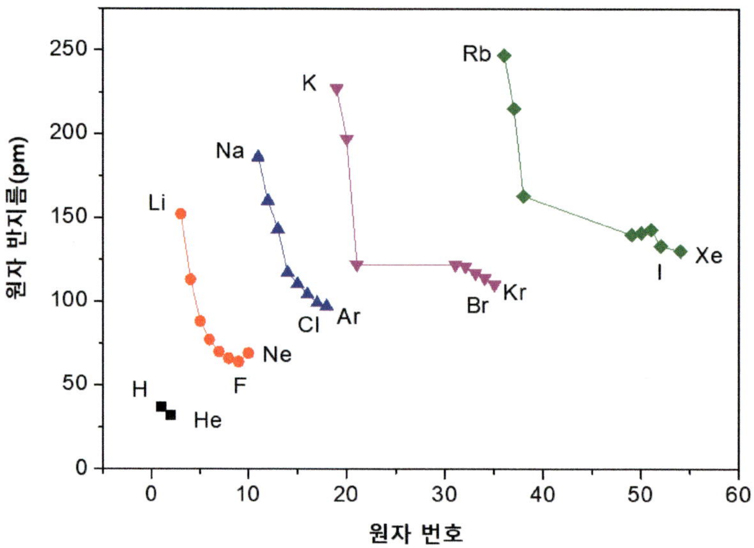

1) 같은 족에서 원자 번호가 증가하면, 최외각전자의 주양자수(n)는 증가하고, 원자 반지름은 커진다.

2) 같은 주기에서 원자 번호가 증가하면, 최외각전자가 느끼는 유효핵전하(Z_{eff})는 커지고, 최외각전자와 핵이 느끼는 인력은 더 강해지므로, 원자 반지름은 작아진다.

3) 이온 반지름

양이온은 중성원자보다 작다.

- 원자가껍질이 제거되기 때문이다.
- 양전하가 커질수록 크기는 작아진다.

$Fe^{3+} < Fe^{2+}$

음이온은 중성원자보다 크다.

- 전자간 반발력이 커지기 때문이다.

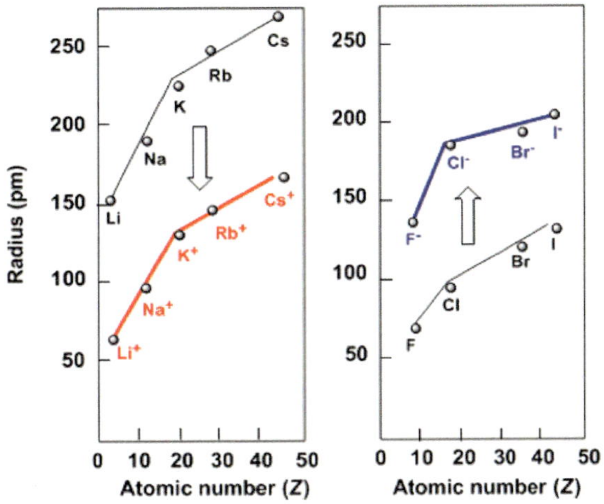

4) 이온과 이온의 전자 배치

1족: M[영족기체] $ns^1 \rightarrow M^+$[영족기체]

Na: $1s^2 2s^2 2p^6 3s^1 \quad = [Ne]3s^1$

Na^+: $1s^2 2s^2 2p^6 \quad = [Ne]$

2족: M[영족기체] $ns^2 \rightarrow M^{2+}$[영족기체]

Mg: $1s^2 2s^2 2p^6 3s^2 \quad = [Ne]3s^2$

Mg^{2+}: $1s^2 2s^2 2p^6 \quad = [Ne]$

13족: M[영족기체] $ns^2np^1 \rightarrow M^{3+}$[영족기체]

Al: $1s^2 2s^2 2p^6 3s^2 3p^1 = [Ne]3s^2 3p^1$

Al^{3+}: $1s^2 2s^2 2p^6 \quad = [Ne]$

16족: X[영족기체] $ns^2np^4 \rightarrow X^{2-}$[영족기체]$ns^2np^6$

O: $1s^2 2s^2 2p^4 \quad = [He]2s^2 2p^4$

O^{2-}: $1s^2 2s^2 2p^6 \quad = [He]2s^2 2p^6$

17족: X[영족기체] $ns^2np^5 \rightarrow X^-$[영족기체] ns^2np^6

F: $1s^2 2s^2 2p^5 \quad = [He]2s^2 2p^5$

F^-: $1s^2 2s^2 2p^6 \quad = [He]2s^2 2p^6$

예제 7.1

다음 주어진 원자들 중 더 큰 원자를 고르고, 그 이유는?

(a) C 또는 Sn

(b) N 또는 Al

풀이

(a) Sn 원자가 C 원자보다 크다. 그 이유는 C와 Sn은 14족으로 같은 족 원자이다. 같은 족에서 원자 번호가 증가하면, 주양자수가 증가하기 때문에 원자 반지름이 증가한다.

(b) Al 원자가 N 원자보다 크다. 그 이유는 N의 유효핵전하(Z_{eff}) $= 7 - 2 = +5$, Al의 유효핵전하(Z_{eff}) $= 13 - 10 = +3$이다. N에서 Al로 옮겨가면 유효핵전하가 감소하고, 최외각전자와 핵이 느끼는 인력이 더 작아지기 때문에 원자 반지름이 커진다.

예제 7.2

다음 주어진 화학종 중 더 큰 화학종을 고르고, 그 이유는?

(a) N^{3-}과 F^-

(b) Fe^{2+}과 Fe^{3+}

풀이

(a) N^{3-}이 더 크다. 그 이유는 N^{3-}은 양성자가 7개이고, F^-은 9개의 양전하를 가지므로 양성자가 더 작기 때문에 N^{3-}가 더 크다.

(b) Fe^{2+}이 더 크다. 그 이유는 두 이온은 같은 핵전하를 갖지만, Fe^{2+}이 24개의 전자를 갖고, Fe^{3+}은 23개의 전자를 갖는다. Fe^{2+}이 전자-전자 반발력이 더 커지므로 Fe^{2+}이 더 크다.

7.4 이온화 에너지(IE, E_i)

기체상태의 고립된 중성 원자로부터 하나의 전자를 제거하는 데 필요한 에너지로서, 전자를 제거하는 데 항상 에너지가 들기 때문에 이온화 에너지는 항상 양(+)이다.

$$\mathrm{M(중성기체)} \rightarrow \mathrm{M}^{+} + e^{-}$$

1) 이온화 에너지 경향

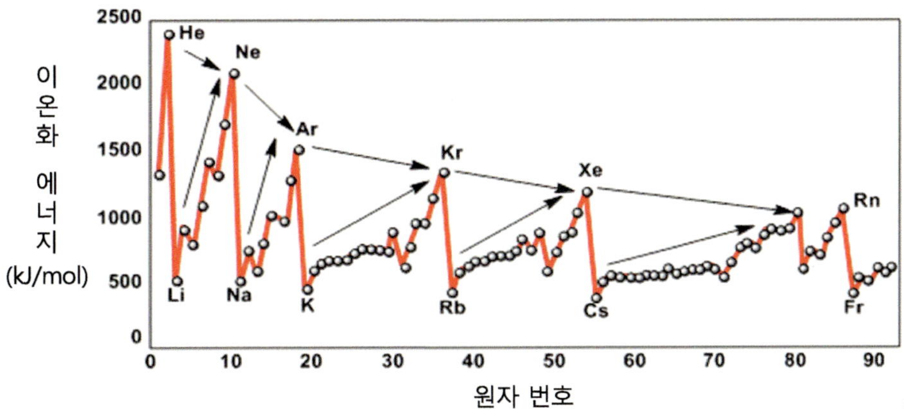

가) 같은 족에서는 원자 번호가 증가하면, 이온화 에너지가 감소한다.
이는 원자가전자가 핵으로부터 멀어지므로 핵-전자 인력이 감소하기 때문이다.

나) 같은 주기에서는 오른쪽으로 갈수록 이온화 에너지가 증가한다.
이는 유효핵전하(Z_{eff})가 커지므로 전자를 떼어내기가 어려워지기 때문이다.

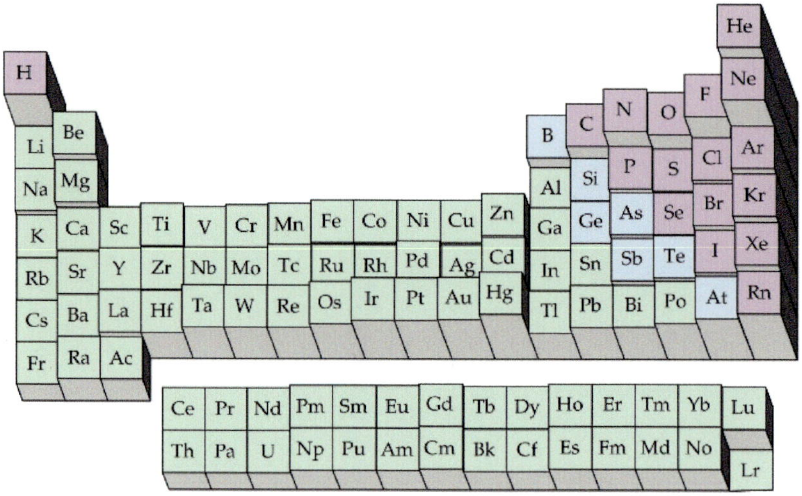

이온화 에너지가 낮은 원소들은 양이온, 높은 원소들은 음이온이 되는 경향이 있다.

2) 이온화 에너지 경향의 변이

p-오비탈에 1개 혹은 4개의 전자가 들어 있는 경우, 예상보다 이온화 에너지가 작다.

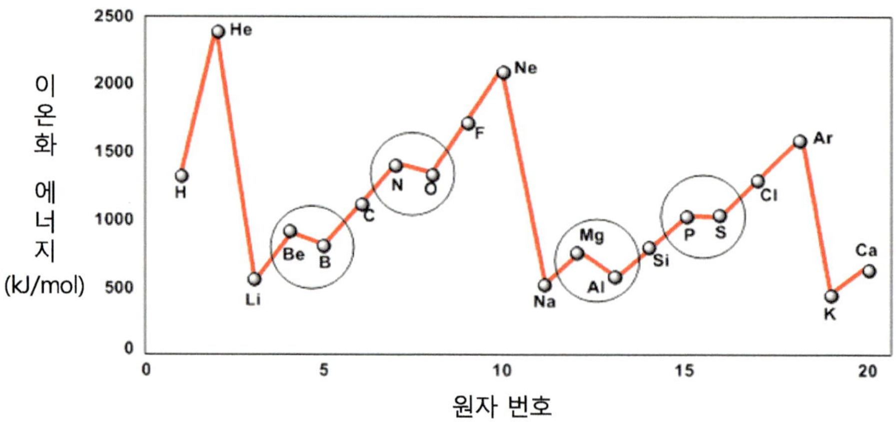

가) p-오비탈에 전자가 1개 들어 있는 경우

$Be(1s^2 2s^2) \rightarrow Be^+(1s^2 2s^1) + e^- \quad E_i = 899.4\,kJ/mol$

$B(1s^2 2s^2 2p^1) \rightarrow B^+(1s^2 2s^2) + e^- \quad E_i = 800.6\,kJ/mol$

(a) $2s$ 전자는 $2p$ 전자보다 핵에 더 가깝기 때문에 더 단단히 붙잡혀 있고 제거하기 더 어렵다.

(b) $2p$ 전자는 $2s$ 전자에 의해서 가려지기 때문에 유효핵전하가 작고, 쉽게 제거된다.

나) p-오비탈에 전자가 4개 들어 있는 경우

$N(1s^2 2s^2 2p_x^1 2p_y^1 2p_z^1) \rightarrow N^+(1s^2 2s^2 2p_x^1 2p_y^1) + e^- \quad E_i = 1402.3\,kJ/mol$

$O(1s^2 2s^2 2p_x^2 2p_y^1 2p_z^1) \rightarrow O^+(1s^2 2s^2 2p_x^1 2p_y^1 2p_z^1) + e^- \quad E_i = 1313.9\,kJ/mol$

전자는 서로 반발하고 가능하면 떨어져 있으려고 하므로, 한 오비탈에 같이 들어가는 전자들은 보다 쉽게 제거된다.

3) 더 큰 이온화 에너지(순차적 이온화 에너지)

가) 원자로부터 한 전자만 제거할 수 있는 것이 아니라, 연속적으로 2, 3 또는 더 많은 전자를 제거할 수 있다.

M + 에너지 $\rightarrow M^+ + e^-$ 첫 번째 이온화 에너지(E_{i1})

M^+ + 에너지 $\rightarrow M^{2+} + e^-$ 두 번째 이온화 에너지(E_{i2})

M^{2+} + 에너지 $\rightarrow M^{3+} + e^-$ 세 번째 이온화 에너지(E_{i3})

⋮

나) 이온화 에너지는 전자가 제거됨에 따라 증가한다. 즉, 내부 전하를 제거하는 것은 안정한 옥테트를 깨는 결과이므로, 상당한 에너지가 필요하다.

〈표 7.1〉 Na에서 Ar까지의 원소에 대한 순차적 이온화 에너지 값(kJ/mol)

원소	IE_1	IE_2	IE_3	IE_4	IE_5	IE_6	IE_7
Na	496	4560					
Mg	738	1450	7730				
Al	578	1820	2750	11600			
Si	786	1580	3230	4360	16100		
P	1012	1900	2910	4960	6270	22200	
S	1000	2250	3360	4560	7010	8500	27100
Cl	1251	2300	3820	5160	6540	9460	11000
Ar	1521	2670	3930	5770	7240	8780	12000

☞ 순차적 이온화 에너지로부터 원자들의 족(group)을 예측할 수 있다.

예제 7.3

16족 원소인 S의 1차 이온화 에너지가 O의 1차 이온화 에너지보다 더 작다. 그 이유는?

풀이

O와 S는 동일한 원자가전자 배치 ns^2np^6를 가지고 있지만, S의 $3p$ 전자는 O의 $2p$ 전자보다는 핵으로부터 더 멀리 떨어져 있고, 핵 인력을 작게 받는다. 따라서 S의 1차 이온화 에너지가 더 작다는 것을 예측할 수 있다.

예제 7.4

2주기 원소인 Li과 Be 중 2차 이온화 에너지가 더 큰 것은?

풀이

Be의 2차 이온화 에너지가 더 작다.

Li의 전자 배치는 $1s^22s^1$이고, Be의 전자 배치는 $1s^22s^2$이다.

2차 이온화 에너지는 바닥상태에 있는 기체 상태의 +1가 양이온이 전자 1개를 제거하는 데 필요한 에너지이다.

$$Li^{+}(1s^{2}) \rightarrow Li^{2+}(1s^{1}) + e^{-}$$
$$Be^{+}(1s^{2}2s^{1}) \rightarrow Be^{2+}(1s^{2}) + e^{-}$$

$1s$ 전자들은 자기들끼리 가리는 것에 비하여 $2s$ 전자를 훨씬 효과적으로 가리기 때문에, Be^{+}의 $2s$ 전자를 제거하는 것이 Li^{+}의 $1s$ 전자를 제거하는 것보다 쉬울 것으로 예상된다.

7.5 전자친화도(EA, E_{ea})

$$X(g) + e^{-} \rightarrow X^{-}(g)$$

1) E_{ea}값이 더 큰 음일수록 원자는 전자를 받는 경향이 증가하고, 그 음이온은 안정하다. 반면에 E_{ea}값이 양수이면 음이온을 형성하기 어렵다는 의미이다.

2) 뚜렷한 경향성은 없지만, 할로젠 원소들의 전자친화도는 가장 크다.

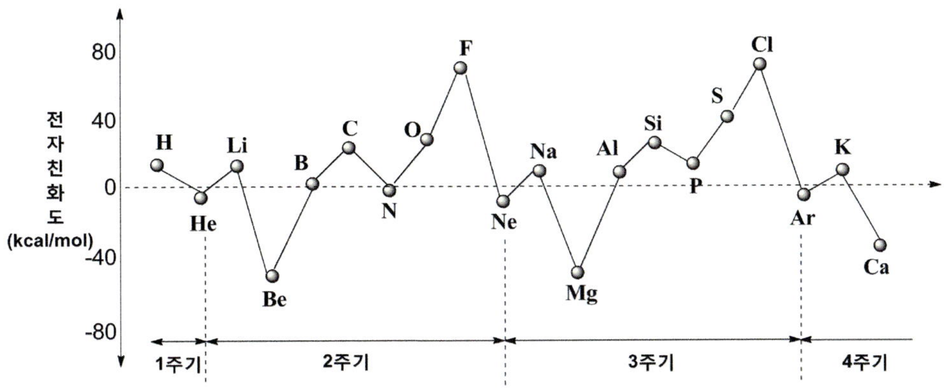

가) 주기율표에 있는 대부분의 족들은 뚜렷한 전자친화도의 경향성을 보이지 않는다. **다만, 1족 원소들은 원자 번호가 증가할수록 전자친화도의 값이 양의 값을 갖는다.**

나) 같은 주기에서 원자 번호가 증가하면, 전자친화도는 더 큰 음의 값을 갖는다.

예제 7.5

2족 원소인 Be, Mg, Ca, Sr, Ba의 전자친화도는 왜 음의 값을 갖거나 혹은 작은 양의 값을 갖는가?

풀이

2족 원소들의 원자가전자 배치는 ns^2이다. 이들이 전자 1개를 받아들이면, 전자 배치는 ns^2np^1이다. 2개의 ns 전자들과 내부 전자들에 의해 효과적으로 가려지는 np 오비탈에 들어가야 한다. 즉, ns 전자들은 np 전자들보다 침투성이 높다. 그러므로 2족 원소들은 여분의 전자를 받아들이려는 경향이 없다.

CHAPTER 8 공유 결합

8.1 화학 결합, Lewis 기호, 팔전자규칙

1) 화학 결합: 이온 결합, 공유 결합, 금속 결합

원자의 종류	결합의 종류	결합의 특징
금속과 비금속	이온 결합	전자의 이동
비금속과 비금속	공유 결합	공유된 전자
금속과 금속	금속 결합	금속 전자

2) Lewis 점 구조식: 원자가전자를 점전자로 나타내는 구조식

3) 팔전자규칙: 원자들은 8개의 원자가전자를 가질 때까지 전자를 공유한다. (단, 수소는 **이전자규칙**을 따른다)

8.2 공유 결합(Covalent bond)

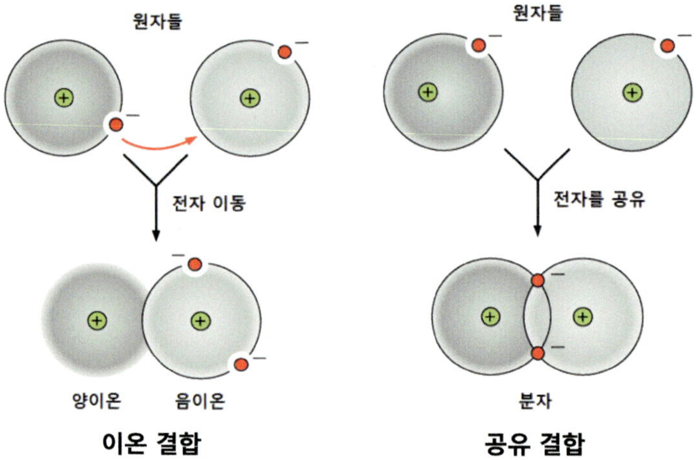

1) 원자 사이에서 전자를 **공유**함으로써 생성된다.

2) 두 원자가 접근하면서, 적당한 거리에 오면 인력과 반발력은 균형을 이루게 된다.
   가) 이 점에서 가장 낮은 에너지를 갖게 된다.
   나) 이때 두 핵간 거리를 결합거리라고 한다.

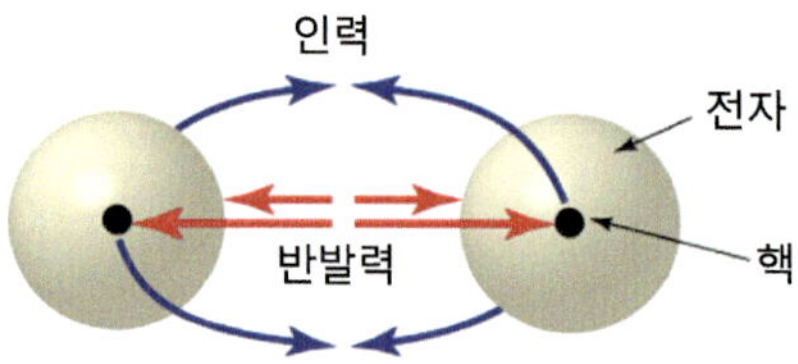

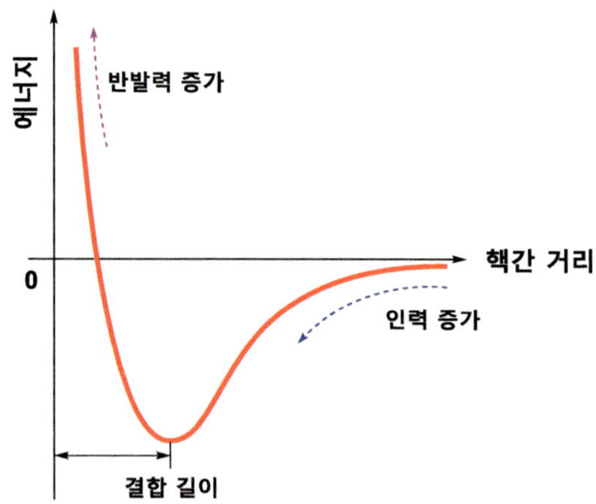

8.3 극성 공유 결합

1) 전기음성도(Electronegativity): Linus Pauling에 의해 제안

가) 극성 결합은 전기음성도의 차이에서 발생한다.

(a) 대부분의 공유 결합은 공유 전자가 한쪽으로 쏠려 있는 극성 공유 결합이다.

(b) 극성 결합의 경우, 한 분자는 부분 양전하(δ^+)를, 다른 한 전하는 부분 음전하(δ^-)를 띤다.

나) 전기음성도는 공유 전자를 끌어당기는 정도를 상대적인 수치로 나타낸 것이다.

다) F가 4.0의 전기음성도를 갖는다.

라) 전기음성도가 큰 원자일수록 **전자를 끌어당기는 성질**이 강하다. 따라서 비금속성이 강하다. 이와 반대로, 전기음성도가 작은 원자일수록 금속성이 강하다.

전기음성도가 큰 원자 쪽 → 전자 밀도가 증가 → δ^- 전하 전기음성도가 작은 원자 쪽 → 전자 밀도가 감소 → δ^+ 전하

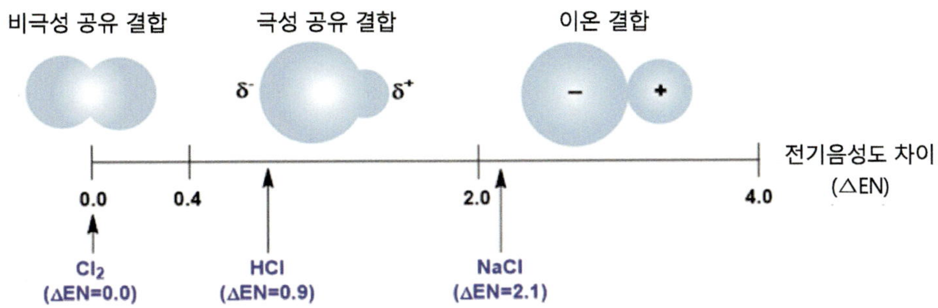

8.4 Lewis 구조(전자점 구조)

1) Lewis 구조

가) 원자기호의 상하좌우에 원자가전자를 점전자로 표시

나) 족 번호=원자가전자 개수

다) 4개까지는 쌍으로 배치되지 않는다.

족:	1	2	13	14	15	16	17	18
원자가전자의 수:	1	2	3	4	5	6	7	8

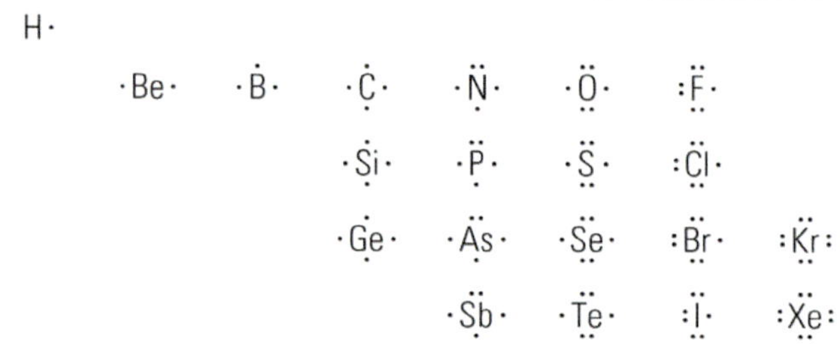

2) Lewis 구조 그리기

가) 원자의 경우, Lewis 구조는 원자가전자를 점으로 표시하면 쉽게 그릴 수 있다.

나) 분자의 경우, 분자 내에서 결합에 참여하는 전자 수를 결정할 수 있으면 보다 쉽게 그릴 수 있다.

(a) 단일 결합은 결합에 참여하는 전자가 2개(1쌍)이다.

(b) 이중 결합은 결합에 참여하는 전자가 4개(2쌍)이다.

(c) 삼중 결합은 결합에 참여하는 전자가 6개(3쌍)이다.

다) 이원자 분자 또는 이온의 Lewis 구조는 결합에 참여하는 전자 수를 결정하면 쉽게 그릴 수 있다.

$$S = N - A$$

S: 결합에 참여하는 전자 수(결합전자쌍의 수)
N: 각 원자들의 팔전자 또는 이전자 규칙을 만족하는 전자 수의 합
A: 각 원자들의 원자가전자 수의 합
음이온의 경우, 음전하 수만큼을 더하고,
양이온의 경우, 양전하 수만큼을 뺀다.

예제 8.1

(a) O_2 분자, (b) N_2 분자와 (c) CN^-의 Lewis 구조를 완성하면?

풀이

(a) **A:** O의 원자가전자가 6개이므로, $2 \times 6 = 12$
N: O는 팔전자규칙을 만족하므로, $2 \times 8 = 16$
결합에 참여하는 전자 수(S) $= 16 - 12 = 4$개이므로, 산소-산소 사이는 이중 결합이다.

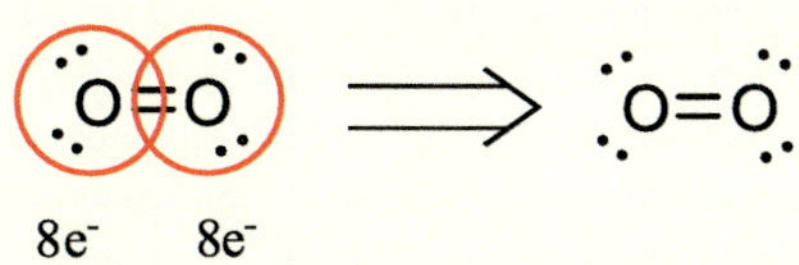

(b) **A:** N의 원자가전자 수의 합 $2 \times 5 = 10$개
N: N은 팔전자규칙을 만족하므로, $2 \times 8 = 16$개
결합에 참여하는 전자 수(S) $= 16 - 10 = 6$개이므로, 질소-질소 사이는 삼중 결합이다.

:N≡N:

(c) **A:** C의 원자가전자 수+N의 원자가전자 수+(음전하) $= 4 + 5 + 1 = 10$개
N: C와 N은 팔전자규칙을 만족하므로, $2 \times 8 = 16$개
결합에 참여하는 전자 수(S) $= 16 - 10 = 6$개이므로, 탄소-질소 사이는 삼중 결합이다.

$[:C\equiv N:]^-$

라) 다원자 분자 또는 이온의 Lewis 구조를 그리기

단계 1. 결합하는 원자들이 서로 이웃하도록 화합물의 골격 구조를 그린다. 전기음성도가 작은 원자가 중심에 오도록 한다. H나 F는 Lewis 구조에서 말단에 오도록 한다.

단계 2. 참여하는 원자들의 원자가전자 수의 합을 구한다. 다원자 이온의 경우, 음이온이면 음전하의 수를 더하고, 양이온이면 양전하의 수만큼을 뺀다.

단계 3. 중심 원자와 각 주위 원자 사이에 단일 결합을 그린다. 중심 원자에 결합된 원자들의 팔전자규칙을 먼저 맞춘다. 중심이나 주위 원자의 전자들이 참여하지 않을 때, 비공유전자쌍으로 표시한다.

단계 4. 만약 중심 원자가 8개 이하의 전자를 가지는 경우, 주위 원자의 비공유전자쌍을 이용하여 주위의 원자와 중심 원자 사이에 이중 결합이나 삼중 결합을 만들어 중심 원자의 팔전자규칙을 맞춘다.

마) 몇몇 원자들의 많이 적용되는 Lewis 점 구조의 예

원자	결합의 수	비공유전자쌍	예
H	1	0	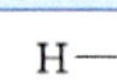
B	3	0	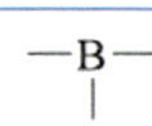
C	4	0	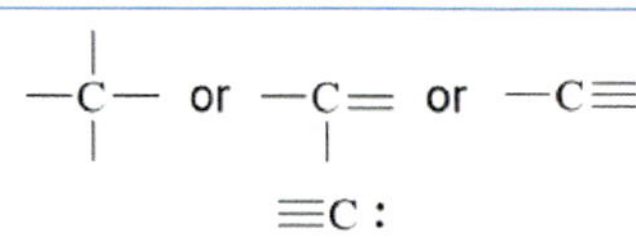
	3	1	
N, P	3	1	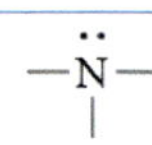
	4	0	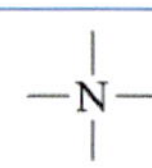
O, S	2	2	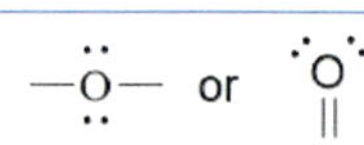
	1	3	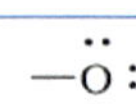
	3	1	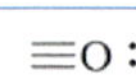
F, Cl, Br, I	1	3	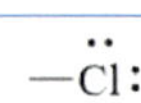

예제 8.2

다음 화합물들의 Lewis 구조를 완성하면?

(a) H_2O, (b) CH_4, (c) HNO_3, (d) NO_3^-

풀이

(a) **단계 1.** O 원자의 전기음성도가 H보다 작다. H_2O의 골격 구조는

H O H

단계 2. H_2O의 원자가전자 수 $= 2\times(1)+1\times(6)=8$

단계 3. 팔전자규칙과 이전자규칙을 만족시킨다.

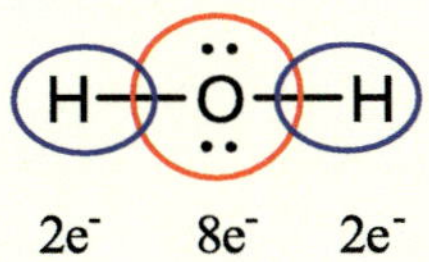

(b) **단계 1.** CH_4의 골격 구조는

H

H C H

H

단계 2. CH_4의 원자가전자 수 $= 1\times(4)+4\times(1)=8$

단계 3. 각각을 단일 결합으로 표시하고, 남은 원자가전자 수를 체크한 후, 각 원자에 대하여 팔전자규칙 또는 이전자규칙을 만족시킨다.

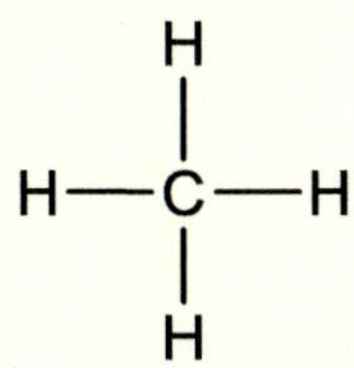

(c) **단계 1.** HNO_3의 골격 구조는

O N O H

O

단계 2. HNO_3의 원자가전자 수$=1\times(1)+1\times(5)+3\times(6)=24$

단계 3. 각각을 단일 결합으로 표시하고, 남은 원자가전자 수를 체크한 후, 각 원자에 대하여 팔전자규칙 또는 이전자규칙을 만족시킨다.

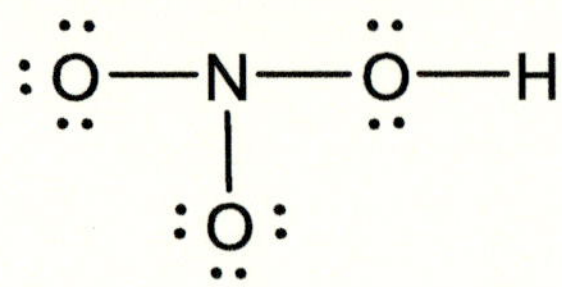

단계 4. 남은 원자가전자 16개를 적당히 배치하면 O는 팔전자규칙을 만족하고, H는 이전자규칙을 따른다. 그러나 N은 만족하지 못한다. N에 2개의 전자가 필요하므로 O에서 비공유전자쌍 1개를 이용하여 이중 결합을 만든다.

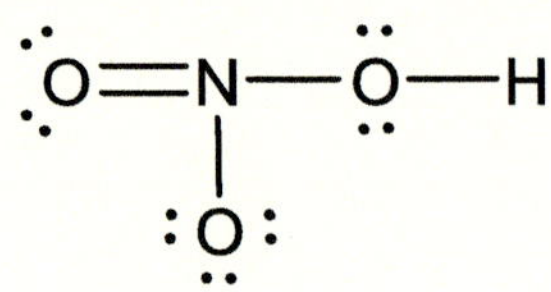

(d) **단계 1.** N이 O보다 전기음성도가 작다. 골격 구조는

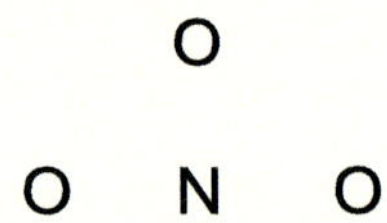

단계 2. NO_3^-의 원자가전자 수$=1\times(5)+3\times(6)=23+1=24$

단계 3. 각각을 단일 결합으로 표시하고, 남은 원자가전자 수를 체크한 후, 각 원자에 대하여 팔전자규칙을 만족시킨다.

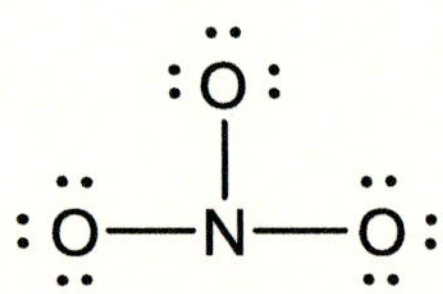

단계 4. 남은 원자가전자 18개를 적당히 배치하면 O는 팔전자규칙을 따른다. 그러나 N은 만족하지 못한다. N에 2개의 전자가 필요하므로 O에서 비공유전자쌍 1개를 이용하여 이중 결합을 만든다.

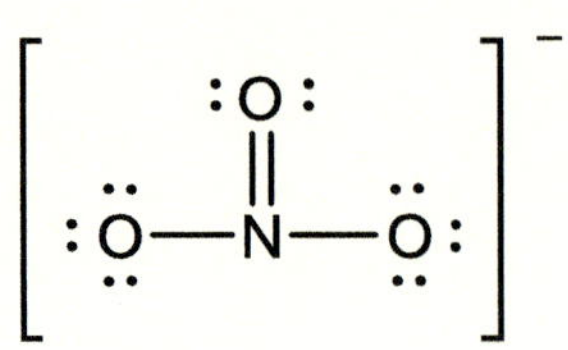

8.5 공명 구조(Resonance Structure)

1) 한 분자나 이온에 대하여 결합을 표시할 때, 같은 원자의 배열을 하면서 2개 이상의 Lewis 구조를 그릴 수 있는 것을 **공명 구조**라고 한다.

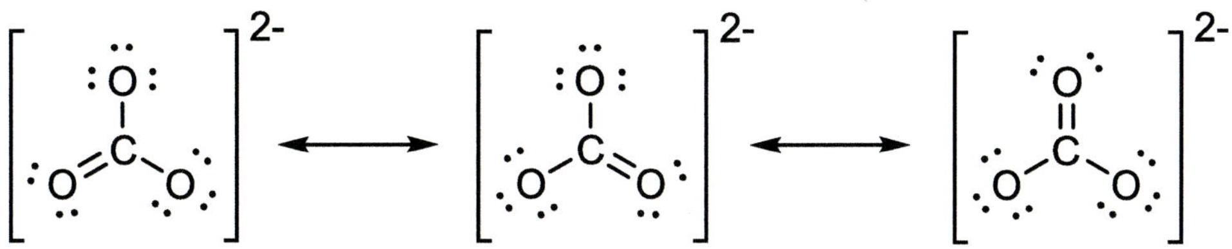

2) 3개의 CO_3^{2-} 이온의 Lewis 구조를 **공명 구조**라고 한다.

3) 공명 구조는 양쪽 화살표(↔)로 나타낸다.

예제 8.3

O_3의 공명 구조를 완성하면?

풀이

먼저, Lewis 구조를 완성한다.

단계 1. 골격 구조는

O O O

단계 2. 원자가전자 수$=3\times(6)=18$

단계 3. 각각을 단일 결합으로 표시하고, 남은 원자가전자 수를 체크한 후, 각 원자에 대하여 팔전자규칙을 만족시킨다.

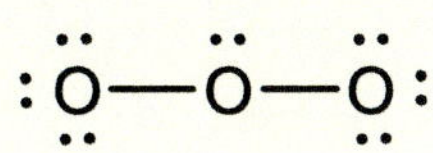

단계 4. 남은 원자가전자 14개를 적당히 배치하면 말단 O는 팔전자규칙을 따른다. 그러나 중심의 O는 만족하지 못한다. 중심 O에 2개의 전자가 필요하므로 말단의 O에서 비공유전자쌍 1개를 이용하여 이중 결합을 만든다.

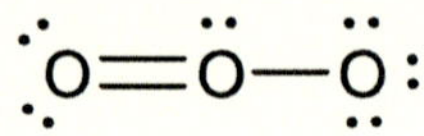

단계 5. 공명 구조는

8.6 형식 전하

1) 형식 전하(Formal charge, C_f)

$$C_f = \text{자유원자의 원자가전자 수} - \frac{1}{2}(\text{결합전자 수}) - \text{비결합전자 수}$$

가) Lewis 구조 안에 있는 원자에 할당되는 가상의 전하로 경쟁하는 Lewis 구조들을 비교하는 데 유용하다.

나) 전기음성도 효과를 완전히 무시했을 때, 원자가 갖는 전하를 계산한 것이다.

다) 구성 원자들의 형식 전하를 모두 합치면, 화합물 전체의 전하와 같다.

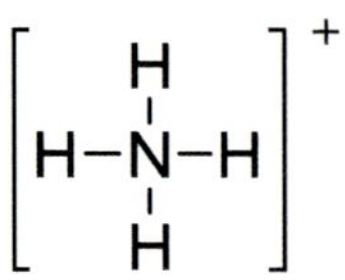

N: $C_f = 5 - \frac{1}{2}(8) + 0 = +1$

H: $C_f = 1 - \frac{1}{2}(2) + 0 = 0$

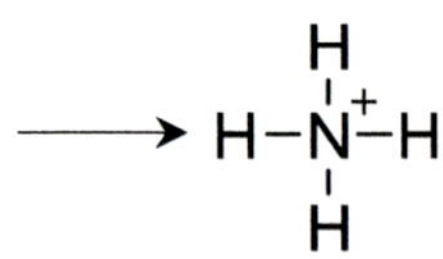

예제 8.4

NO_3^-의 Lewis 구조로부터 각 원소의 형식 전하를 구하면?

풀이

먼저, NO_3^-의 Lewis 구조는

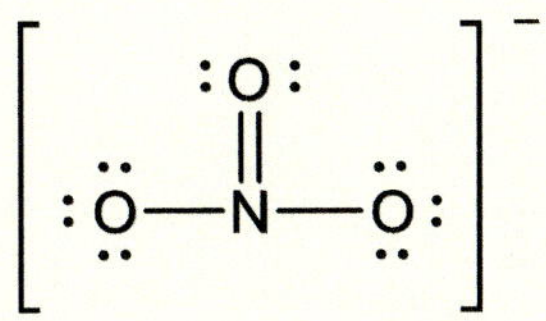

형식 전하를 계산하면,

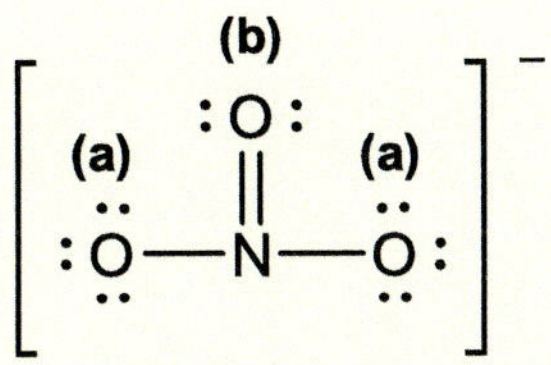

O(a): $C_f = 6 - \frac{1}{2}(2) - 6 = -1$

O(b): $C_f = 6 - \frac{1}{2}(4) - 4 = 0$

N: $C_f = 5 - \frac{1}{2}(8) = +1$

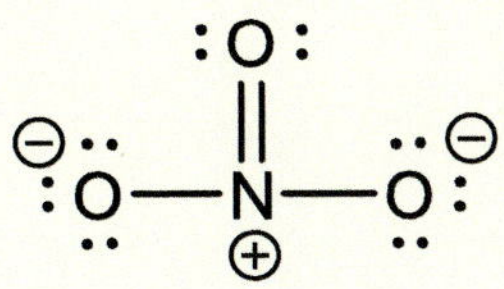

예제 8.5

SO_4^{2-} 이온의 가능한 Lewis 구조는 다음과 같은 세 가지 구조이다. 주어진 구조에 알맞은 형식을 각 원자에 나타내면? (단, 유의점은 비공유전자쌍은 편의상 생략했다)

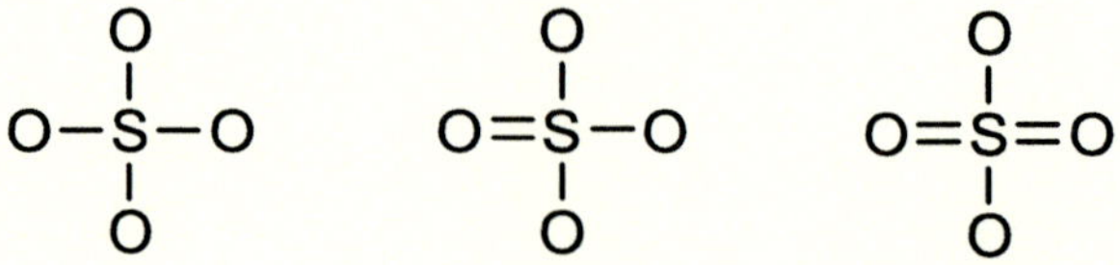

(I) (II) (III)

풀이

구조(I)에서

$$O:\ C_f = 6 - \frac{1}{2}(2) - 6 = -1$$

$$S:\ C_f = 6 - \frac{1}{2}(8) = +2$$

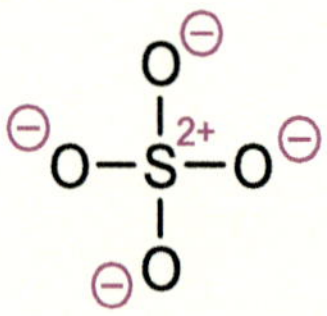

(I)

구조(II)에서

$$O(=):\ C_f = 6 - \frac{1}{2}(4) - 4 = 0$$

$$O(-):\ C_f = 6 - \frac{1}{2}(2) - 6 = -1$$

$$S:\ C_f = 6 - \frac{1}{2}(10) = +1$$

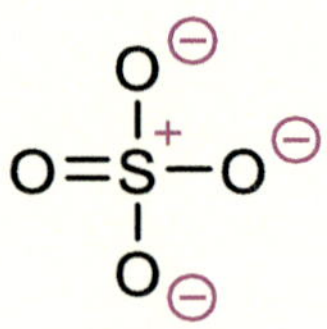

(II)

구조(III)에서

$$O(=):\ C_f = 6 - \frac{1}{2}(4) - 4 = 0$$

$$O(-):\ C_f = 6 - \frac{1}{2}(2) - 6 = -1$$

$$S:\ C_f = 6 - \frac{1}{2}(12) = 0$$

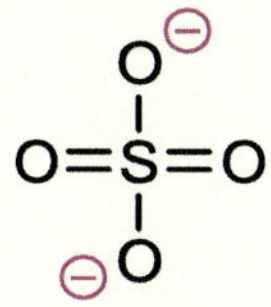

(III)

알아두기

가능한 Lewis 구조가 여러 개일 때 가장 그럴듯한 구조를 판별하는 방법

(a) 형식 전하는 작을수록 좋다.
(b) 같은 부호의 전하가 인접한 것은 좋지 않다.
(c) (−)형식 전하는 전기음성도가 큰 원소에 있어야 한다.

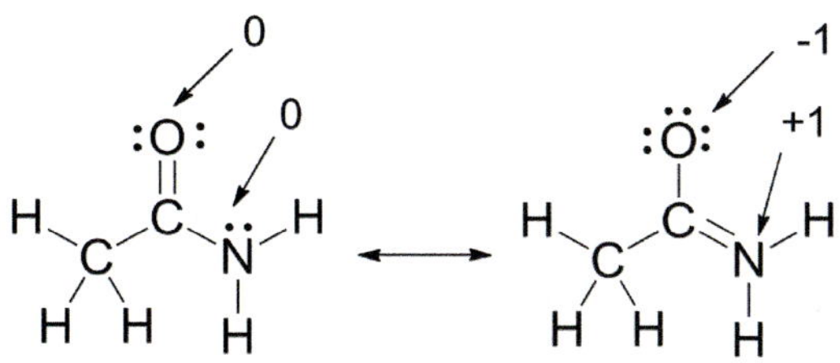

이 구조는 더 낮은 에너지　　　　이 구조는 더 높은 에너지

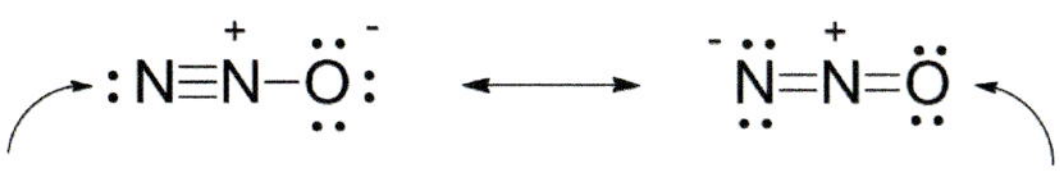

이 점전하 구조가　　　　이 점전하 구조보다 더 유리하다.

예제 8.6

다음 시안산 이온(OCN^-)의 공명 구조에 있는 각 원자의 형식 전하를 구하면, 어떤 공명 구조가 가장 안정한 구조인가?

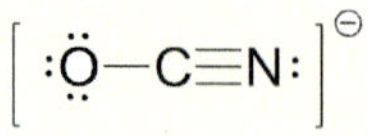
(A)

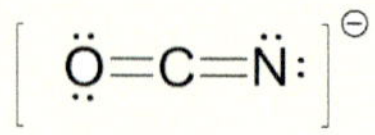
(B)

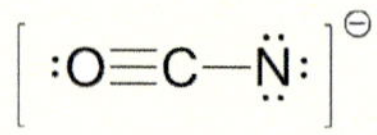
(C)

풀이

(A) 구조에서

$$C_f(O) = 6 - \frac{1}{2}(2) - 6 = -1$$

$$C_f(C) = 4 - \frac{1}{2}(8) - 0 = 0$$

$$C_f(N) = 5 - \frac{1}{2}(6) - 2 = 0$$

(B) 구조에서

$$C_f(O) = 6 - \frac{1}{2}(4) - 4 = 0$$

$$C_f(C) = 4 - \frac{1}{2}(8) - 0 = 0$$

$$C_f(N) = 5 - \frac{1}{2}(4) - 4 = -1$$

(C) 구조에서

$$C_f(O) = 6 - \frac{1}{2}(6) - 2 = +1$$

$$C_f(C) = 4 - \frac{1}{2}(8) - 0 = 0$$

$$C_f(N) = 5 - \frac{1}{2}(2) - 6 = -1$$

(A), (B) 구조의 형식 전하가 작으므로 (C) 구조보다 더 안정하다. 그러나 (A) 구조에서 전기음성도가 더 큰 O의 형식 전하가 -1이므로 (B) 구조보다 더 안정하다.

8.7 팔전자규칙의 예외

1) 홀수의 원자가전자를 갖는 화학종(NO, ClO_2, NO_2)

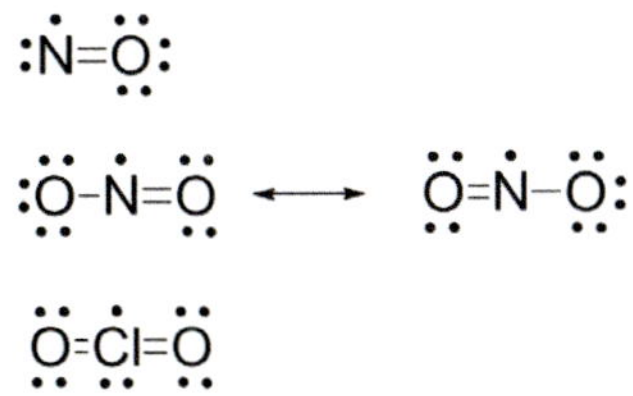

a) 팔전자규칙을 만족하지 못한다.

b) 홀수 전자를 **라디칼(radical)**이라고 한다.

2) 불안정한 팔전자계: 8개 미만의 원자가전자를 갖는 원자들로 이루어진 분자나 다원자 이온(BF_3)

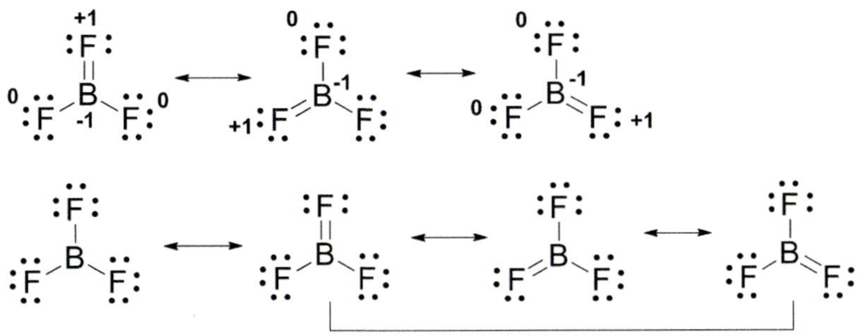

보다 안정 　　　　　 보다 불안정

☞ 이중 결합이 전기음성도면에서 옳지 않다. 왜냐하면, B의 형식 전하가 −1이고, F의 형식 전하가 −1이므로, 같은 전하가 인접해 있기 때문에 안정하지 않다.

3) 확장된 팔전자계: $3d$ 오비탈(3주기)이 결합에 기여하는 원자들은 최대 12개(때때로 14개) 전자를 갖는다.

a) 8개 이상의 원자가전자를 갖는 원자들

	15족	16족	17족	18족
3주기	P	S	Cl	
4주기	As	Se	Br	Kr
5주기	Sb	Te	I	Xe

b) PCl_5, AsF_5, SF_6, XeF_2, XeF_4, … 등의 화합물이 해당된다.

예제 8.7

XeF_4의 Lewis 구조는?

풀이

단계 1. 골격 구조는

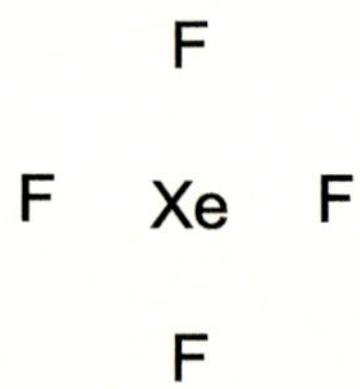

단계 2. 원자가전자 수$=8(Xe)+(4\times7(F))=36$

단계 3. 각각을 단일 결합으로 표시하고, 남은 원자가전자 수를 체크한다.

분배가능한 전자수는 $36-8=28$

각각의 F 원자는 팔전자규칙을 만족하므로 $4\times6=24$이고, 4개의 여분의 전자가 존재한다.

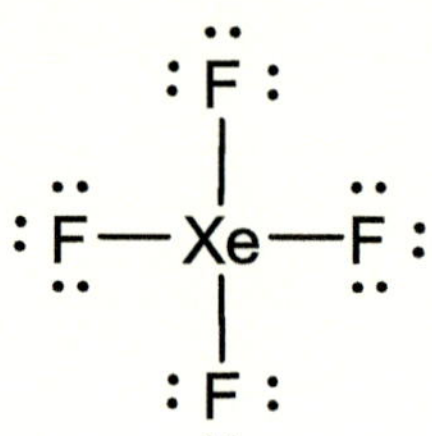

단계 4. 4개의 여분의 전자를 중심 원자에 할당하면,

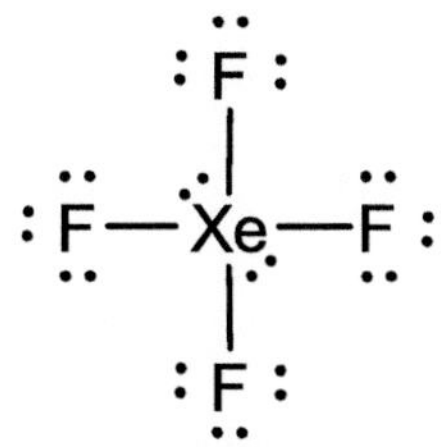

이 분자에서 F는 팔전자규칙을 따르지만, Xe의 결합 전자 수 8개와 비공유전자쌍 2쌍을 가지는 구조를 가지므로, 전체는 팔전자규칙을 따르지 않는다.

CHAPTER 9

분자 구조와 결합 이론

9.1 분자 모양

1) 결합각에 의해서 결정되는 경우

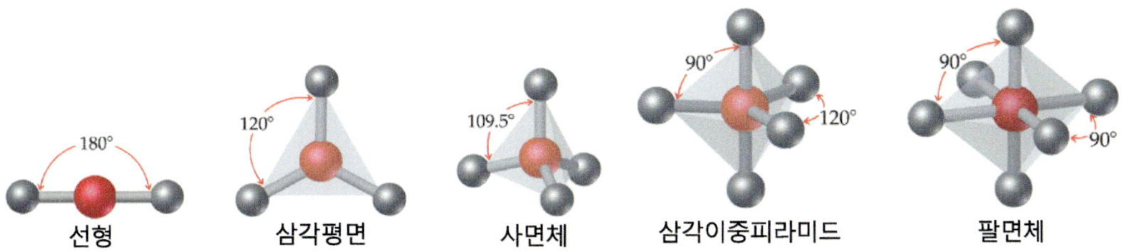

2) 원자가 껍질 전자쌍 반발 이론

Valence-Shell Electron Pair Repulsion(VSEPR): 결합 전자와 고립 전자는 서로 반발하고 가능하면 최대한 멀리 떨어져 있으려고 한다.

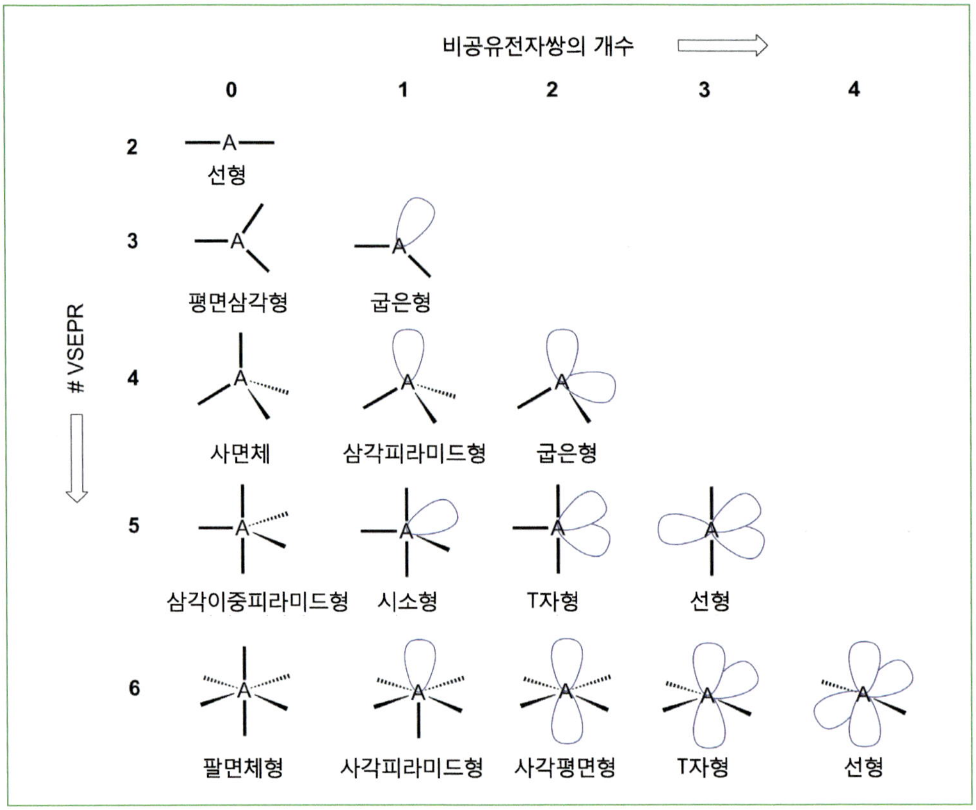

예제 9.1

다음 분자들의 기하 구조를 예측하면?

(a) CO_2 (b) NH_4^+ (c) SO_2 (d) ClF_3

풀이

(a) CO_2의 Lewis 구조는

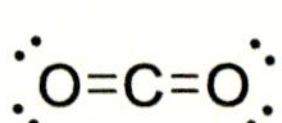

중심 원자에 비공유전자쌍이 없고, VSEPR이 가능한 개수가 2개이므로, **결합각이 180°인 선형 구조**이다.

(b) NH_4^+의 Lewis 구조는

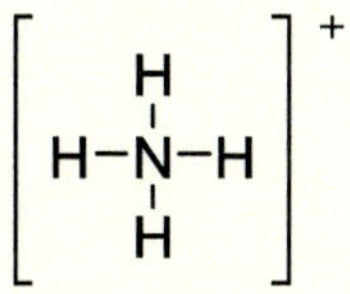

중심 원자에 비공유전자쌍이 없고, VSEPR이 가능한 개수가 4개이므로, **결합각이 109.5°인 정사면체 구조**이다.

(c) SO_2의 Lewis 구조는

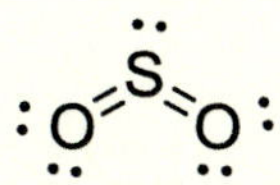

중심 원자에 비공유전자쌍이 1쌍이므로, VSEPR이 가능한 개수는 3개이다. 그러므로 **결합각이 120°인 굽은형 구조**이다. 그러나 실제 관측된 결합각은 이상적인 결합각보다 약간 작다.

(d) ClF_3의 Lewis 구조는

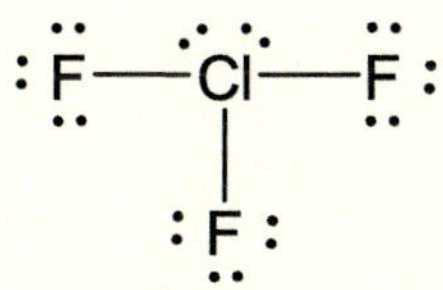

중심 원자에 비공유전자쌍이 2쌍이므로, VSEPR이 가능한 개수는 5개이다. 그러므로 **결합각이 90°, 180°인 T형 구조**이다.

예제 9.2

다음과 같은 Lewis 구조를 갖는 화학종의 분자 구조를 예측하면?

(a) 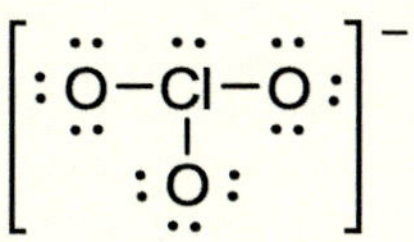 (b) 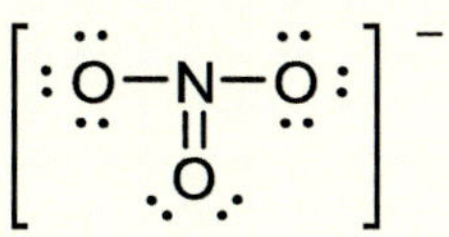 (c) 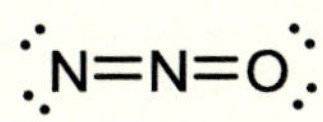

풀이

(a) 중심 원자인 Cl은 3개의 O와 결합하고 한 쌍의 비공유전자쌍을 가지고 있으므로, VSEPR이

4개가 가능하므로 예상되는 구조는 **삼각피라미드형 구조**이고, 결합각은 109.5°이다.

(b) 중심 원자인 N은 3개의 O와 결합하고, VSEPR이 3개가 가능하므로 예상되는 구조는 **평면삼각형 구조**이고, 결합각은 120°이다.

(c) 중심 원자인 N은 2개의 다른 원자와 결합하고, VSEPR이 2개가 가능하므로 예상되는 구조는 **선형 구조**이고, 결합각은 180°이다.

9.2 원자가결합이론(Valence bond theory)

1) VSEPR은 분자의 모양은 설명할 수 있지만, 그러한 모양의 근거(화학결합)는 말하지 못한다.

2) 결합에 대한 2가지 모형

가) **원자가결합이론**: 원자 오비탈의 겹침에 의한 결합 형성을 설명할 수 있다.

나) **분자오비탈이론**: 분자 전체에 걸쳐 있는 오비탈로 결합을 설명할 수 있다.

9.3 원자 궤도 함수의 혼성화(혼성 오비탈)

혼성 오비탈을 얻는 방법을 수학적으로 소개할 수 없지만 혼성화에 대하여 다음과 같이 간단히 정리할 수 있다.

- 더해진 원자 오비탈의 수는 항상 생성된 혼성 오비탈의 수와 같다.
- 더해진 원자 오비탈의 특정한 조합은 생성된 혼성 오비탈의 모양과 에너지를 결정한다.
- 특정한 형태의 혼성 오비탈은 분자가 가장 안정한 에너지를 갖게 한다.

1) sp^3 혼성화(CH_4): 결합각 109.5°

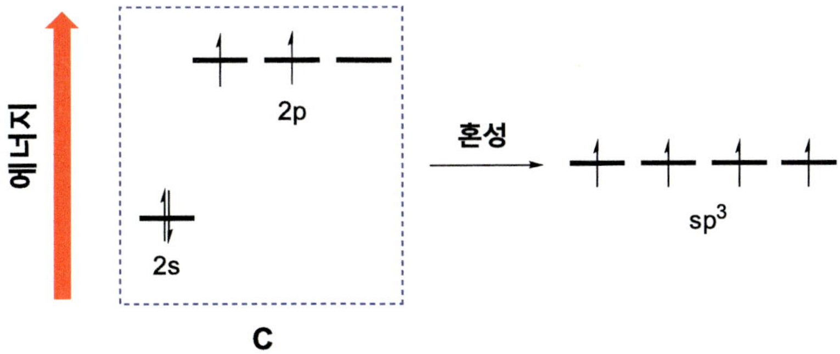

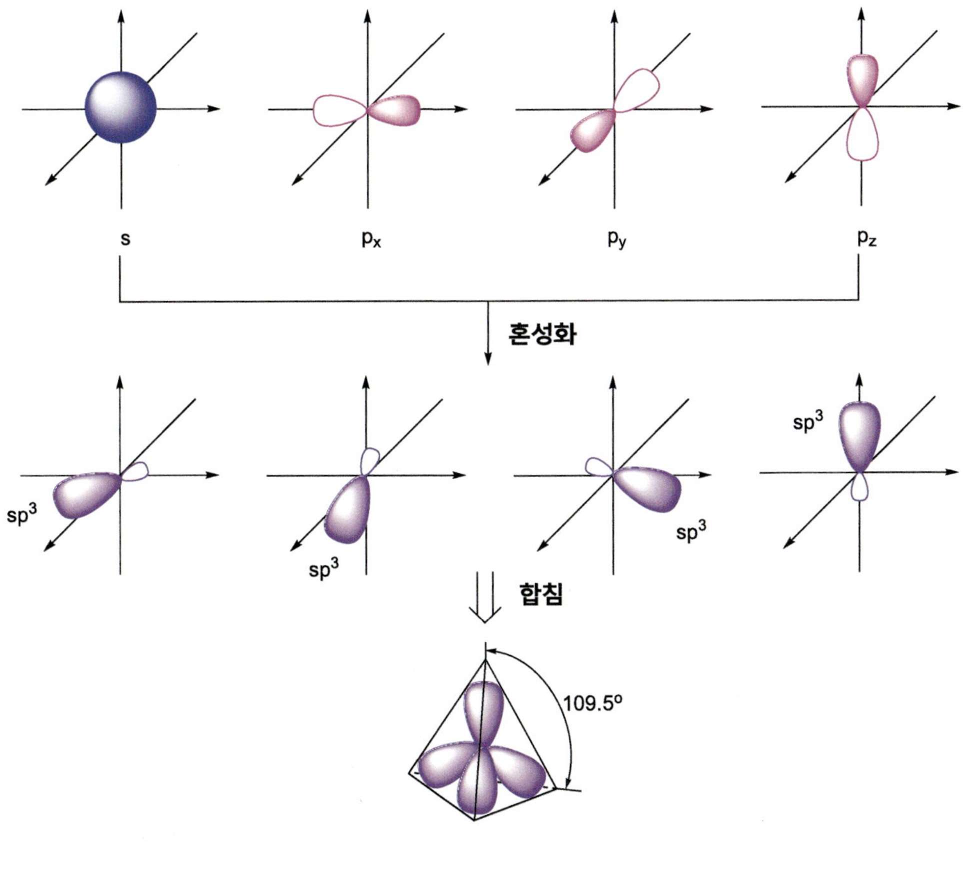

2) sp^2 혼성화(BCl_3): 결합각 120°

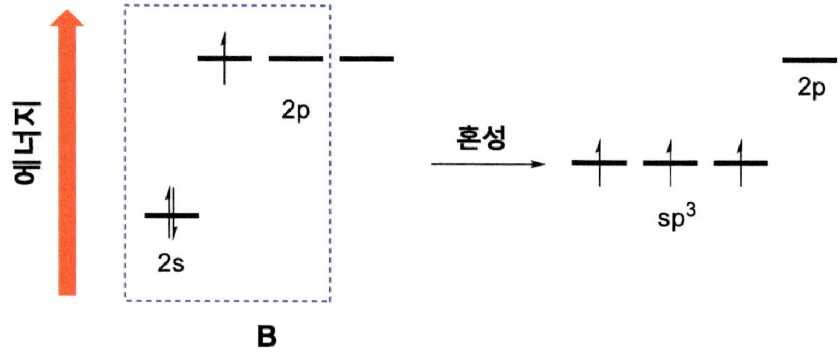

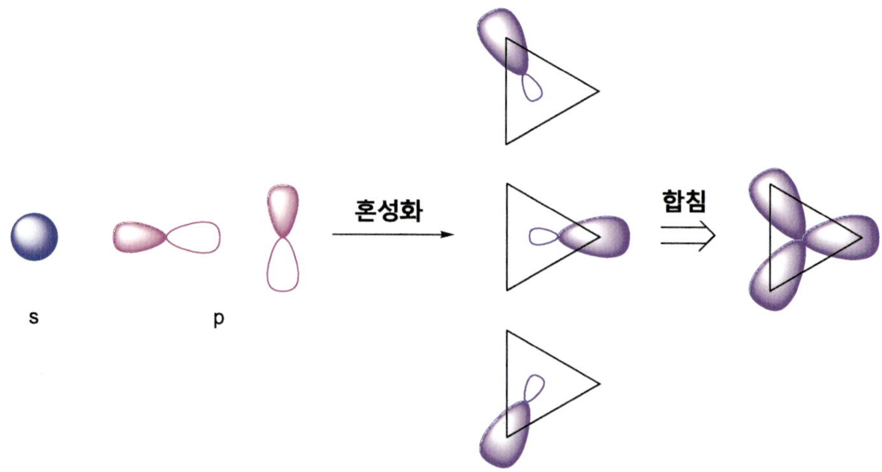

3) sp 혼성화($BeCl_2$): 결합각 180°

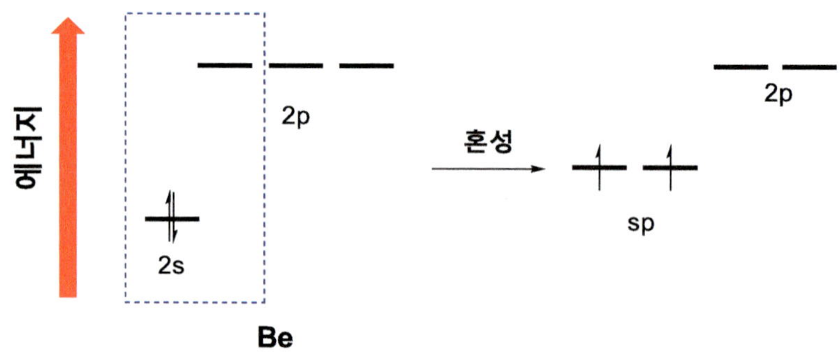

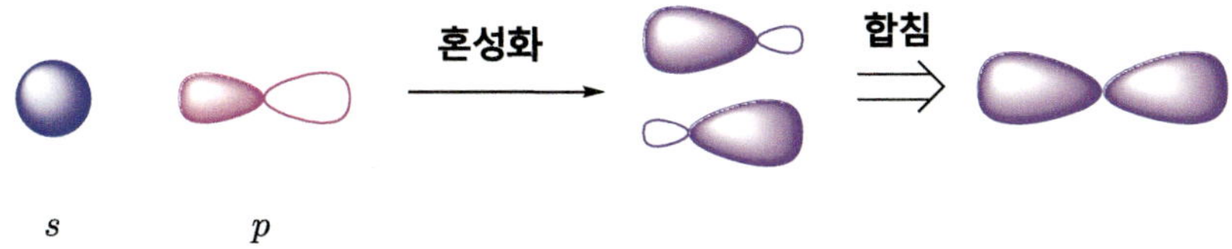

4) 혼성 오비탈과 기하 형태

전자쌍의 수	원자 오비탈	혼성 오비탈	기하 구조	예
2	s, p	sp	선형	BeF_2, CO_2
3	s, 2개의 p	sp^2	평면삼각형	BF_2, SO_3
4	s, 3개의 p	sp^3	사면체	CH_4, NH_3, H_2O
5	s, 3개의 p, 1개의 d	sp^3d	삼각피라미드형	PCl_5, SF_4, ClF_3
6	s, 3개의 p, 2개의 d	sp^3d^2	팔면체	SF_6, ClF_5, XeF_4

9.4 다중 결합

1) 시그마(σ) 결합

가) 오비탈의 끝과 끝이 겹칠 때 시그마 결합을 형성한다.

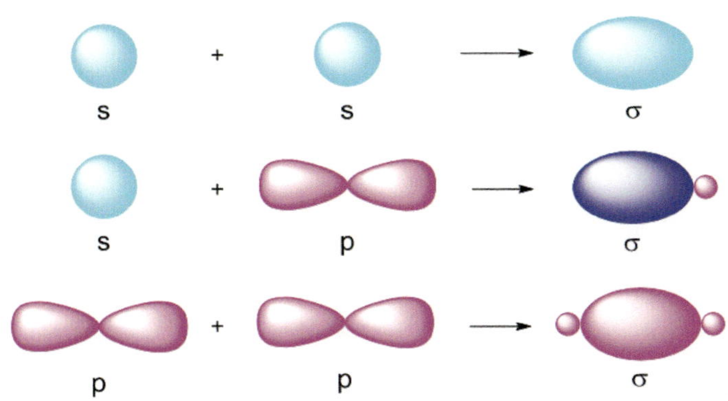

나) 두 원자는 하나의 시그마 결합을 형성할 수 있다.

다) 단일 결합은 시그마 결합이다.

2) 파이(π) 결합

가) 오비탈이 측면으로 겹칠 때, 파이 결합을 형성한다.

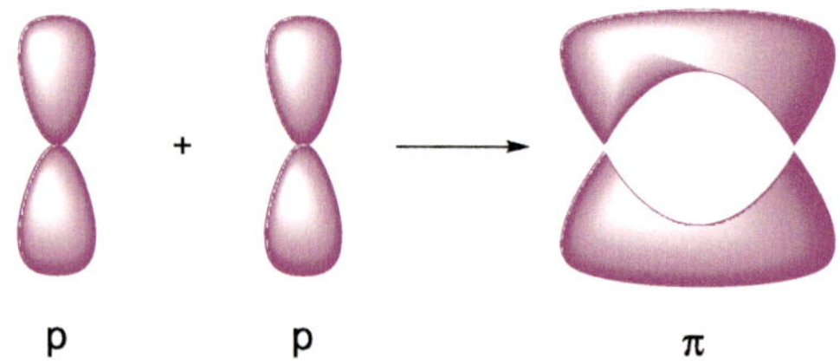

나) 이중 결합은 하나의 시그마 결합과 하나의 파이 결합으로 만들어진다.

다) 삼중 결합은 하나의 시그마 결합과 2개의 파이 결합으로 만들어진다.

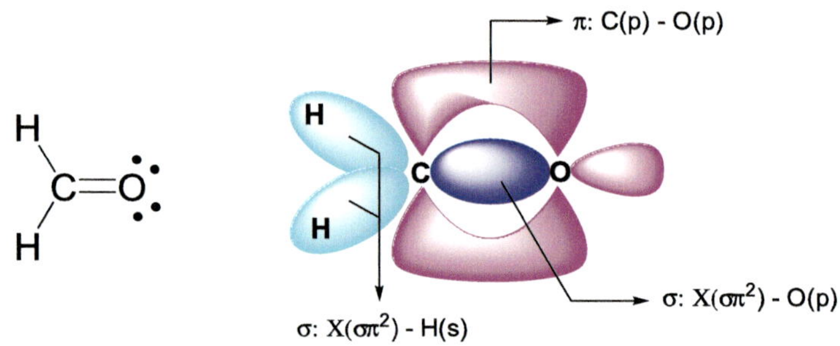

예제 9.3

다음 주어진 분자들의 표시된 부분의 원자가 가지는 혼성화는?

(a)

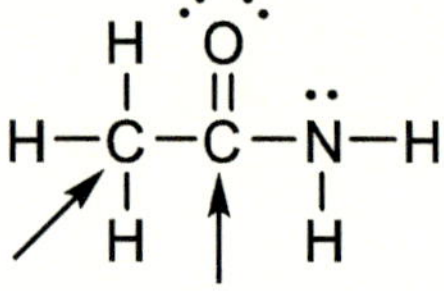

(b)

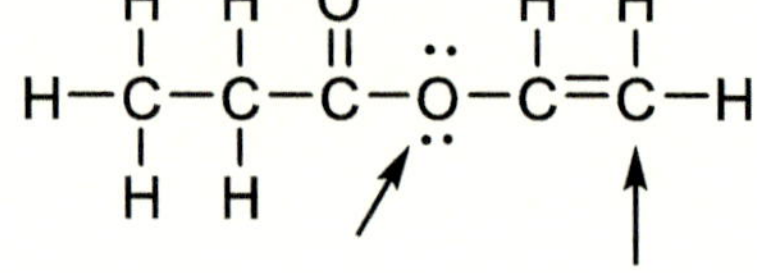

(c)

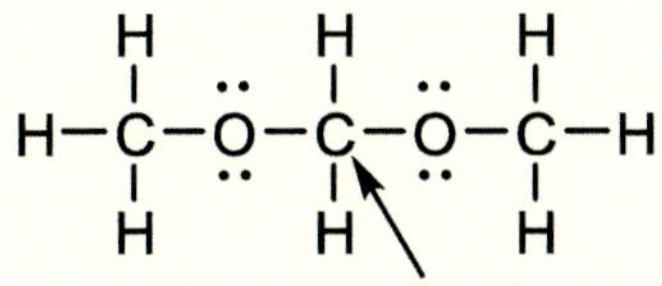

(d)

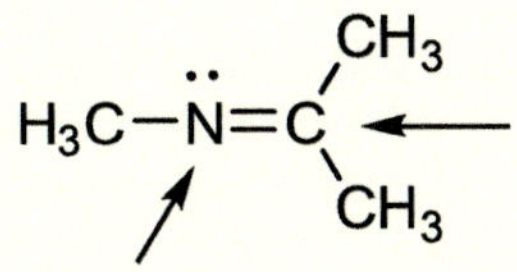

풀이

(a)

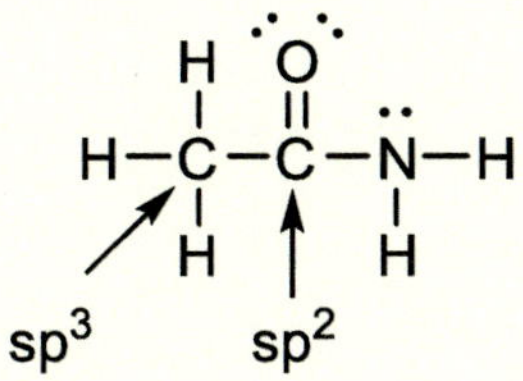

(b)

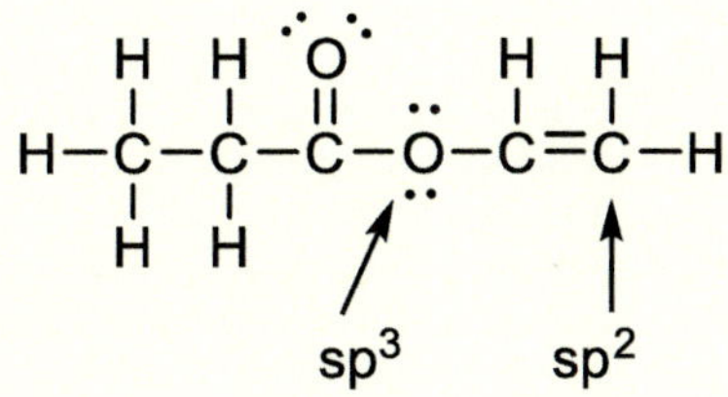

(c)

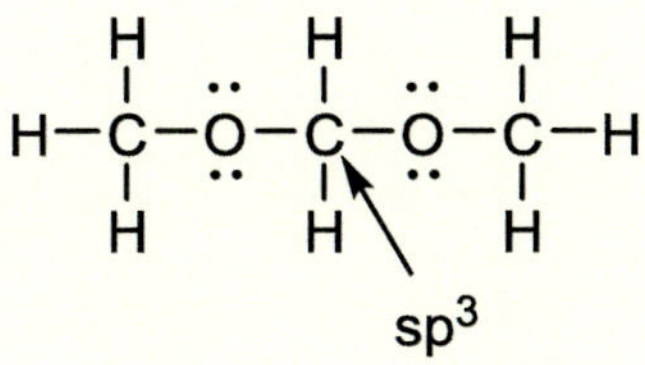

(d)

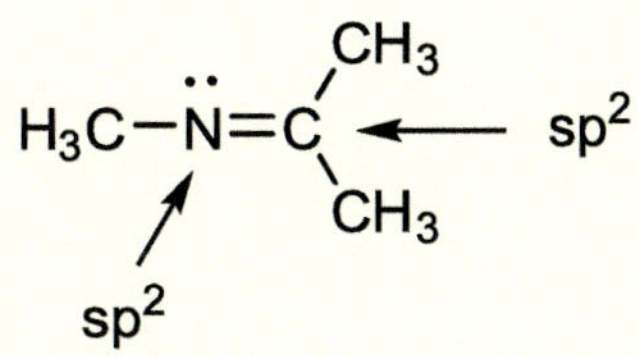

예제 9.4

다음 주어진 분자들이 가지는 시그마 결합과 파이 결합의 개수는?

(a)

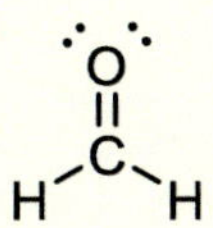

(b)

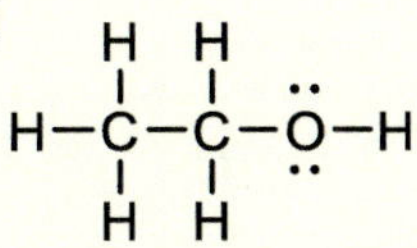

(c)

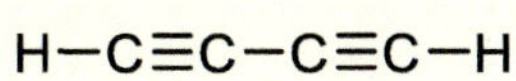

(d)

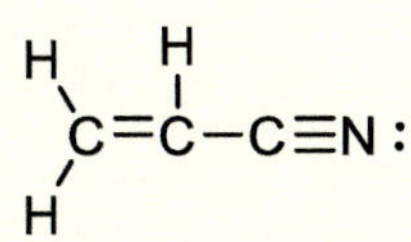

풀이

(a) 시그마 결합: 3개, 파이 결합: 1개

(b) 시그마 결합: 8개

(c) 시그마 결합: 5개, 파이 결합: 2개

(d) 시그마 결합: 6개, 파이 결합: 3개

9.5 분자 오비탈(Molecular orbital: MO)

1) 원자가결합 모형은 분자 구조를 설명하는 데 적절하지만, 분자의 에너지를 설명하기 힘들다(왜냐하면 파동 방정식을 직접 푼 것이 아니므로).

2) 분자 오비탈은 원자 오비탈의 선형 결합에 의해서 근사적으로 구할 수 있다. 예를 들어, H_2의 분자 오비탈 형성을 살펴보면,

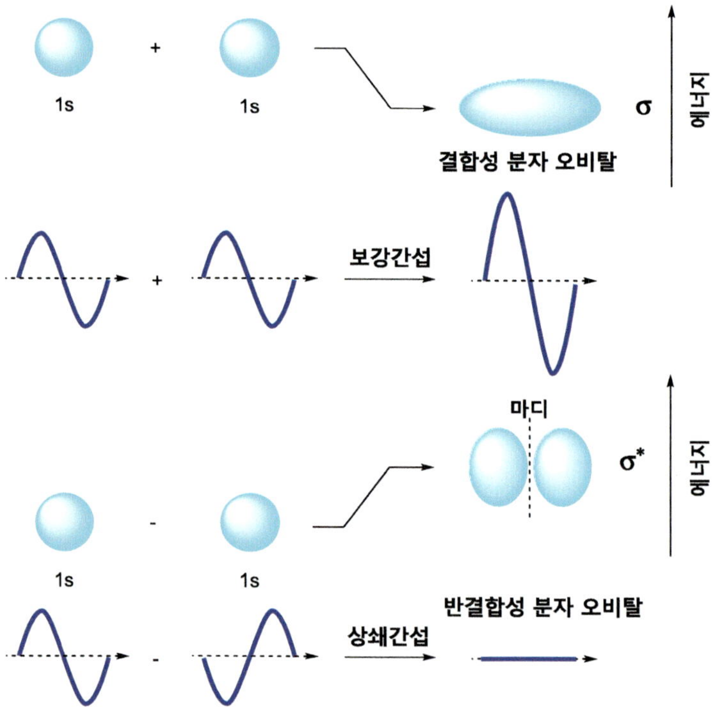

가) 분자 오비탈은 원자 오비탈의 **합**이나 **차**로 간단히 만들 수 있다(**합**; 결합성 분자 오비탈, **차**; 반결합성 분자 오비탈(*로 표시)).

나) 2개의 원자 오비탈을 조합하여 2개의 분자 오비탈을 만들 때, 하나의 에너지는 낮아지고(결합성 분자 오비탈) 다른 분자 오비탈은 에너지가 높아진다(반

결합성 분자 오비탈).

다) 분자 오비탈 도표를 나타내면,

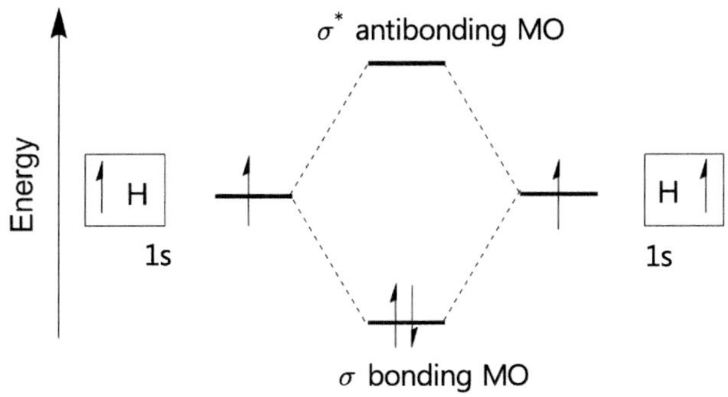

라) 분자의 전자들을 분자 오비탈에 배정할 때, 오비탈마다 최대 2개의 스핀쌍을 이룬 전자들을 배정하며, 에너지가 가장 낮은 분자 오비탈부터 먼저 채운다.

마) 형성된 분자 오비탈의 개수와 사용된 원자 오비탈의 개수는 항상 같아야 한다 (오비탈 보존의 법칙).

3) 분자 오비탈 도표에서 2개의 수소 원자가 H_2를 형성하여 전체 에너지를 낮출 수 있음을 보이고 있다. 이것은 전자들이 높은 에너지의 원자 오비탈이 낮은 에너지의 결합성 분자 오비탈로 옮겨 가기 때문이다.

4) 결합 차수(bonding order)를 이용해서 결합 형성의 유무를 판별할 수 있다.

$$\text{결합 차수} = \frac{(\text{결합성 MO에 있는 전자의 수}) - (\text{반결합성 MO에 있는 전자의 수})}{2}$$

가) 일반적으로 결합 차수가 높을수록 결합은 강하다.

나) 결합 차수가 음이거나 0이면 결합을 형성하지 않는다.

H_2에 대한 결합 차수는

$$H_2 \text{ 결합 차수} = \frac{2-0}{2} = 1$$

예제 9.5

He_2 분자는 존재하지 않는다. 그 이유를 분자 오비탈 이론을 이용하여 설명하시오.

풀이

MO 도표로부터 결합 차수를 결정하면,

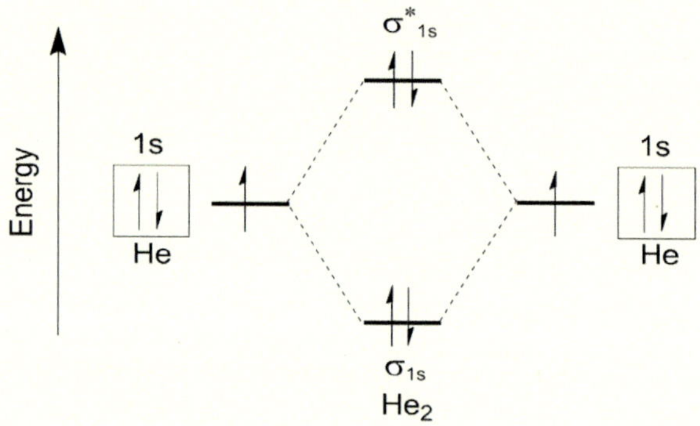

He_2의 경우, 반결합성 오비탈 전자들의 불안정성이 분자 형성을 방해한다.

$$\text{결합 차수} = \frac{2-2}{2} = 0$$

결합 차수가 0이므로, 분자가 형성되지 않는다.

예제 9.6

분자 오비탈 이론을 이용하여, H_2^-와 H_2^+의 결합 차수를 구하고, 두 결합을 H_2와 비교하면?

풀이

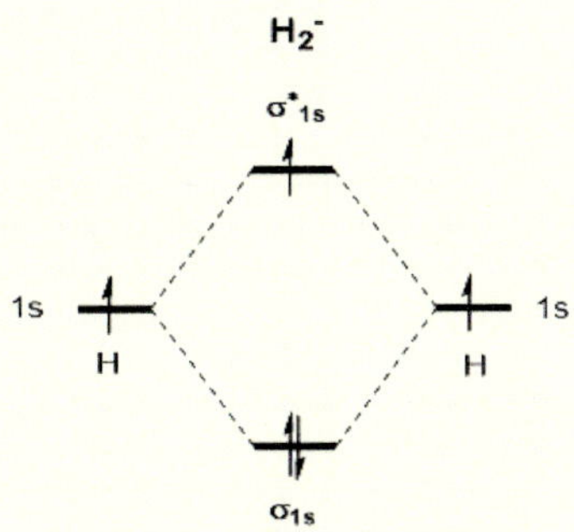

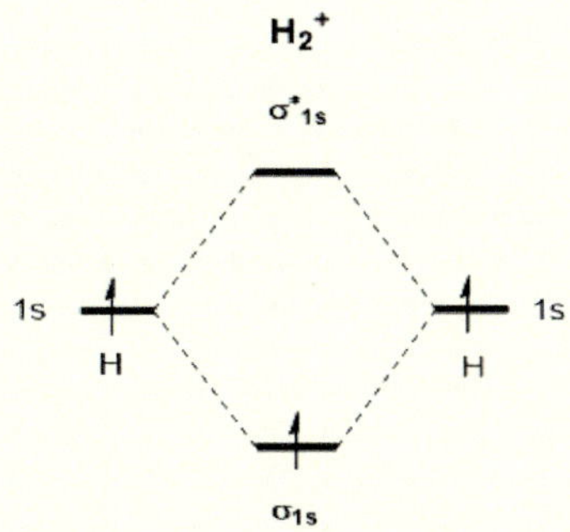

결합 차수$=\dfrac{2-1}{2}=\dfrac{1}{2}$ 결합 차수$=\dfrac{1-0}{2}=\dfrac{1}{2}$

H_2^-와 H_2^+의 결합 차수가 양이므로 안정해야 한다. 그러나 H_2^-와 H_2^+의 결합 차수는 H_2의 결합 차수보다 낮기 때문에 H_2^-와 H_2^+의 결합은 H_2보다 약하다.

9.6 분자 오비탈: 기타 이원자 분자(2주기 원자들)

1) Li_2, Be_2의 MO

Li_2 MO

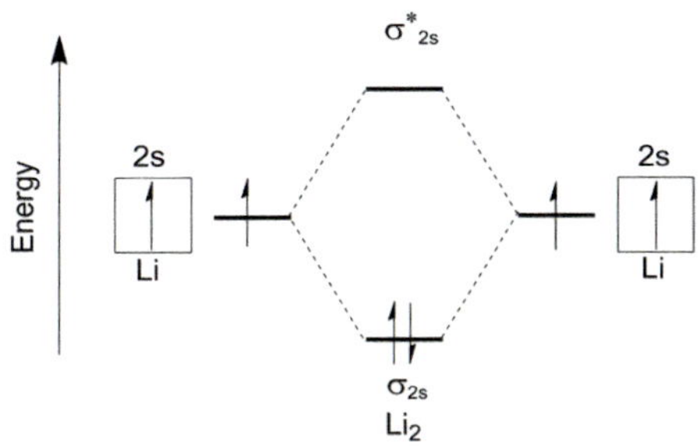

Be_2 MO

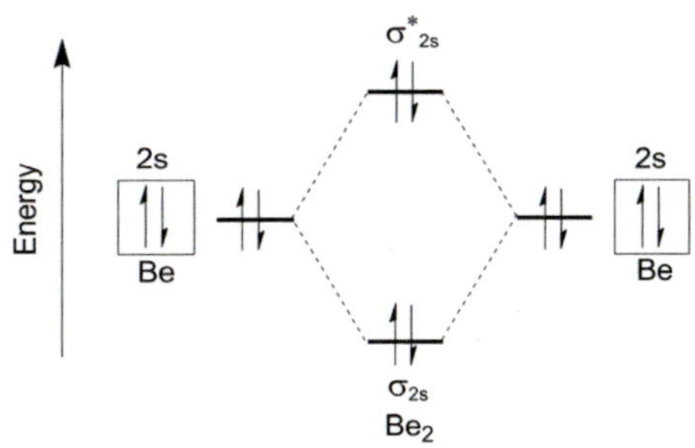

결합 차수$=\dfrac{2-0}{2}=1$ 결합 차수$=\dfrac{2-2}{2}=0$

Li_2 분자 형성이 가능 Be_2 분자 형성이 불가능

2) 2주기 동핵 이원자분자의 MO의 에너지 준위

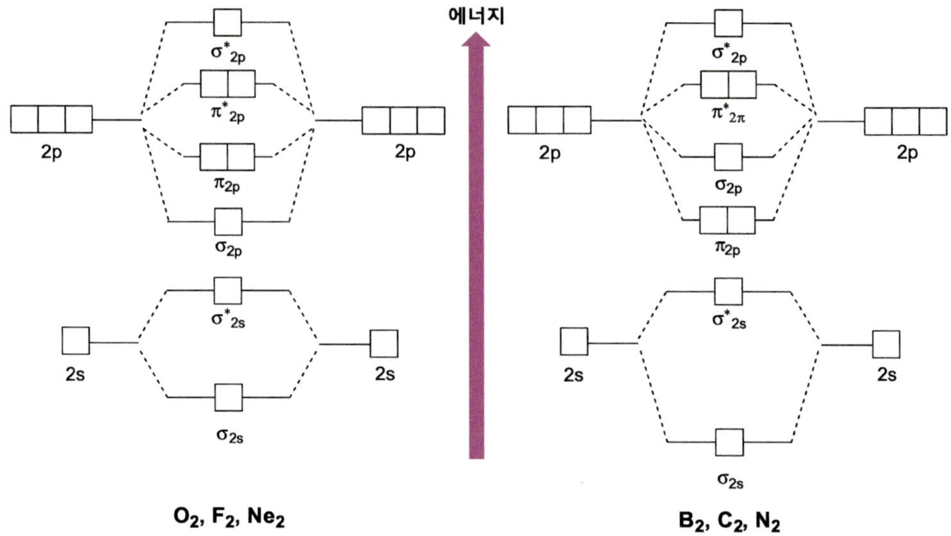

가) 실제 분자의 궤도 함수의 에너지 증가 순서는

$$\sigma_{1s} < \sigma_{1s}^* < \sigma_{2s} < \sigma_{2s}^* < \pi_{2p_y} = \pi_{2p_z} < \sigma_{2p_x} < \pi_{2p_y}^* = \pi_{2p_z}^* < \sigma_{2p_x}^*$$

나) σ_{2p_x} 궤도 함수가 π_{2p_y}와 π_{2p_z}보다 에너지가 높은 이유는 $2s$와 $2p$ 궤도 함수의 에너지가 비슷하고 $2s$와 $2p$ 궤도 함수의 상호 작용 때문이다.

다) B_2, C_2, N_2와 같은 가벼운 분자에 대해서는 σ_{2p_x} 궤도 함수가 π_{2p_y}와 π_{2p_z}보다 에너지가 높고, $2s$와 $2p$ 궤도 함수 사이의 에너지가 큰 O_2, F_2, Ne_2에 대하여는 상호 작용이 작아서 σ_{2p_x} 궤도 함수가 π_{2p_y}와 π_{2p_z}보다 에너지가 낮다.

3) 2주기 원소의 동종핵 이원자 분자의 성질

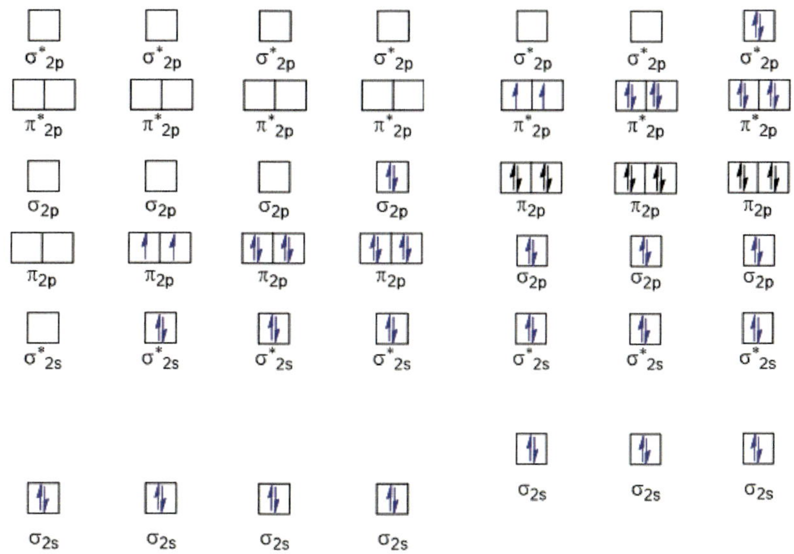

	Li_2	B_2	C_2	N_2	O_2	F_2	Ne_2
결합 차수	1	1	2	3	2	1	0
결합 길이(pm)	267	159	131	110	120	142	–
자기적 성질	반자기성	상자기성	반자기성	반자기성	상자기성	반자기성	

예제 9.7

N_2^-와 CN^- 이온의 분자 오비탈 에너지 도표를 그리고, 각각의 자기적 성질은?

풀이

N_2^-

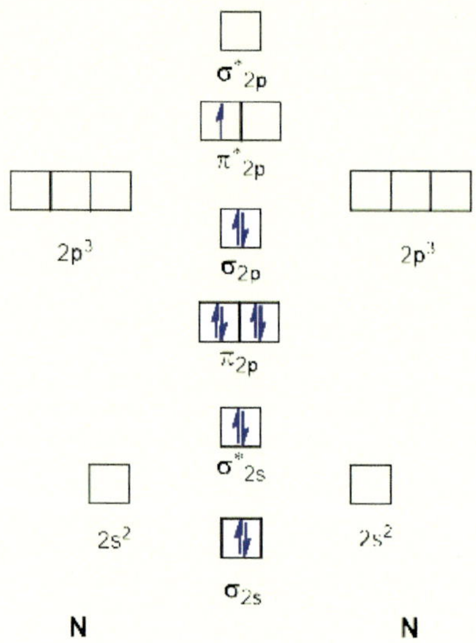

결합 차수$=\dfrac{8-3}{2}=+\dfrac{5}{2}$

반자기성

CN^-

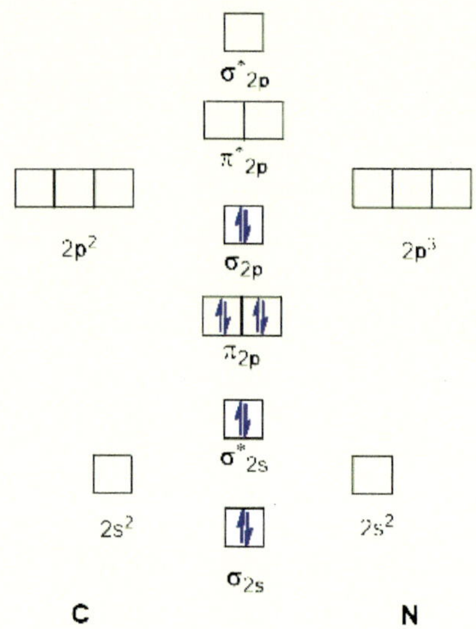

결합 차수$=\dfrac{8-2}{2}=+3$

상자기성

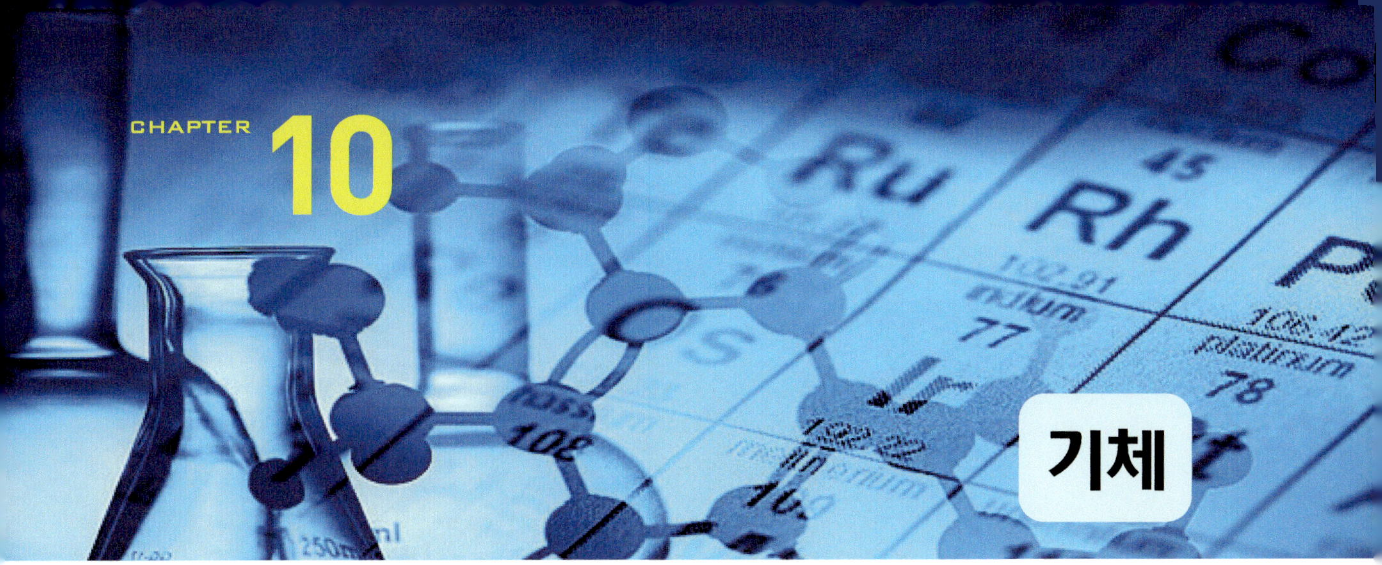

CHAPTER 10 기체

10.1 기체의 물리적 성질

1) 기체(Gas)의 부피 및 모양은 용기의 부피 및 모양과 같다.

2) 기체는 압축성이 높다.

3) 기체들을 같은 용기에 넣으면 순간적으로 완전히 혼합된다.

4) 기체의 밀도는 액체나 고체에 비하여 대단히 낮다.

10.2 기체의 압력

1) 기체는 일정한 공간의 부피에서 불규칙하게 운동하는 입자의 모임이다.

2) 압력은 용기의 벽면에 대한 입자들의 불규칙 충돌이 단위면적당 누르는 힘으로 나

타낸다.

$$압력 = \frac{힘}{면적} = \frac{F}{A}$$

3) 압력의 단위

단위	약자	해수면에서의 평균 기압
대기압	atm	1 atm
pascal(1 N/m^2)	Pa	101,325 Pa
pounds-per-square-inch	psi	14.7 psi
Torr(1 mmHg)	torr	760 torr
millimeter of Hg	mmHg	760 mmHg

10.3 기체 법칙

기체는 압력(p), 부피(V), 온도(T), 몰수(n) 등 네 가지 물리적 성질을 갖는다. 이들 물리적 성질의 변화를 이용하여 기체 법칙을 기술할 수 있다.

기체(p, V, T, n) ⇨

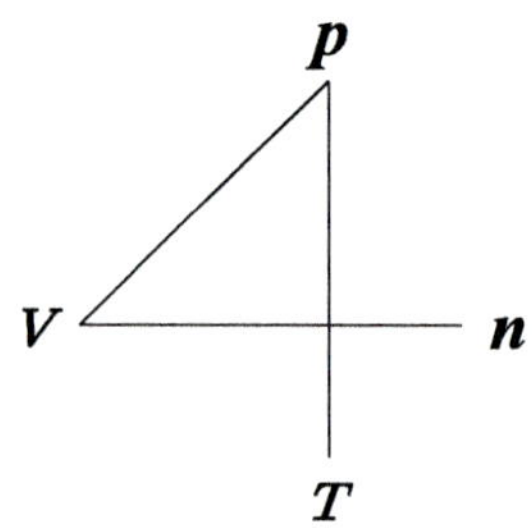

1) 보일의 법칙: 압력과 부피의 관계

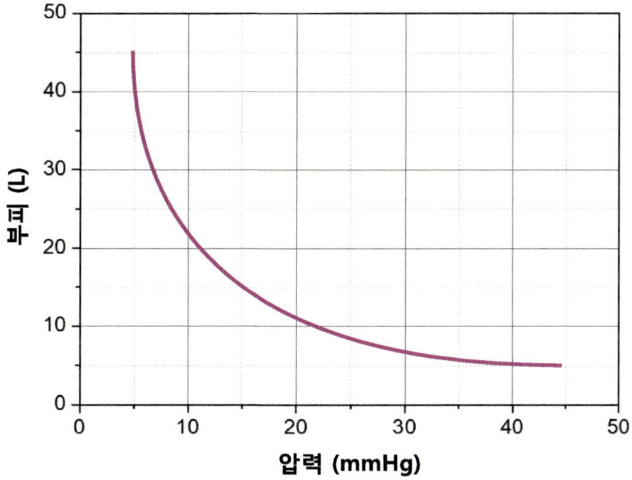

일정한 온도에서 압력과 부피는 반비례한다.

$$V \propto \frac{1}{P} \rightarrow PV = k$$

$$P_1 V_1 = P_2 V_2$$

예제 10.1

1.5 atm에서 14 L인 어떤 기체의 압력을 3.5 atm으로 증가시켰을 때, 이 기체의 부피는?

풀이

기체의 부피-압력의 관계는 보일의 법칙을 이용하면,

$$P_i V_i = P_f V_f$$

$$V_f = \frac{P_i V_i}{P_f} = \frac{(1.5\ \text{atm})(14\ \text{L})}{(3.5\ \text{atm})} = 6\ \text{L}$$

예제 10.2

어떤 잠수부가 해수면에서 20 mL의 공기 주머니를 들고 잠수를 하였다. 어떤 깊이에 왔을 때 공기 주머니의 부피가 4.5 mL였다면, 이 잠수부는 몇 m를 잠수했는가? (단, 압력이 10 m/1 atm씩 증가한다고 가정한다)

풀이

먼저, 해수면에서 압력은 1.0 atm이며, 보일의 법칙을 이용하여, 부피가 4.5 mL로 줄었을 때의 압력을 구하면,

$$P_f = \frac{P_i V_i}{V_f} = \frac{(1\ \text{atm})(20\ \text{mL})}{(4.5\ \text{mL})} = \mathbf{4.4\ atm}$$

4.4 atm에 해당하는 깊이, 즉 잠수부가 잠수한 깊이는

$$(4.4\ \text{atm})\left(\frac{10\ \text{m}}{1\ \text{atm}}\right) = \mathbf{44\ m}$$

2) 샤를의 법칙: 부피와 온도의 관계: 절대 온도

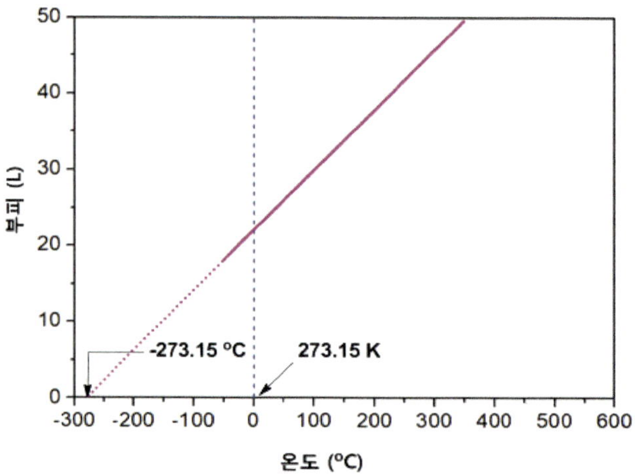

가) 일정압력하에서 기체의 부피는 온도에 비례한다.

$$V \propto T \rightarrow V = kT$$

$$\frac{V_1}{T_1} = \frac{V_2}{T_2}$$

나) 이상적인 계라고 가정할 때, -273.15℃일 때, 기체의 부피는 0이다.

다) 샤를의 법칙으로부터 **절대 온도**와 **섭씨 온도**의 관계식이 유도된다.

$$T(\mathrm{K}) = t(℃) + 273.15$$

예제 10.3

일정한 압력하에서 처음 온도가 88℃이고 부피가 9.5 L인 수소 기체를 부피가 3.5 L가 될 때까지 냉각시켰다. 이 기체의 최종 온도는 몇 K인가?

풀이

부피-온도 관계의 샤를 법칙을 이용하면,

$$\frac{V_1}{T_1} = \frac{V_2}{T_2}$$

$$T_2 = (V_2)\left(\frac{T_1}{V_1}\right) = (4.5\ \mathrm{L})\left(\frac{88℃}{9.5\ \mathrm{L}}\right) = \mathbf{41.7℃}$$

절대 온도로 나타내면,

$$T(\mathrm{K}) = t(℃) + 273.15 = 41.7 + 273.15 = \mathbf{314.85\ K}$$

3) 아보가드로의 법칙: 부피와 몰수의 관계

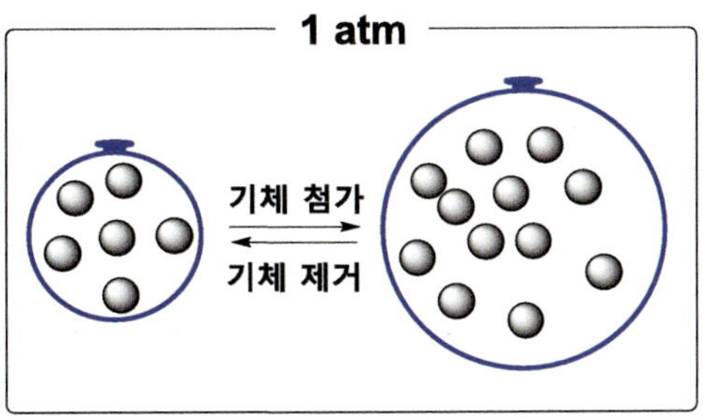

$$V \propto n \rightarrow V = kn$$

$$\frac{V_1}{n_1} = \frac{V_2}{n_2}$$

같은 온도와 같은 압력에서 같은 부피를 차지하는 모든 기체는 같은 mol 수를 갖는다.

$$n_1 = n_2$$

예제 10.4

염소와 플루오린이 결합하여 기체를 형성할 때, 같은 온도, 같은 압력 조건하에서 1 부피의 Cl_2와 3 부피의 F_2가 반응하여 2 부피의 생성물을 얻었다. 이 생성물의 화학식은?

풀이

아보가드로의 법칙에 의하면,

$$V \propto n$$

1 부피의 Cl_2는 1 mol Cl_2에 해당한다. 그러므로 화학 반응식을 완성하면,

$$Cl_2(g) + 3F_2(g) \rightarrow 2Cl_xF_y$$

$$2x = 2 \rightarrow x = 1$$

$$2y = 6 \rightarrow y = 3$$

화학식은 ClF_3이다.

4) 기체의 표준 상태는 여러 가지로 나타낼 수 있다. 그러나 여기서는 두 가지의 표준 상태만 기술한다.

가) STP 상태: 0℃(273.15 K), 1 atm

나) RTP 상태: 25℃(298.15 K), 1 atm

10.4 이상 기체 방정식

1) 이상 기체 상태 방정식

보일의 법칙: $V \propto \frac{1}{P}$

샤를의 법칙: $V \propto T$

아보가드로의 법칙: $V \propto n$

3가지 기체 법칙의 상관관계를 해석하면,

$$V \propto \frac{nT}{P} \rightarrow PV = k(nT)$$

$$\boldsymbol{PV = nRT}$$

(여기서, R은 기체 상수로 정의한다)

알아두기

STP 상태에서 이상 기체의 표준 몰 부피(V)를 22.414 L로 정의할 때,
기체 상수 R을 결정하면,

$$R = \frac{PV}{nT} = \frac{(1\ \mathrm{atm})(22.414\ \mathrm{L})}{(1\ \mathrm{mol})(273.15\ \mathrm{K})} = 0.082057\ \mathrm{atm \cdot L \cdot mol^{-1} \cdot K^{-1}}$$

$$R = 0.082057\ \mathrm{atm \cdot L \cdot mol^{-1} \cdot K^{-1}}$$
$$= 0.8314\ \mathrm{N \cdot m \cdot mol^{-1} \cdot K^{-1}} = 8.314\ \mathrm{J \cdot mol^{-1} \cdot K^{-1}} = 1.98\ \mathrm{cal \cdot mol^{-1} \cdot K^{-1}}$$

예제 10.5

SF_6(육플루오린화 황)은 무색, 무취, 반응성이 없는 기체 화합물이다. 강철로 된 용기의 부피가 85℃일 때, 750.0 mL이다. 이 기체 1.75 g을 넣을 때의 압력은?

풀이

먼저, 단위를 환산하면,

$$V = (750.0\ \text{mL}) \times \left(\frac{1\ \text{L}}{1000\ \text{mL}}\right) = 0.75\ \text{L}$$

$$T = 85 + 273.15 = 358.15\ \text{K}$$

SF_6의 몰질량으로부터 mol 수를 계산하면,

$$(1.75\ \text{g}\ SF_6) \times \left(\frac{1\text{mol}\ SF_6}{146.07\ \text{g}\ SF_6}\right) = 0.0120\ \text{mol}\ SF_6$$

이상 기체 상태 방정식에 대입하면,

$$P = \frac{nRT}{V} = \frac{(0.0120\ \text{mol})(0.082057\ \text{atm} \cdot \text{L} \cdot \text{mol}^{-1} \cdot \text{K}^{-1})(358.15\ \text{K})}{(0.75\ \text{L})} = \mathbf{0.47\ atm}$$

예제 10.6

STP에서 41.5 g의 NH_3가 차지하는 부피는? 이 기체는 존재하는가?

풀이

$$(41.5\ \text{g}\ NH_3)\left(\frac{1\ \text{mol}\ NH_3}{17.03\ \text{g}\ NH_3}\right)\left(\frac{22.4\ \text{L}}{1\ \text{mol}\ NH_3}\right) = \mathbf{54.5\ L}$$

존재할 수가 없다. 왜냐하면, STP에서 1 mol NH_3의 부피는 22.4 L이므로, 54.5 L의 NH_3는 존재할 수 없다.

2) 기체의 밀도와 몰질량

이상 기체 상태 방정식은 기체의 밀도와 분자량을 계산하는 데 이용할 수 있다.

$$PV = nRT \rightarrow \frac{n}{V} = \frac{P}{RT}$$

몰질량과 몰수의 관계로부터

$$n = \frac{(w.t)}{(M.w)}$$

$$\frac{(w.t)}{(M.w)(V)} = \frac{P}{RT}$$

기체의 밀도는

$$d = \frac{(w.t)}{V} = \frac{P(M.w)}{RT}$$

기체의 몰질량은

$$(M.w) = \frac{dRT}{P}$$

예제 10.7

740 torr, 250℃에서 2.5 g/L의 밀도를 갖는 기체의 분자량은?

풀 이

먼저, 단위 환산을 하면,

$$P = (740\ \text{torr})\left(\frac{1\ \text{atm}}{760\ \text{torr}}\right) = 0.974\ \text{atm}$$

$$T = (250) + 273.15 = 523.15\ \text{K}$$

분자량은

$$(M.w) = \frac{dRT}{P}$$

$$= (2.5\ \text{g}\cdot\text{L}^{-1})\frac{(0.082057\ \text{atm}\cdot\text{L}\cdot\text{mol}^{-1}\cdot\text{K}^{-1})(523.15\ \text{K})}{(0.974\ \text{atm})} = 110.19\ \text{g/mol}$$

10.5 혼합 기체의 부분 압력

1) Dalton의 부분 압력의 법칙

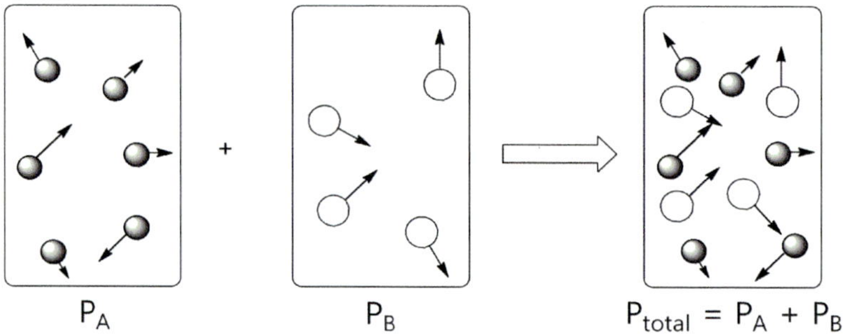

$$P_{total} = P_A + P_B = \Sigma P_{partial}$$

$$P_{total} = (\Sigma n_{each\ gas})\frac{RT}{V}$$

2) 부분 압력과 몰분율

혼합 기체 전체에 대한 기체 A의 부분 압력은 기체 A의 몰분율로 표현가능하다.

$$\frac{P_A}{P_{total}} = \frac{\left[\frac{n_A RT}{V}\right]}{\left[\frac{(n_A + n_B)RT}{V}\right]} = \frac{n_A}{n_A + n_B} = \frac{n_A}{n_{total}} = X_A$$

혼합 기체의 몰분율의 합은

$$X_A + X_B = 1$$

부분 압력과 몰분율의 관계는

$$P_A = X_A P_{total} = (1 - X_B) P_{total}$$

예제 10.8

25℃에서 10 L의 용기에 0.200 mol CH_4, 0.300 mol H_2 그리고 0.400 mol N_2가 들어 있다.

(a) 이 용기 속의 압력은?

(b) 혼합 기체에서 각 성분 기체의 부분 압력은?

(c) 각 성분 기체의 몰분율은?

풀이

(a) $n_{total} = 0.200\ \text{mol}\ CH_4 + 0.300\ \text{mol}\ H_2 + 0.400\ \text{mol}\ N_2 = 0.900\ \text{mol}$

$V = 10\,\text{L}$

$T = 25℃ + 273.15\ \text{K} = 298.15\ \text{K}$

$$P = \frac{(0.900\ \text{mol})(0.082057\ \text{atm}\cdot\text{L}\cdot\text{mol}^{-1}\cdot\text{K}^{-1})(298.15\ \text{K})}{(10\ \text{L})} = \mathbf{2.20\ atm}$$

(b) $$P_{CH_4} = \frac{(n_{CH_4})RT}{V} = \frac{(0.200\ \text{mol})(0.082057\ \text{atm}\cdot\text{L}\cdot\text{mol}^{-1}\cdot\text{K}^{-1})(298.15\ \text{K})}{10\ \text{L}} = \mathbf{0.489\ atm}$$

$$P_{H_2} = \frac{(n_{H_2})RT}{V} = \frac{(0.300\ \text{mol})(0.082057\ \text{atm}\cdot\text{L}\cdot\text{mol}^{-1}\cdot\text{K}^{-1})(298.15\ \text{K})}{10\ \text{L}} = \mathbf{0.734\ atm}$$

$$P_{N_2} = \frac{(n_{N_2})RT}{V} = \frac{(0.400\ \text{mol})(0.082057\ \text{atm}\cdot\text{L}\cdot\text{mol}^{-1}\cdot\text{K}^{-1})(298.15\ \text{K})}{10\ \text{L}} = \mathbf{0.979\ atm}$$

$P_{total} = 0.489\ \text{atm} + 0.734\ \text{atm} + 0.979\ \text{atm} = \mathbf{2.20\ atm}$

(c) 몰분율은

$$X_A = \frac{P_A}{P_{total}} = \frac{n_A}{(n_A + n_B)} = \frac{n_A}{n_{total}}$$

두 가지 방법 중 하나로 풀이하면 된다.

$$X_{CH_4} = \frac{n_{CH_4}}{n_{total}} = \frac{0.200\ \text{mol}}{0.900\ \text{mol}} = \mathbf{0.222}$$

$$X_{H_2} = \frac{n_{H_2}}{n_{total}} = \frac{0.300\ \text{mol}}{0.900\ \text{mol}} = \mathbf{0.333}$$

$$X_{N_2} = \frac{n_{N_2}}{n_{total}} = \frac{0.400\ \text{mol}}{0.900\ \text{mol}} = \mathbf{0.444}$$

예제 10.9

25℃에서 He, Ne, Ar 혼합물 1.00 L의 압력이 670 mmHg이다. He의 부분 압력이 345 mmHg, Ne의 부분 압력이 110 mmHg일 때, 이 혼합물 속에 존재하는 Ar의 g 수는?

풀이

$$P_{total} = P_{\mathrm{He}} + P_{\mathrm{Ne}} + P_{\mathrm{Ar}}$$

$$P_{\mathrm{Ar}} = P_{total} - (P_{\mathrm{He}} + P_{\mathrm{Ne}}) = 670\ \mathrm{mmHg} - (345\ \mathrm{mmHg} + 110\ \mathrm{mmHg}) = 215\ \mathrm{mmHg}$$

$$= (215\ \mathrm{mmHg}) \times \left(\frac{1\ \mathrm{atm}}{760\ \mathrm{mmHg}}\right) = 0.283\ \mathrm{atm}$$

$$T = 25℃ + 273.15 = 298.15\ \mathrm{K}$$

$$n = \frac{PV}{RT} = \frac{(0.283\ \mathrm{atm})(1.0\ \mathrm{L})}{(0.082057\ \mathrm{atm \cdot L \cdot mol^{-1} \cdot K^{-1}})(298.15\ \mathrm{K})} = 0.01157\ \mathrm{mol\ Ar}$$

$$(0.01157\ \mathrm{mol\ Ar}) \times \left(\frac{39.95\ \mathrm{g\ Ar}}{1\ \mathrm{mol\ Ar}}\right) = \mathbf{0.462\ g\ Ar}$$

10.6 기체와 관련 화학 반응의 화학량론

예제 10.10

실험실에서 MnO_4 촉매 조건하에서 염소산포타슘($KClO_3$)을 가열하면 염화포타슘(KCl)과 산소(O_2) 기체를 얻을 수 있다. STP 상태에서 112 g $KClO_3$을 가열했을 때, 발생하는 산소의 부피는?

풀이

균형 화학 반응식은

$$2KClO_3(s) \xrightarrow{MnO_4} 2KCl(s) + 3O_2(g)$$

발생하는 산소의 부피는

$$(112\ g\ KClO_3) \times \left(\frac{1\ mol\ KClO_3}{122.6\ g\ KClO_3}\right) \times \left(\frac{3\ mol\ O_2}{2\ mol\ KClO_3}\right) \times \left(\frac{22.4\ L}{1\ mol\ O_2}\right) = \mathbf{30.7\ L\ O_2}$$

예제 10.11

질산암모늄은 분해될 때 다량의 기체 생성물을 발생시키면서 분해되기 때문에 폭발물로 사용될 수 있다. 고온에서 질산암모늄은 질소, 산소, 수증기로 분해된다. 1000 g의 질산암모늄을 50.0 L의 반응 용기에 넣고 787℃로 가열하였다면, 반응 용기 안의 압력은?

풀이

균형 화학 반응식은

$$2NH_4NO_3(s) \rightarrow 2N_2(g) + O_2(g) + 4H_2O(g)$$

발생한 기체 생성물의 mol 수는

$$(1000\ g\ NH_4NO_3) \times \left(\frac{1\ mol\ NH_4NO_3}{80.05\ g\ NH_4NO_3}\right) \times \left(\frac{7\ mol\ gas}{2\ mol\ NH_4NO_3}\right) = 43.7\ mol\ gas$$

$T = 787℃ + 273.15 = 106.15\ K$

반응 용기 안의 압력은

$$P = \frac{nRT}{V} = \frac{(43.7\ mol\ gas)(0.082057\ atm \cdot L \cdot mol^{-1} \cdot K^{-1})(106.15\ K)}{50.0\ L} = \mathbf{76.1\ atm}$$

10.7 기체 분자 운동론

1) 기체 분자 운동론에 대한 가정

가) 평균 운동에너지 ∝ 절대 온도(K)

나) 기체 분자는 상호작용이 없다.

다) 기체 분자의 크기는 무시할 수 있다.

라) 부분 부피는 기체의 부피에서 무시할 수 있다.

마) 기체 분자는 불규칙적인 운동을 한다.

바) 기체의 충돌은 완전 탄성충돌이다.

2) 기체 운동론(참고 사항)

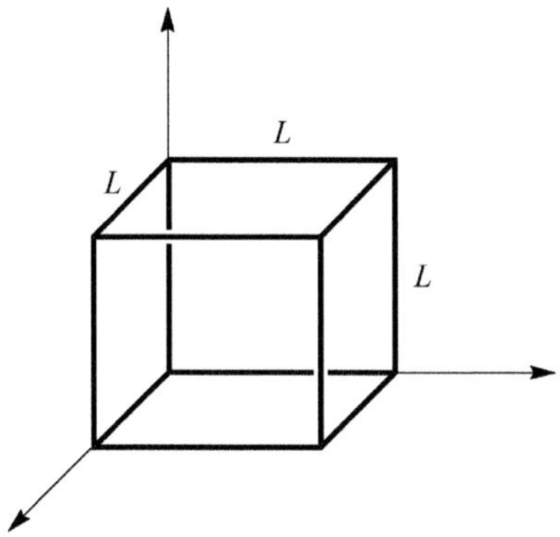

(a)

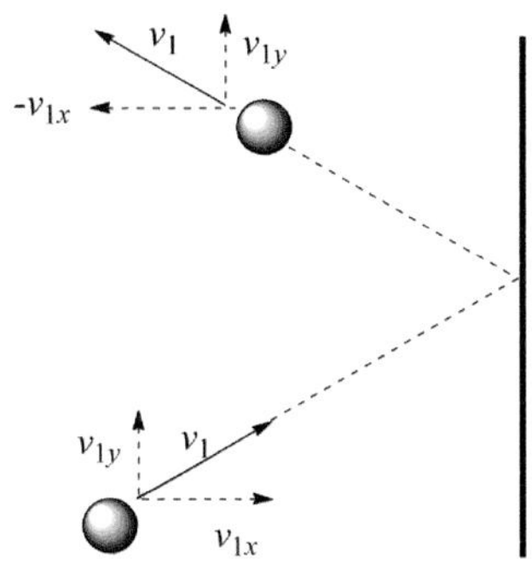

(b)

ΔP(기체 분자 1개의 x축 방향의 선운동량)

$$= (-mv_x) - mv_x = -2mv_x$$

벽면이 받는 힘;

$$F_x = \frac{\Delta P_x}{\Delta t} = \frac{2mv_x}{(2L/v_x)} = \frac{mv_x^2}{L}$$

$$p_x = \frac{F_x}{L^2} = \frac{(\Delta P_x/\Delta t)}{L^2} = \frac{(mv_x^2/L)}{L^2} = \frac{mv_x^2}{L^3}$$

$$\sum_{n=1}^{N} p_x = \left(\frac{m}{L^3}\right)({v_{1x}}^2 + {v_{2x}}^2 + \cdots {v_{Nx}}^2) = \left(\frac{m}{L^3}\right)\left(nN_A\overline{v_x^2}\right)$$

$$\sum_{n=1}^{N} v_{xi}^2 = N\overline{v_x^2} = n \cdot N_A \cdot \overline{v_x^2} \text{ (단, } \overline{v^2} = \overline{v_x^2} + \overline{v_y^2} + \overline{v_z^2} = 3\overline{v_x^2}\text{)}, \quad m \cdot N_A = M,$$

$$\frac{1}{L^3} = \frac{1}{V}$$

$$p = \frac{M}{V} n \frac{1}{3} \overline{v^2} \rightarrow p = \frac{1}{3}\left(\frac{nM}{V}\right) v_{rms}^2 \quad \therefore\ v_{rms} = \sqrt{\frac{3pV}{nM}} = \sqrt{\frac{3RT}{M}}$$

$$\therefore\ E_K = \frac{1}{2} m v^2 = \frac{1}{2} m \left(\frac{3RT}{M}\right) = \frac{3}{2} \frac{RT}{N_A}$$

3) 병진 운동에너지

가) 분자의 평균 운동에너지

$$E = \overline{\left(\frac{1}{2} m v^2\right)} = \frac{1}{2} m \overline{v^2} = \frac{1}{2} m v_{rms}^2$$
$$= \frac{1}{2} m \frac{3RT}{M} = \frac{3}{2} \frac{R}{N_A} T = \frac{3}{2} kT$$

나) Boltzmann 상수

$$k = \frac{R}{N_A} = \frac{8.314\ \mathrm{J/mol \cdot K}}{6.023 \times 10^{23}\ \mathrm{mol^{-1}}} = 1.38 \times 10^{-23}\ \mathrm{J/K}$$

4) 확산과 분출

가) 확산(diffusion): 불규칙적인 분자 운동과 충돌에 의해서 다른 기체와 섞이는 현상을 말한다.

나) Graham의 확산 법칙

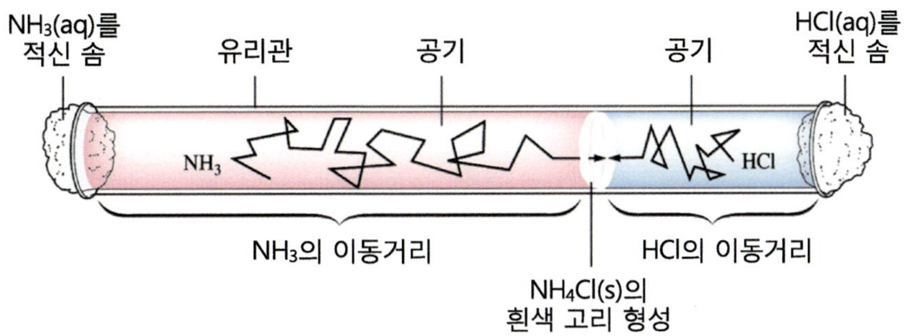

$$속도 \propto v_{rms} = \sqrt{\frac{3RT}{M}}$$

같은 온도 같은 압력하에 있는 두 기체는

$$\frac{속도 1}{속도 2} = \frac{\sqrt{M_2}}{\sqrt{M_1}} = \sqrt{\frac{M_2}{M_1}}$$

다) 분출(effrsion): 기체가 압력에 의해서 용기의 작은 입구를 통하여 용기로부터 다른 곳으로 이동하는 과정을 말한다.

10.8 실제 기체: 크기와 분자 사이의 힘의 영향

1) 실제 기체의 거동은 이상 기체와 많이 다를 수 있는데, 높은 압력이나 낮은 온도의 경우에 특히 그렇다.

가) 고온, 저압하에서 이상 기체와 비슷하게 행동을 한다.

나) 분자량이 작고, 분자간의 인력이 작은 기체는 이상 기체에 비교적 잘 적용된다.

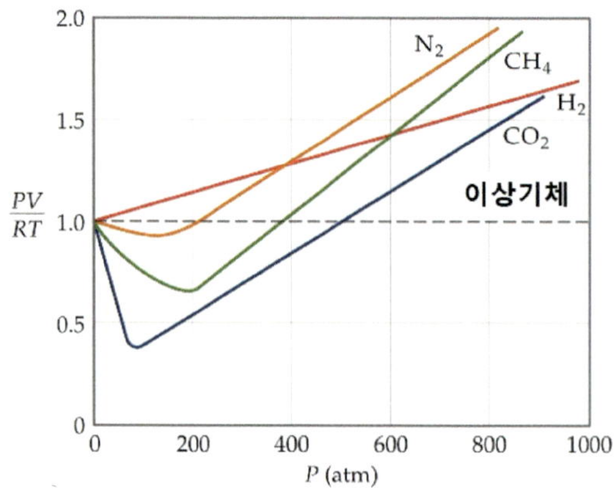

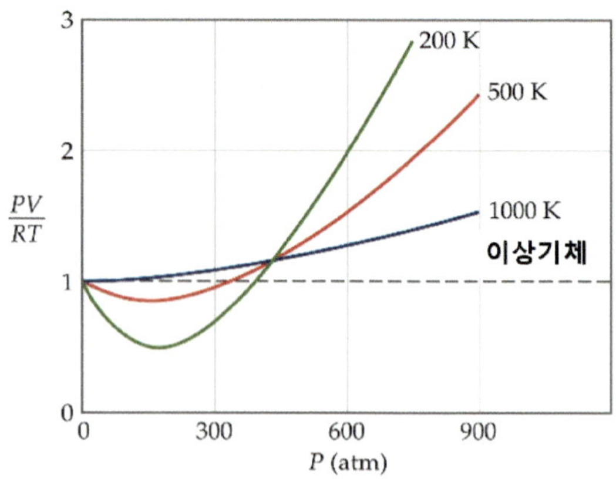

1 mol의 이상 기체에 대하여 PV/RT는 어떤 압력에서도 그 값이 1이다. 이상적인 행동으로부터 벗어남은 PV/RT의 값이 1에서 벗어남을 의미한다.
이상성으로부터 벗어남(deviation from ideality)의 크기는 온도와 기체의 성질에 의존한다. H_2를 제외한 분자에서 압력이 증가함에 따라 음의 벗어남과 양의 벗어남의 양상을 보인다.

(a) 음의 벗어남: 기체 내의 분자가 서로 충돌할 때 상호 인력이 나타나 인력이 없을 때보다는 더 오래 머물 수 있고, 그 결과 분자수 또는 몰수가 감소한다. 그래서 실제 기체가 이상 기체보다 용기의 기벽과 충돌하는 횟수가 줄어들어 압력과 PV의 값은 이상 기체에서 예상되는 값보다는 작아진다.
(b) 양의 벗어남: 높은 압력에서 실제 기체 분자의 크기는 용기의 부피에 비해 상대적으로 무시할 수 없고 결과적으로 어떤 주어진 분자에 유용한 부피는 용기의 총부피에 비해 훨씬 작다. 만약 b를 분자의 부피라고 가정하면, 어떤 분자의 유용한 부피는 전체 부피에서 b를 뺀 $(V-b)$가 될 것이다. 이것을 이상 기체 상태 방정식에 적용시키면, 즉 $V>(V-b)$이므로

$$\frac{V}{(V-b)}>1$$

$$\therefore\ \frac{PV}{RT}>1$$

2) Van der waals 방정식

가) 실제 기체가 이상 기체와 다른 점을 보정한 방정식이다.

나) 부피 보정 항

$$V_{실제}=V_{용기}-nb$$

(nb: 기체 입자의 전체 부피)

다) 압력 보정 항

a) 분자간 인력은 압력을 감소시킨다.

b) 분자간 인력의 수는 농도의 제곱에 비례한다.

c) 분자간 인력이 클수록 a는 크다.

$$P_{관찰} = P - a\left(\frac{n}{V}\right)^2$$

라) $p = \dfrac{nRT}{V}$를 압력 보정 항에 대입하고, 이 식에 부피 보정 항을 대입하면, Van der waals 방정식을 완성할 수 있다.

$$P_{관찰} = \frac{nRT}{V - nb} - a\left(\frac{n}{V}\right)^2$$

$$\left[P_{관찰} + a\left(\frac{n}{V}\right)^2\right] \times (V - nb) = nRT$$

CHAPTER 11

액체와 고체

11.1 상태 변화에 따른 에너지 변화

1) 분자 내 힘(Intramolecular force)

가) 한 분자 내의 원자들을 함께 뭉치도록 하는 결합력이다.

수증기($H_2O(g)$) → 수소와 산소 원자; **물질의 변화**

나) 공유 결합이 깨어지는 변화로 intramolecular force가 변화한다.

다) 많은 에너지가 필요하다.

2) 분자간 힘(Intermolecular force)

가) 분자들이 모여서 고체나 액체로 되기 위해 분자간에 발생하는 힘이다.

ice → 물 → 수증기; **상태의 변화**

나) 분자 내 수소-산소 사이의 공유 결합은 그대로 존재한다. 즉, 분자 내 힘은 그대로 있다.

다) 반면에 고체, 액체 상태에서는 가까운 거리에서 서로 상호 작용을 하다가 기체가 되면 독립적으로 행동한다.

라) 상태의 변화에 따라 intermolecular force가 변한다.

11.2 분자간 힘(Intermolecular force) → Van der waals 힘

1) 분산력(Dispersion force, =London force(런던 분산력))

가) 모든 원자와 분자에 존재하는 분자간의 힘

나) 원자나 분자 안에 존재하는 전자 분포의 변화 때문에 생긴다.

다) 순간 쌍극자 또는 다른 순간 쌍극자를 유도해서 서로 인력이 생긴다.

라) 전자구름이 클수록 분산력이 크다(전자가 핵에 약하게 잡혀 있어서 더 쉽게 극성을 띤다).

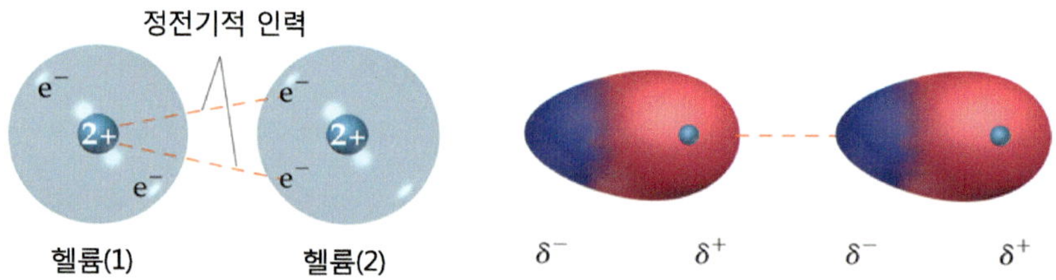

☞ **불활성기체의 끓는점:**

몰질량이 증가 → 크기 증가 → 분산력 증가 → 끓는점 증가

2) 쌍극자-쌍극자 인력(Dipole-dipole attraction)

가) 극성을 가진 모든 분자에서 존재한다.

나) 극성을 가진 분자는 영구 쌍극자(permanent dipole)를 가지고 있고, 영구 쌍극자는 이웃한 분자의 영구 쌍극자를 끌어당기는데 이런 인력을 쌍극자-쌍극자 힘이라 한다.

다) 극성 결합을 하고 있는 경우에는 분자 내에 dipole이 존재한다. 고체 또는 액

체에서와 같이 이들 사이의 거리가 가까우면, 상호 작용(interaction)이 있다.

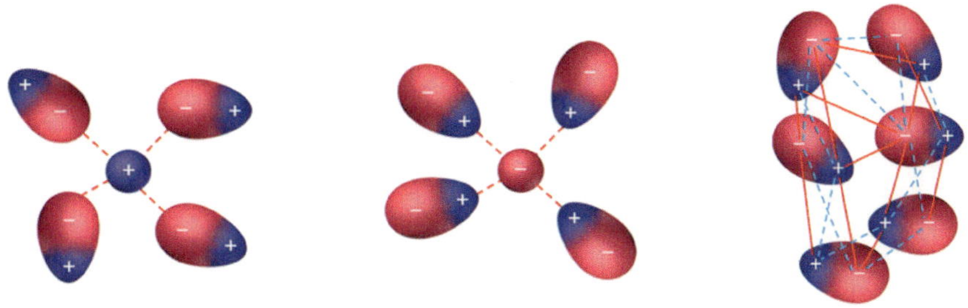

(a) (b) (c)

화학식	분자량(g/mol)	구조식	끓는점(℃)	녹는점(℃)
CH_2O (포름알데히드)	30.03	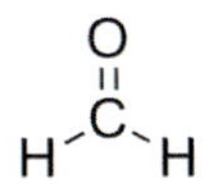	−19.5	−92
C_2H_6 (에테인)	30.07	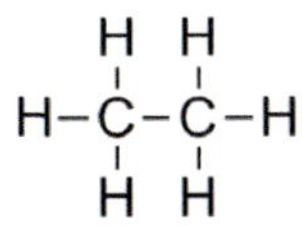	−88	−172

☞ 포름알데히드와 에테인은 분자량이 비슷하지만, 포름알데히드는 극성이기 때문에 비극성인 에테인보다 녹는점, 끓는점이 높다.

3) 수소 결합(Hydrogen bonding)

H원자와 전기음성도가 큰 세 원소(F, O, N)의 결합을 말한다. 실제적으로 쌍극자-쌍극자 상호 작용이지만, 더 큰 힘이 작용한다.

원인:

가) 전기음성도의 차가 크므로 편극도가 커지기 때문이다.

나) H는 1개밖에 없는 원자가전자를 빼앗겨 전자가 거의 없으므로, 전자-전자 반발력이 없이 다른 원자에 가까이 갈 수 있다.

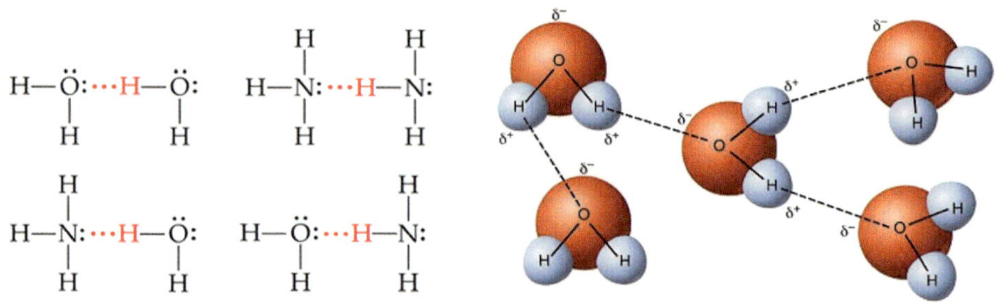

(a) (b)

수소 결합을 가진 메탄올과 비극성 분자인 에테인 비교

화학식	분자량(g/mol)	구조식	끓는점(℃)	녹는점(℃)
CH_3OH (메탄올)	32.0	H–C(H)(H)–O–H	64.7	−97.8
C_2H_6 (에테인)	30.07	H–C(H)(H)–C(H)(H)–H	−88	−172

☞ 비슷한 몰질량의 다른 물질보다 훨씬 높은 녹는점과 끓는점을 가진다.

예제 11.1

아무런 정보 없이 다음 화학종들의 끓는점이 증가하는 순으로 나열하면?

$$NaCl, \ C_2H_4, \ CH_3OH$$

풀이

NaCl은 이온성 화합물이고, C_2H_4, CH_3OH는 공유 결합 화합물이므로, NaCl의 끓는점이 가장 높을 것이다. 그리고 CH_3OH는 수소 결합을 할 수 있기 때문에 C_2H_4보다 끓는점이 높다. 그러므로 끓는점이 높은 순서는

$$NaCl > CH_3OH > C_2H_4$$

실제 끓는점은 NaCl(1690 K), CH_3OH(337 K), C_2H_4(170 K)이다.

11.3 기체, 액체와 고체 분자의 비교

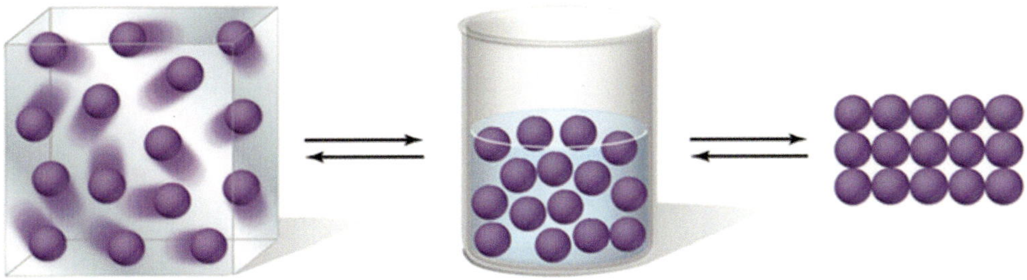

물질의 상의 성질

상	밀도	모양	부피	분자간의 힘의 세기
기체	낮다	일정하지 않다	일정하지 않다	약하다
액체	높다	일정하지 않다	일정하다	중간
고체	높다	일정하다	일정하다	강하다

11.4 액체의 성질: 분자간의 힘의 영향(표면장력, 점성, 모세관 현상)

1) 표면장력(Surface tension)

(a)

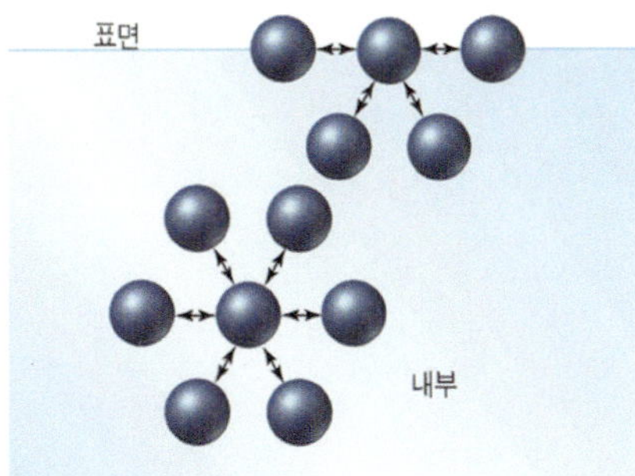

(b)

표면장력의 원인: 액체 표면에 있는 분자들은 안쪽으로 이웃해 있는 분자들과 상호작용한다. 이 때문에 알짜 힘은 안쪽을 향하고, 표면에 장력을 만들어낸다. 이 장력은 표면적을 최소화하려는 경향을 가지며 이렇게 함으로써 침투를 막는다.

2) 점성(Viscosity): 흐르지 않으려고 하는 성질

가) 분자량이 증가하면(분산력의 크기가 증가하고), 길이가 증가(분자가 얽힐 가능성이 높다)할수록 점성이 증가한다.

나) 점성은 온도에도 의존한다(즉, 온도가 증가할수록 점성은 감소한다).

물질	화학식	점성(kg/m · s)
n-펜탄	$CH_3CH_2CH_2CH_2CH_3$	3.26×10^{-4}
n-헥산	$CH_3CH_2CH_2CH_2CH_2CH_3$	4.09×10^{-4}
n-헵탄	$CH_3CH_2CH_2CH_2\ CH_2CH_2CH_3$	5.42×10^{-4}
n-옥탄	$CH_3CH_2CH_2CH_2\ CH_2CH_2\ CH_2CH_3$	7.11×10^{-4}
n-노난	$CH_3CH_2CH_2CH_2\ CH_2CH_2\ CH_2\ CH_2CH_3$	1.42×10^{-3}

3) 모세관 현상(Capillary action)

가) 액체가 중력을 이겨내고 가는 관 위로 흐르는 현상이다.

나) 액체는 응집력(액체에 있는 분자들 사이의 인력)과 부착력(분자들과 관 표면의 인력)이 균형을 이룰 때까지 올라간다.

다) 물과 수은을 비교하면

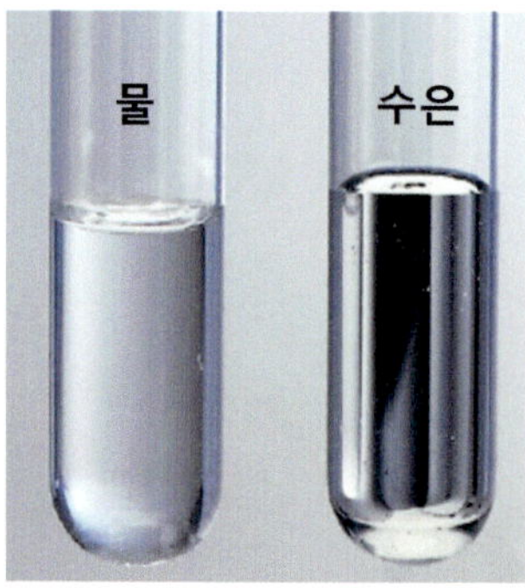

(a) **물**은 부착력이 응집력보다 크기 때문에 물의 가장자리는 표면을 따라 올라가 위 표면은 오목하다.

(b) 수은의 위 표면 곡면은 응집력이 부착력보다 크기 때문에 볼록하다.

11.5 증발과 증기압

1) 증발(Vaporization): 열에너지가 분자간의 힘을 극복하여 액체에서 기체로 상 변화가 일어나는 과정이다.

2) 증발 과정

증발이 일어나기 시작한다. / 응축이 일어나기 시작한다. / 동적 평형을 이룬다.

3) 증기압(Vapor pressure): 액체와 동적 평형에 있는 기체의 압력을 의미한다.

4) 증기압 및 끓는점과 온도의 의존성

가) 액체의 끓는점은 증기압이 외부 압력과 같을 때의 온도이다.

나) 정상 끓는점은 증기압이 1 atm과 같을 때의 온도이다.

다) 액체의 온도가 증가하면 높은 열에너지가 증발하기에 충분한 에너지를 가진 분자들의 수를 증가시키기 때문에 증기압이 올라간다.

11.6 평형 증기압의 온도 의존성: Clausius–Clapeyron 식

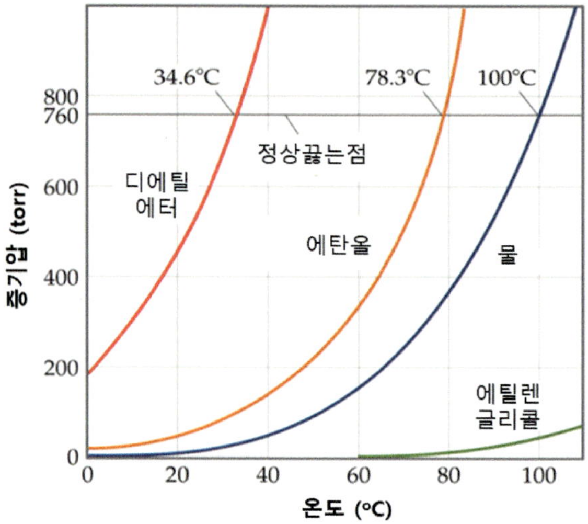

온도 변화에 따른 액체의 증기압 변화는 온도가 증가하면, 액체의 증기압은 증가한다. 그러나 이 관계는 선형이 아니다. 즉, 증기압과 온도의 관계는 지수함수 관계를 나타낸다.

$$P_{증발} = \beta \exp\left(-\frac{\Delta H_{증발}}{RT}\right)$$

$$\ln P_{증발} = \ln\beta + \left(-\frac{\Delta H_{증발}}{RT}\right) \Leftrightarrow \ln P_{증발} = -\frac{\Delta H_{증발}}{R}\left(\frac{1}{T}\right) + \ln\beta$$

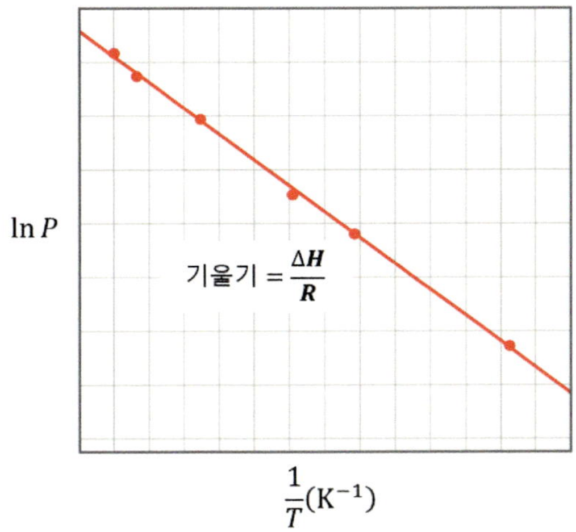

증기압과 온도를 두 번 측정하는 것만으로 증발열을 구할 수 있도록 Clausius-Clapeyron 식을 변형하면 다음과 같다.

$$\ln\frac{P_2}{P_1}=\frac{-\Delta H_{증발}}{R}\left(\frac{1}{T_2}-\frac{1}{T_1}\right)$$

예제 11.2

메탄올의 정상 끓는점은 64.6℃이고, 증발열은 35.2 kJ/mol이다. 15℃에서 메탄올의 증기압은?

풀이

$$\ln\frac{P_2}{P_1}=\frac{-\Delta H_{증발}}{R}\left(\frac{1}{T_2}-\frac{1}{T_1}\right)=\frac{-35.2\times10^3\ \mathrm{J\cdot K^{-1}}}{8.314\ \mathrm{J\cdot mol^{-1}\cdot K^{-1}}}\left(\frac{1}{273.15+15}-\frac{1}{273.15+64.6}\right)$$

$$\ln\frac{P_2}{P_1}=-2.16 \rightarrow \frac{P_2}{P_1}=e^{-2.16}$$

$P_2=(1.0\ \mathrm{atm})e^{-2.16}=$ **0.115 atm**

11.7 상평형 그림

순수한 물질의 증기압 곡선과 승화 압력 곡선 및 녹는점 곡선을 하나의 도표로 나타낸 것을 상평형 그림(phase diagram)이라고 한다.

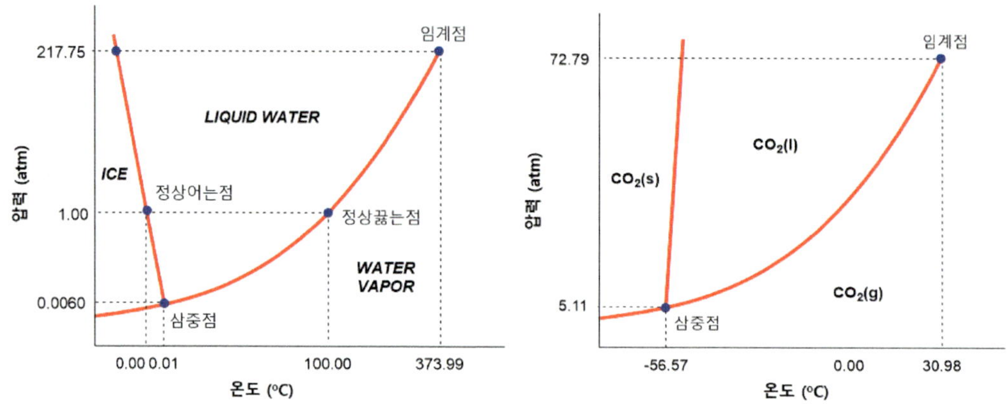

1) 물의 상평형 그림에서 고체-액체 평형선이 **음의 기울기**를 가진다. 액체가 고체보다 밀도상이면 압력이 증가하고, 고체가 액체로 되기 쉬우며, 녹는점은 낮아진다.

2) 이산화탄소의 상평형 그림에서 고체-액체 평형선은 **양의 기울기**를 가진다. 고체가 더 높은 밀도상일 때 압력이 증가하면, 액체가 고체로 되고, 녹는점은 상승한다.

11.8 고체의 구조

고체
- 비결정성 고체
- **결정성 고체** ⟹ **결정 격자**를 가진다.
  - ↑ **단위 세포**의 모임

1) 단위 세포(Unit cell)

가) 전체 격자를 표시하는 데 사용되는 결정 격자의 가장 작은 단위이다.

나) 결정 격자는 단위 세포의 반복된 무늬이다.

다) 대부분의 금속의 결정 구조는 단순 입방(simple cubic), 체심 입방(body centered cubic), 면심 입방(face centered cubic)의 격자를 가진다.

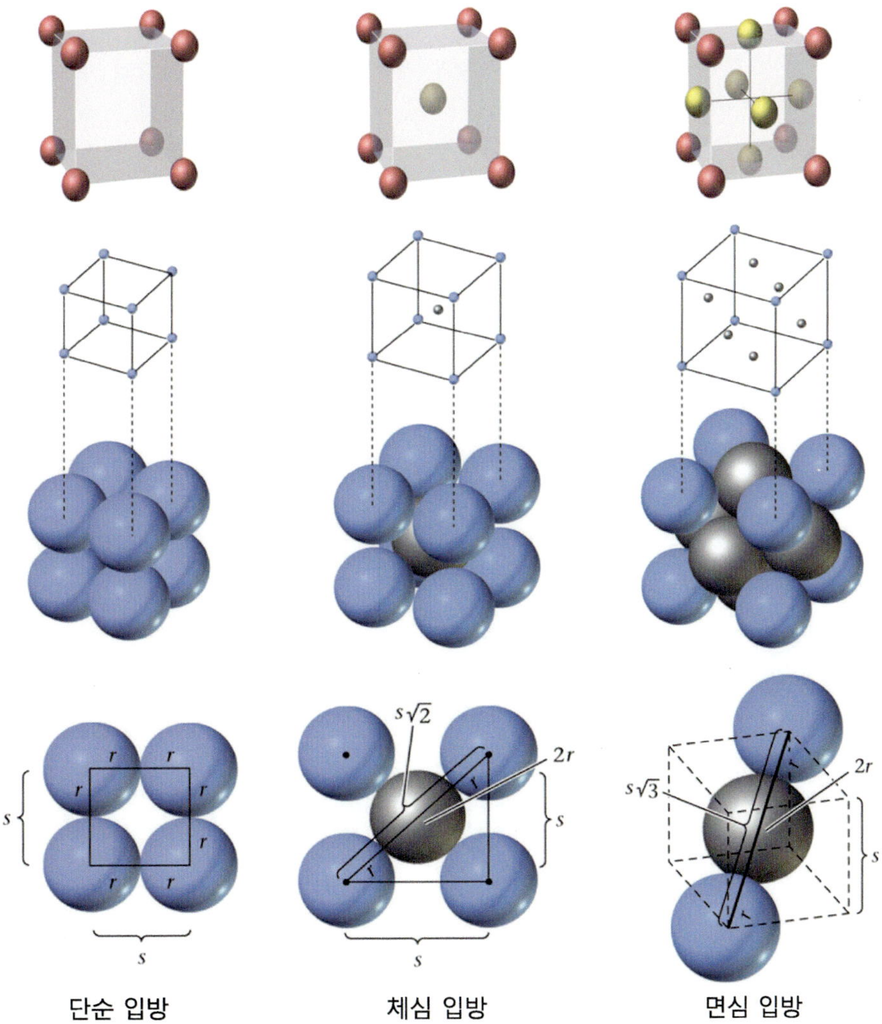

	단순 입방	체심 입방(BCC)	면심 입방(FCC)
단위 세포당 원자 수	1	2	4
s와 r의 관계	$2r = s$	$4r = s\sqrt{3}$	$4r = s\sqrt{2}$
빈 공간의 %	47.6	32.0	26.0

예제 11.3

구리는 면심 입방 격자로 존재한다. 단위 세포 내 있는 구리 원자의 수는 몇 개인가?

풀이

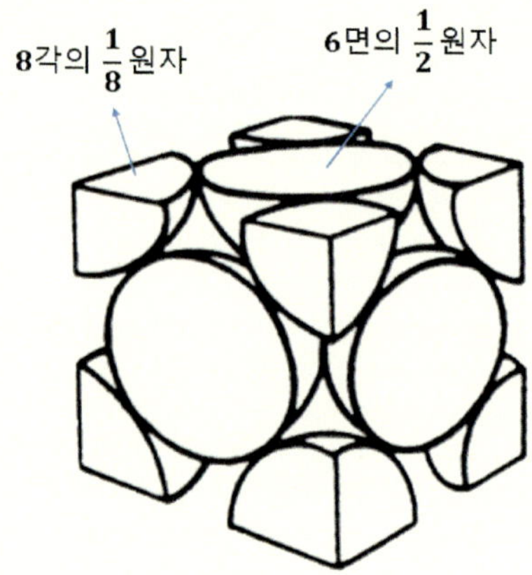

단위 세포당 원자 수 $= \left(\frac{1}{8} \times 8\right) + \left(\frac{1}{2} \times 6\right) = \mathbf{4}$

예제 11.4

면심 입방 격자로 결정화되는 구리는 20℃에서 밀도가 8.930 g/cm^{3}이다. 구리 원자의 반지름은?

풀이

구리의 몰부피는

$$V = \frac{몰질량}{밀도} = \frac{63.55\ \text{g}\cdot\text{mol}^{-1}}{8.930\ \text{g}\cdot\text{cm}^{-3}} = 7.116\ \text{cm}^3\cdot\text{mol}^{-1}$$

구리 원자 1개의 부피는

$$\frac{7.116\ \text{cm}^3\ \text{Cu}}{1\ \text{mol Cu}} \times \left(\frac{1\ \text{mol atom Cu}}{6.022\times10^{23}\ \text{atom Cu}}\right) = 1.182\times10^{-23}\ \text{cm}^3/\text{atom}$$

단위 세포당 4개의 구리 원자가 존재하므로 단위 세포당 부피는

$$V = \left(\frac{4\ \text{atom}}{단위\ 세포}\right)\left(\frac{1.182\times10^{-23}\ \text{cm}^3}{1\ \text{atom}}\right) = 4.728\times10^{-23}\ \text{cm}^3/단위\ 세포$$

단위 세포의 부피는

$$V = (l)^3 \rightarrow l = \sqrt[3]{V} = \sqrt[3]{(4.728\times10^{-23}\ \text{cm}^3)} = 3.616\times10^{-8}\ \text{cm} = 361.6\ \text{pm}$$

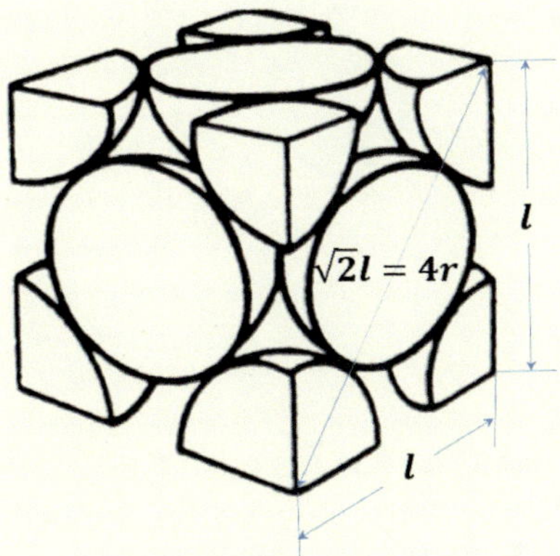

$$대각선\ 길이 = \sqrt{2}(361.6\ \text{pm}) = 4r$$

$$r = 127.9\ \text{pm}$$

예제 11.5

충전 효율(packing efficiency)은 전체 부피에 대하여 구형의 원자들에 의해 점유되는 부피의 백분율로 정의된다.

$$충전\ 효율 = \frac{세포\ 안에\ 있는\ 원자의\ 부피}{단위\ 세포의\ 부피} \times 100$$

1개의 원자의 부피는 $\frac{4}{3}\pi r^3$이고, 단위 세포의 부피는 s^3이다.

(a) 단순 입방 단위 세포(원자 1개/단위 세포), (b) 면심 입방 단위 세포(원자 4개/단위 세포), (c) 체심 입방 단위 세포(원자 2개/단위 세포)의 충전 효율을 계산하면?

풀이

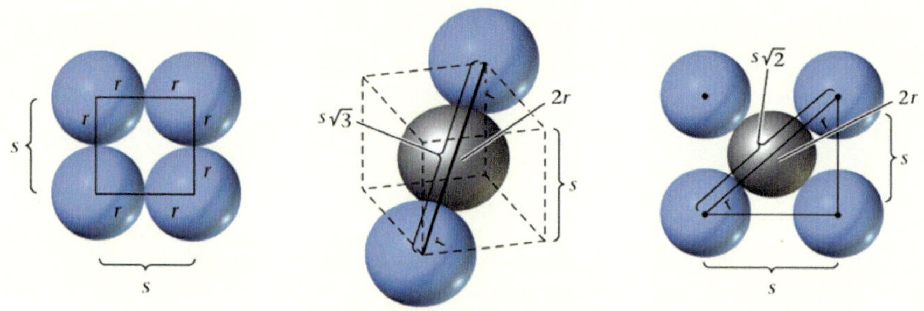

단순 입방 면심 입방 체심 입방

$$충전\ 효율 = \frac{세포\ 안에\ 있는\ 원자의\ 부피}{단위\ 세포의\ 부피} \times 100$$

(a) 단순 입방 단위 세포에서

$$2r = s$$

단위 세포당 부피는

$$V_{단위\ 세포} = s^3 = (2r)^3 = 8r^3$$

단순 입방 단위 세포 내 1개의 원자가 존재하므로,

원자 1개의 부피는 $\frac{4}{3}\pi r^3$이다.

$$충전\ 효율 = \frac{\left(\frac{4}{3}\pi r^3\right)}{8r^3} \times 100 = \mathbf{52.4\%}$$

(b) 면심 입방 단위 세포에서

$$4r = s\sqrt{2} \rightarrow s = 2\sqrt{2}\,r$$

단위 세포당 부피는

$$V_{단위\ 세포} = s^3 = (2\sqrt{2}\,r)^3 = 16\sqrt{2}\,r^3$$

면심 입방 단위 세포 내 4개의 원자가 존재하므로,

원자 4개의 부피는 $4\left(\frac{4}{3}\pi r^3\right)=\frac{16}{3}\pi r^3$이다.

$$\text{충전 효율}=\frac{\left(\frac{16}{3}\pi r^3\right)}{16\sqrt{2}\,r^3}\times 100=\mathbf{74.0\%}$$

(c) 체심 입방 단위에서

$$4r=s\sqrt{3}\rightarrow s=\frac{4\sqrt{3}}{3}r$$

단위 세포당 부피는

$$V_{\text{단위 세포}}=s^3=\left(\frac{4\sqrt{3}}{3}r\right)^3=\frac{64\sqrt{3}}{9}r^3$$

체심 입방 단위 세포 내 2개의 원자가 존재하므로,

원자 2개의 부피는 $2\left(\frac{4}{3}\pi r^3\right)=\frac{8}{3}\pi r^3$이다.

$$\text{충전 효율}=\frac{\left(\frac{8}{3}\pi r^3\right)}{\left(\frac{64\sqrt{3}}{9}r^3\right)}\times 100=\mathbf{68.0\%}$$

2) 구형 조밀 쌓음

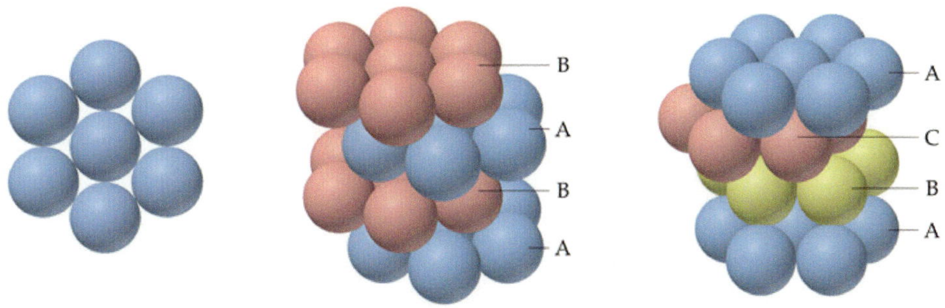

(a) 단층 조밀 쌓음 (b) 육방 조밀 쌓음 (c) 입방 조밀 쌓음

3) 결정성 고체의 종류

고체 종류	단위 입자 형태	입자간 힘	성질	예
분자성 고체	원자나 분자	런던 분산력, 쌍극자-쌍극자 힘, 수소 결합	대단히 무르고, mp가 낮으며, 열과 전기전도성이 나쁘다.	$CO_2(s)$
공유 결합 그물구조	공유 결합 그물구조와 결합한 원자	공유 결합	매우 단단하고, mp가 높으며, 열과 전기전도성이 나쁘다.	다이아몬드, 흑연
이온성 고체	양이온과 음이온	정전기적 인력	단단하고 깨지기 쉬우며, mp가 높고, 열과 전기전도성이 나쁘다.	NaCl(s)
금속성 고체	원자	금속 결합	무르거나 매우 단단하고, mp가 낮거나 높으며, 열과 전기전도성이 매우 좋고, 연성과 전성이 있다.	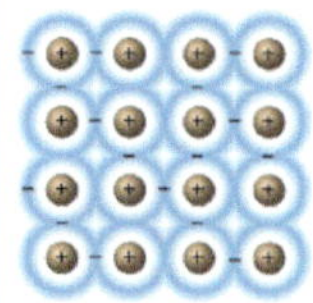

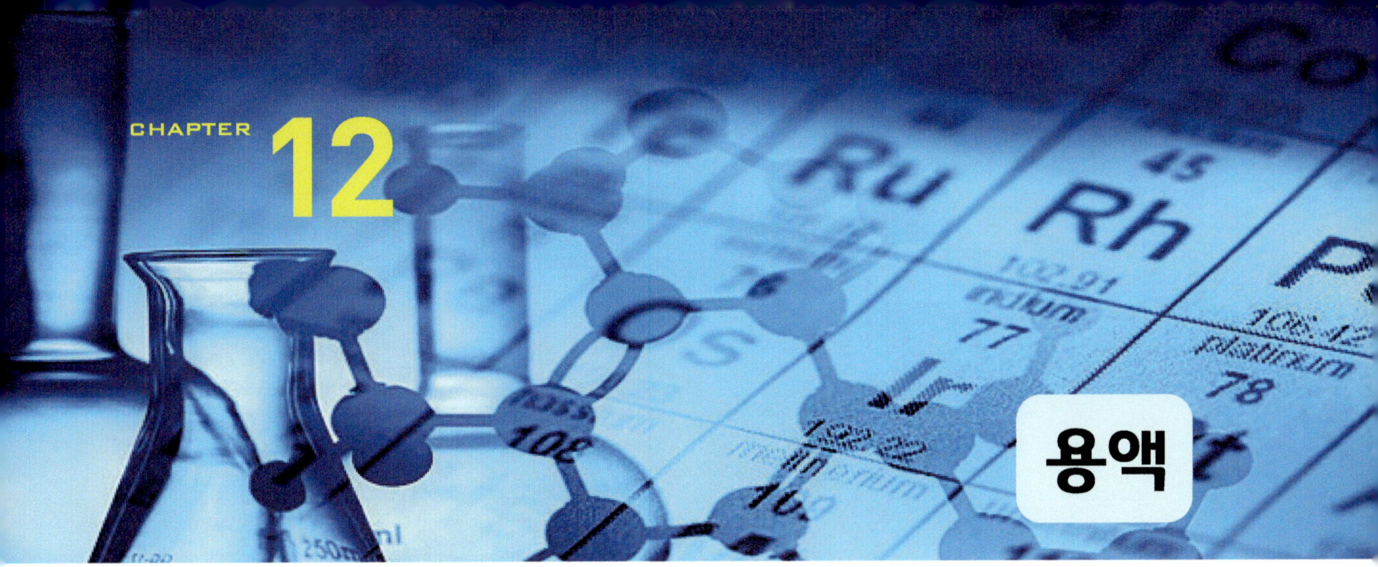

CHAPTER 12 용액

12.1 용해 과정(용액 형성 과정)

1) 끼리끼리 녹인다(Like dissolves like).

2) 세 가지 힘이 비슷할 때, 용액을 형성한다.

3) 상대적 상호 작용과 용액 형성

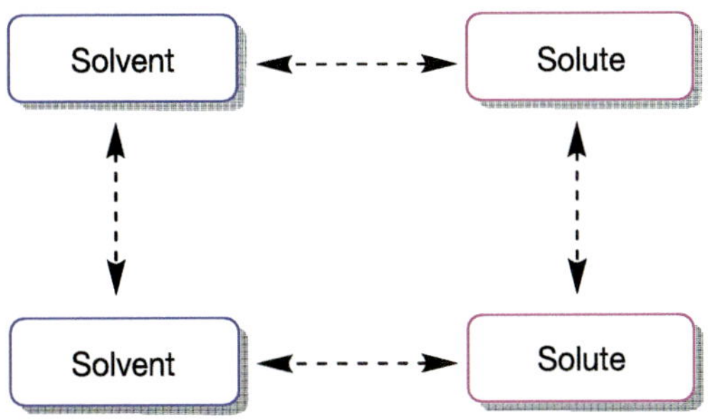

가) 용매-용질 상호 작용>용매-용매와 용질-용질 상호 작용(용액 형성)

나) 용매-용질 상호 작용=용매-용매와 용질-용질 상호 작용(용액 형성)

다) 용매-용질 상호 작용<용매-용매와 용질-용질 상호 작용(용액 형성되지 않음)

4) 용액 형성과 에너지론

가) 용질을 구성 입자로 분리

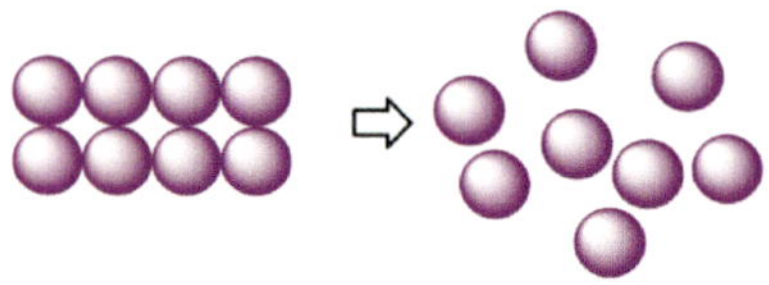

$\Delta H_{용질} > 0$

나) 용질 입자를 위한 공간을 만들기 위해 용매 입자들의 분리

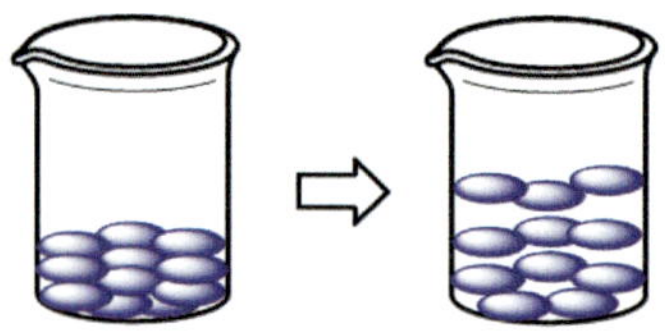

$\Delta H_{용매} > 0$

다) 용매 입자와 용질의 혼합

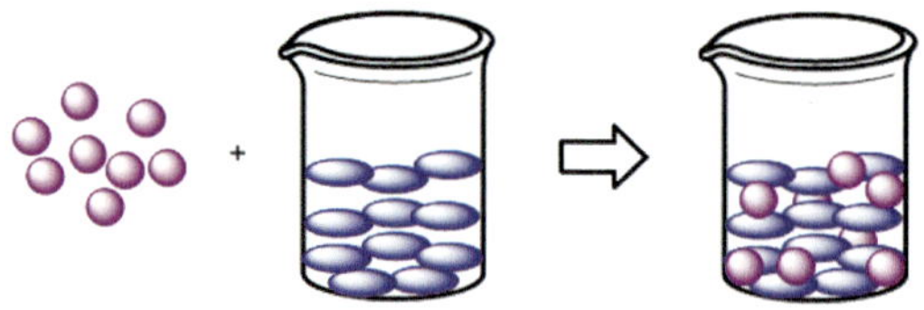

$\Delta H_{혼합} < 0$

5) 용액 형성과 자발성, 무질서도

가) 계의 에너지가 감소하는 과정은 자발적인 과정이다.

나) 계의 무질서도(엔트로피)가 증가하는 과정은 자발적인 과정이다.

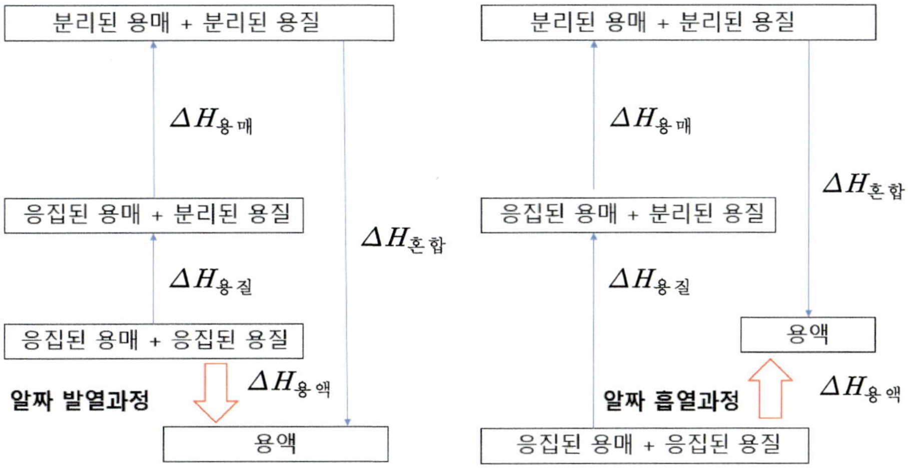

12.2 포화 용액과 용해도

$$\text{용질} + \text{용매} \underset{\text{결정화}}{\overset{\text{용해}}{\rightleftharpoons}} \text{용액}$$

1) **용해도:** 특정온도에서 용질이 녹을 수 있는 최대량

2) **포화 용액(Saturated solution):** 용해된 용질이 고체 용질과 동적 평형을 이루고 있는 용액

3) **불포화 용액(Unsaturated solution):** 동적 평형보다 적은 양의 용질이 녹아 있는 용액

4) **과포화 용액(Supersaturated solution):** 동적 평형보다 많은 양의 용질이 녹아 있는 용액

12.3 용해도에 영향을 주는 인자들

1) 용질-용매 상호 작용

일반적으로 다른 이자들이 비슷할 때, **용질과 용매 분자 사이의 인력이 강할수록 그 용매에 대한 그 용질의 용해도는 더 커진다.**

2) 용도 효과

가) 용해 과정이 열을 흡수하는 경우($\Delta H > 0$), 온도가 증가하면 용해도가 증가한다.

나) 용해 과정이 열을 방출하는 경우($\Delta H < 0$), 온도가 증가하면 용해도가 감소한다.

3) 압력 효과

가) 어떤 용매 중에 기체의 용해도는 압력에 영향을 크게 받는다.

나) 반면에, 액체, 고체의 용해도는 압력에 의해 거의 영향을 받지 않는다.

다) Henry의 법칙

$$S_{기체} = k_H P_{기체}$$

($S_{기체}$: 기체의 용해도, k_H: Henry 상수, $P_{기체}$: 기체의 부분 압력)

25℃ 물에서 몇 가지 기체에 대한 헨리 상수 값

기체	k_H(M/atm)
O_2	1.3×10^{-3}
N_2	6.1×10^{-4}
CO_2	3.4×10^{-2}
NH_3	5.8×10^{1}
He	3.7×10^{-4}

4) 탄산음료에서 거품이 나는 이유

가) 기체의 용해도는 온도가 증가할수록 감소되어 용해된 기체가 용액 밖으로 빠져나온다(따뜻한 탄산음료는 차가운 탄산음료보다 더 많은 기포를 발생시킨다).

나) 압력의 영향: 액체 위에 더 높은 압력이 가해지면 기체가 액체에 더 잘 용해된다.

다) 캔음료에서 캔을 열면 압력이 낮아져서 이산화탄소의 용해도가 낮아지고 기포가 발생하게 된다.

차가운 콜라　　따뜻한 콜라

예제 12.1

20℃에서 질소의 부분 압력이 580 torr일 때, 물에 대한 N_2의 용해도는 0.0150 g · L^{-1}이다. 20℃에서 질소의 부분 압력이 800 torr일 때, 물에 대한 N_2의 용해도는?

풀이

$S_1 = 0.0150\ \text{g} \cdot \text{L}^{-1}$　　$S_2 = ?$

$P_1 = 580\ \text{torr}$　　$P_2 = 800\ \text{torr}$

$S_{기체} = k_H P_{기체}$

$$\frac{S_1}{P_1} = \frac{S_2}{P_2}$$

$$\frac{0.0150\ \text{g} \cdot \text{L}^{-1}}{580\ \text{torr}} = \frac{S_1}{800\ \text{torr}}$$

$S_2 = 0.0207\ \text{g} \cdot \text{L}^{-1}$

12.4 농도 단위

종류	정의	단위
질량부분비	$\dfrac{\text{용질의 질량}}{\text{용액의 질량}} \times \text{곱인자}$	
백분율(%)	곱인자=100	%
백만분율	곱인자=10^6	ppm
십억분율	곱인자=10^9	ppb
몰농도(M)	$\dfrac{\text{용질의 몰수}}{\text{용액의 부피}}$	mol/L
몰랄농도(m)	$\dfrac{\text{용질의 몰수}}{\text{용매의 질량(kg)}}$	mol/kg
몰분율(X)	$\dfrac{\text{용질의 양(mol 수)}}{\text{용질과 용매의 총량(mol 수)}}$	

예제 12.2

17.2 g 에틸렌글리콜($C_2H_6O_2$)을 0.500 kg의 물에 녹여 용액을 만들었다. 이때, 용액의 최종 부피가 515 mL였다.

(a) 몰농도, (b) 몰랄농도, (c) 질량 백분율, (d) 몰분율을 계산하면?

풀이

(a) 몰농도

$$? \text{ mol } C_2H_6O_2 = 17.2 \text{ g } C_2H_6O_2 \times \frac{1 \text{ mol } C_2H_6O_2}{62.07 \text{ g } C_2H_6O_2} = 0.2771 \text{ mol } C_2H_6O_2$$

$$M = \frac{0.2771 \text{ mol } C_2H_6O_2}{0.515 \text{ L 용액}} = 0.538 \text{ M}$$

(b) 몰랄농도

$$\frac{0.2771 \text{ mol } C_2H_6O_2}{0.500 \text{ kg } H_2O} = 0.554 \text{ m } C_2H_6O_2$$

(c) 질량 백분율

$$\frac{17.2\text{ g}}{17.2\text{ g}+500\text{ g}}\times 100 = 3.33\%$$

(d) 몰분율

$$?\text{ mol H}_2\text{O} = 5.00\times 10^2\text{ g H}_2\text{O}\times\frac{1\text{ mol H}_2\text{O}}{18.02\text{ g H}_2\text{O}} = 27.75\text{ mol H}_2\text{O}$$

$$X_{\text{용질}} = \frac{n_{\text{용질}}}{n_{\text{용질}}+n_{\text{용매}}} = \frac{0.2771\text{ mol}}{0.2771\text{ mol}+27.75\text{ mol}} = 9.89\times 10^{-3}$$

예제 12.3

제약회사에서 수액을 만들 때, NaCl 20.0 mg, 글루코오스($C_6H_{12}O_6$) 6.0 g과 물 112 g을 혼합하여 만든다면,

(a) 이 수액 속의 글루코오스 몰랄농도는?

(b) 이 수액 속에 녹아 있는 Na^+는 몇 ppm인가?

풀이

(a) 글루코오스의 mol 수는

$$6.0\text{ g C}_6\text{H}_{12}\text{O}_6\times\frac{1\text{ mol C}_6\text{H}_{12}\text{O}_6}{180.16\text{ g C}_6\text{H}_{12}\text{O}_6} = 0.0333\text{ mol C}_6\text{H}_{12}\text{O}_6$$

몰랄농도는

$$\frac{0.0333\text{ mol C}_6\text{H}_{12}\text{O}_6}{112\text{ g H}_2\text{O}\times\frac{1\text{ kg H}_2\text{O}}{1000\text{ g H}_2\text{O}}} = \mathbf{0.297\text{ m C}_6\text{H}_{12}\text{O}_6}$$

(b) $Na^+\text{질량} = 2.0\text{ mg}\times\frac{1\text{ g}}{1000\text{ mg}} = 2.0\times 10^{-3}\text{ g}$

수액의 총질량$= 2.0\times 10^{-3}\text{ g Na}^+ + 6.0\text{ g C}_6\text{H}_{12}\text{O}_6 + 112\text{ g H}_2\text{O} = 118\text{ g}$

$$\text{ppm Na}^+ = \frac{2.0\times 10^{-3}\text{ g Na}^+}{118\text{ g 수액}}\times 10^6 = \mathbf{17\text{ ppm}}$$

12.5 총괄성(Colligative property)

용질의 mol 수에 의존하는 성질이고 화학적 실체와는 무관하다. 총괄성의 종류는 증기압 내림, 어는점 내림, 끓는점 오름, 삼투압 등이 있다.

1) 증기압 내림: Raoult 법칙

가) 비휘발성 용질을 갖는 용액은 증기압을 측정할 수 없는 물질이다.
나) 휘발성 용질을 갖는 용액은 증기압을 측정할 수 있는 물질이다.

일반적으로 농도가 높은 수용액은 순수한 물보다 느린 속도로 증발한다. 이것은 용액의 수증기압이 순수한 물보다 낮기 때문이다(즉, 비휘발성 용질이 녹아 있는 용액의 증기압은 항상 순수한 용매의 증기압보다 낮다).
용액 내 용매의 증기압과 농도의 관계는

$$P_1 = X_1 P_1^o$$

(P_1은 용액의 용매 증기압, P_1^o은 같은 온도에서 순수한 용매의 증기압, X_1은 용매의 몰분율): **Raoult의 법칙**(비휘발성 & 비전해질)

만약에 2성분계일 때,

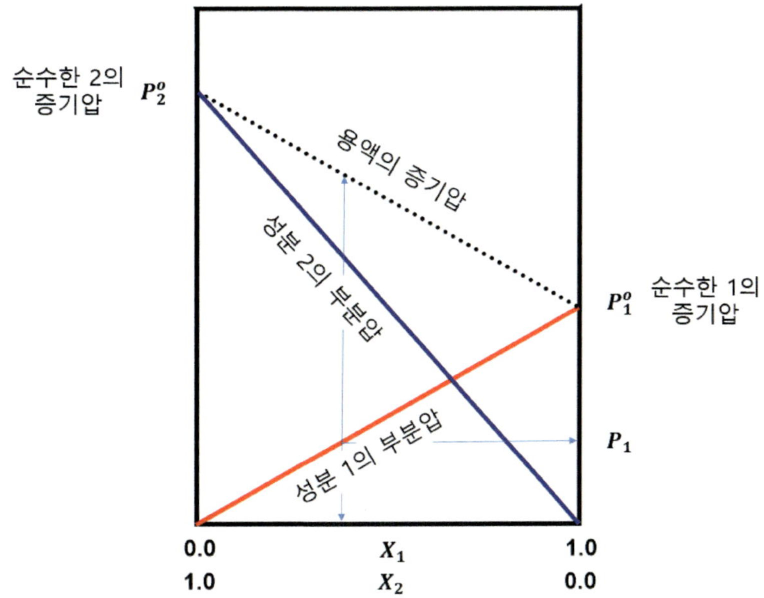

$X_1 = 1 - X_2$이므로,

$$P_1 = (1 - X_2)P_1^o \rightarrow P_1^o - P_1 = X_2 P_1^o \rightarrow \Delta P = X_2 P_1^o$$

모든 농도에 대하여 용질과 용매가 모두 Raoult의 법칙을 만족시키는 용액을 **이상 용액(ideal solution)**이라고 한다.

예제 12.4

40℃에서 헵탄의 증기압은 92.0 torr이고, 옥탄의 증기압은 31.0 torr이다. 1.00 mol의 헵탄과 4.00 mol의 옥탄이 섞여 있는 용액에서 각 화합물에 대한 증기압과 용액 전체의 증기압은?

풀이

먼저 각각의 몰분율을 구하면

$$X_{헵탄} = \frac{1.00\text{ mol 헵탄}}{1.00\text{ mol 헵탄} + 4.00\text{ mol 옥탄}} = \mathbf{0.20}$$

$$X_{옥탄} = 1 - 0.20 = \mathbf{0.80}$$

라울의 법칙에 적용하면

$$P_{헵탄} = X_{헵탄}P^{o}_{헵탄} = (0.20)(92.0\text{ torr}) = \mathbf{18.4\text{ torr}}$$

$$P_{옥탄} = X_{옥탄}P^{o}_{옥탄} = (0.80)(31.0\text{ torr}) = \mathbf{28.4\text{ torr}}$$

$$P_{전체} = P_{헵탄} + P_{옥탄} = \mathbf{18.4\text{ torr} + 28.4\text{ torr} = 43.2\text{ torr}}$$

2) 끓는점 오름

가) 순수한 용매의 증기압보다 용액의 증기압이 낮다.

나) 외부 압력과 증기압이 같아지는 온도가 끓는점이다.

다) 따라서 용액의 끓는점은 순수한 용매의 경우보다 높다.

라) $\Delta T_b = m \cdot K_b$

예제 12.5

1.25 m 설탕 용액의 끓는점을 예측하면?

풀이

물의 끓는점 오름 상수 값은 0.512℃/m이므로
끓는점 오름은

$$\Delta T_b = m \cdot K_b = (1.25\text{ m})(0.512\text{ ℃/m}) = \mathbf{0.640℃}$$

설탕 용액의 끓는점은

$$\mathbf{100℃ + 0.640℃ = 100.640℃}$$

3) 어는점 내림

가) 비휘발성 용질을 포함한 용액의 어는점은 순수한 용매의 어는점보다 낮다.

나) $\Delta T_f = m \cdot K_f$

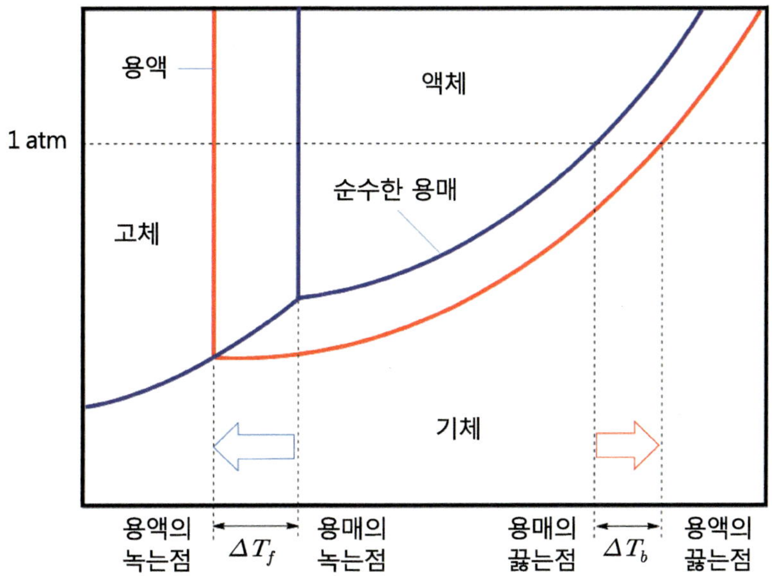

예제 12.6

1.25 m 설탕 용액의 어는점을 예측하면?

풀이

물의 어는점 내림 상수 값은 1.86 ℃/m이므로

어는점 내림은

$$\Delta T_f = m \cdot K_f = (1.25\ \mathrm{m})(1.86\ ℃/\mathrm{m}) = \mathbf{2.32℃}$$

설탕 용액의 어는점은

$$\mathbf{0.00℃ - 2.32℃ = -2.32℃}$$

예제 12.7

1.20 g의 미지 시료가 50.0 g의 벤젠에 녹아 있다. 용액의 어는점이 4.92℃라면, 이 시료의 분자량은? (단, 벤젠의 어는점은 5.48℃이고, K_f는 5.12℃/m이다)

풀이

$$\Delta T = 5.48℃ - 4.92℃ = 0.56℃$$

$$m = \frac{\Delta T_f}{K_f} = \frac{0.56℃}{5.12\,℃/\text{m}} = 0.11\ \text{m}$$

미지 시료(용질)의 mol 수는

$$(0.005\ \text{kg 벤젠}) \times \left(\frac{0.11\ \text{mol 미지 시료}}{1\ \text{kg 벤젠}}\right) = 0.0055\ \text{mol 미지 시료}$$

미지 시료의 분자량은

$$\frac{1.2\ \text{g 미지 시료}}{0.0055\ \text{mol 미지 시료}} = 220\ \text{g/mol}$$

4) 삼투 현상과 삼투압

가) 삼투(osmosis): 용질의 농도가 낮은 용액에서 용질의 농도가 높은 용액으로 흘러가는 현상이다.

나) 반투막(semioermeable membrane): 물이나 작은 분자들은 통과할 수 있지만, 커다란 분자들은 통과할 수 없는 막, 즉 선택적으로 투과시킬 수 있는 막이다.

다) 삼투 현상: 농도가 다른 두 용액이 반투막으로 분리되어 있을 때, 농도가 낮은 용액의 용매 분자가 반투막을 통과, 이동해서 높은 농도의 용액을 묽히려는 현상이다.

라) 삼투압(osmosis pressure): 삼투에 의한 흐름을 정지시키는 데 필요한 압력이다.

$$\pi V = nRT$$

$$\pi = \left(\frac{n}{V}\right)RT = [M]RT$$

예제 12.8

특정 단백질의 몰질량을 결정하기 위해, 삼투압을 측정하였다. 5.0 mL 시료 용액을 만들려고 일정량의 물에 3.50 mg 단백질을 녹였다. 이 용액의 삼투압은 25℃에서 1.54 torr였다. 이 단백질의 몰질량은?

풀이

$$\pi = \left(\frac{n}{V}\right)RT = [M]RT$$

$$[M] = \frac{\pi}{RT} = \frac{(1.54\ \text{torr})\left(\dfrac{1\ \text{atm}}{760\ \text{torr}}\right)}{(0.0821\ \text{L}\cdot\text{atm}\cdot\text{mol}^{-1}\cdot\text{K})(298.15\ \text{K})} = 8.28\times10^{-5}\ \text{mol}\cdot\text{L}^{-1}$$

단백질의 몰수는

$$(8.28\times10^{-5}\ \text{mol}\cdot\text{L}^{-1})(5.00\times10^{-3}\ \text{L}) = 4.14\times10^{-7}\ \text{mol 단백질}$$

단백질의 몰질량은

$$\frac{3.50\times10^{-3}\ \text{g 단백질}}{4.14\times10^{-7}\ \text{mol 단백질}} = 8450\ \text{g/mol}$$

5) 삼투압과 의학적 용액

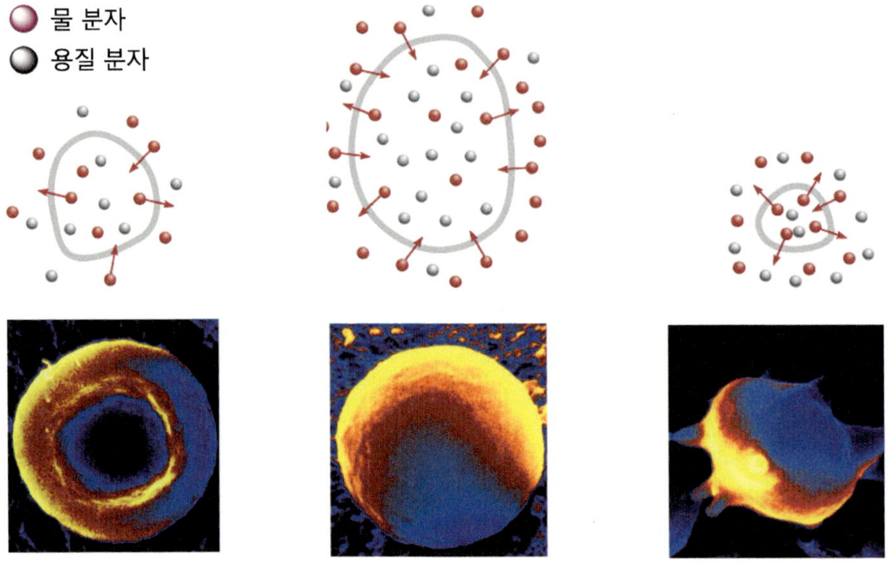

등장액 (정상 적혈구) / 저장액 (부푼 적혈구) / 고장액 (오그라든 적혈구)

가) 환자의 정맥으로 직접 투여되는 정맥 용액은 체액과 같은 삼투압을 가져야 한다. 이것을 **등장액**이라고 한다.

나) **저장액:** 체액보다 삼투압이 낮은 용액. 세포 안으로 물이 주입된다. 즉, 사람의 세포를 순수한 물과 같은 저장액에 넣으면, 물이 세포 안으로 들어가고 때로는 세포가 터지기도 한다.

다) **고장액:** 체액보다 삼투압이 높은 용액. 세포와 조직 사이에서 물이 빠진다. 즉, 사람의 세포를 고장액에 넣으면 세포는 물을 잃기 때문에 오그라든다.

CHAPTER 13

반응속도론

13.1 반응속도에 영향을 미치는 요인

1) 반응물의 물리적 상태

2) 반응물의 농도

3) 반응이 일어나는 온도

4) 촉매의 존재

13.2 반응속도(Reaction rate)

1) "물리적 속도" = "화학적 속도"의 개념을 이해

물리적 속도 화학적 속도

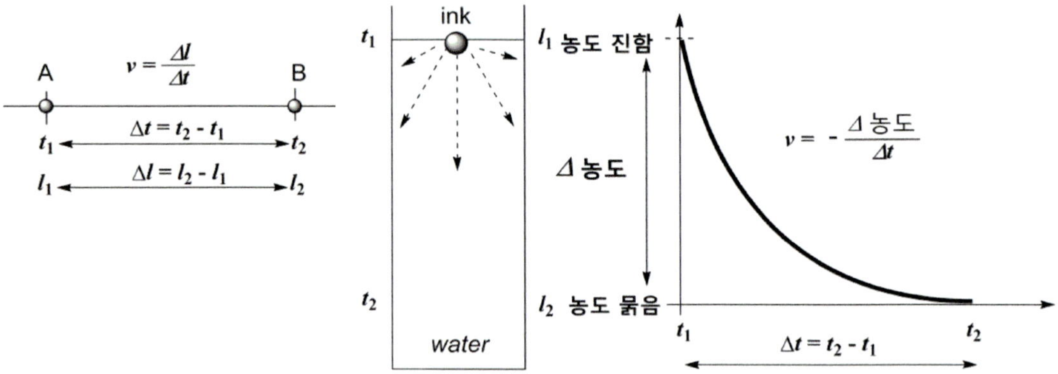

일반적인 반응에서

$$aA \rightarrow bB$$

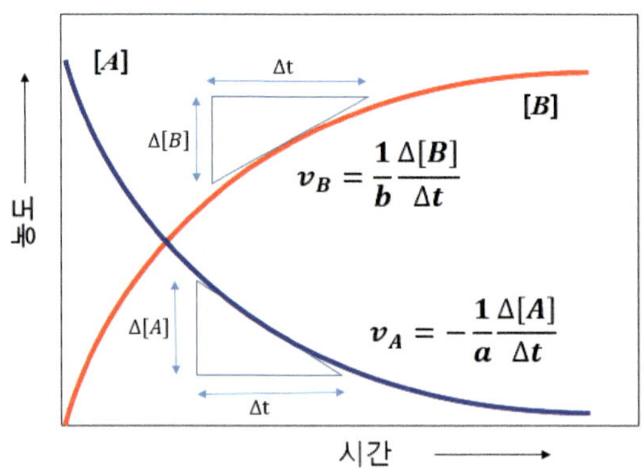

$$v_{total} = -v_A = v_B$$

$$2A \rightarrow B$$

1 mole의 B가 생성되는데, 2 mole의 A가 소모된다.

그러므로 반응속도식은 $v_A = -\frac{1}{2}\frac{d[A]}{dt}$ 또는 $v_B = \frac{d[B]}{dt}$ 이다.

$$aA + bB \rightarrow cC + dD$$

$$v = -\frac{1}{a}\frac{d[A]}{dt} = -\frac{1}{b}\frac{d[B]}{dt} = \frac{1}{c}\frac{d[C]}{dt} = \frac{1}{d}\frac{d[D]}{dt}$$

13.3 농도와 반응속도법칙

1) 속도법칙(Rate law):

가) 속도법칙은 항상 실험적으로 결정된다.

나) 반응차수는 반응물의 농도(생성물의 농도가 아님)로 나타낸다.

다) 반응차수는 전체 균형 화학 반응식의 화학량론 계수와 관련이 없다.

$$A \rightarrow product$$

속도법칙은

$$v = k[A]^n$$

(k: 속도상수, n: 반응차수)

① $n = 0$: 0차 반응이고, 반응속도는 A의 농도와 무관하다.

② $n = 1$: 1차 반응이고, 반응속도는 A의 농도에 직접 비례한다.

③ $n = 2$: 2차 반응이고, 반응속도는 A의 농도의 제곱에 비례한다.

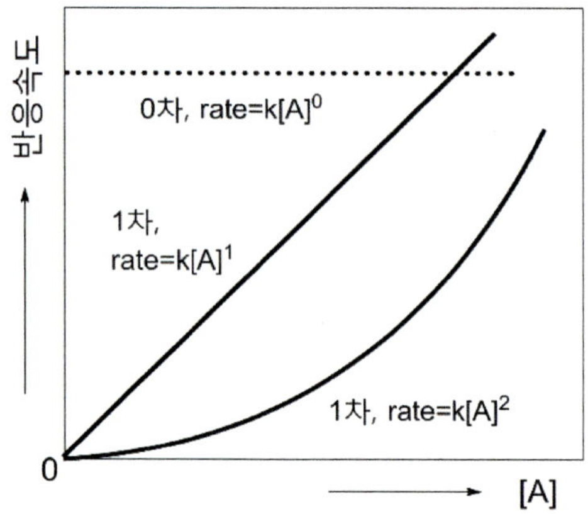

> 여러 개의 반응물에 대한 반응차수
>
> $aA + bB \rightarrow cC + dD$
>
> $v = k[A]^m[B]^n$, 전체 반응차수: $m+n$

예제 13.1

다음 주어진 조건으로부터 속도법칙식과 속도상수를 결정하면?

$$F_2(g) + 2ClO_2(g) \rightarrow 2FClO_2(g)$$

실험	$[F_2]$(M)	$[ClO_2]$(M)	반응속도(M/s)
1	0.10	0.010	1.2×10^{-3}
2	0.10	0.040	4.8×10^{-3}
3	0.2	0.010	2.4×10^{-3}

풀이

속도법칙식은

$$v = k[F_2]^m[ClO_2]^n$$

양변에 log를 취하면,

$$\log v = \log k + m\log[F_2] + n\log[ClO_2]$$

실험 1, 2, 3의 값을 대입하면,

$$\log(1.2\times10^{-3}) = \log k + m\log(0.1) + n\log(0.010) \quad \cdots\cdots (1)$$

$$\log(4.8\times10^{-3}) = \log k + m\log(0.1) + n\log(0.040) \quad \cdots\cdots (2)$$

$$\log(2.4\times10^{-3}) = \log k + m\log(0.2) + n\log(0.010) \quad \cdots\cdots (3)$$

실험 1, 2에서 $[F_2]$의 농도가 같을 때이므로 식(2)−식(1)을 하면,

$$\log(4.8\times10^{-3}) - \log(1.2\times10^{-3}) = n\log(0.040) - n\log(0.010)$$

$$\log\frac{(4.8\times10^{-3})}{(1.2\times10^{-3})} = n\log\frac{(0.040)}{(0.010)}$$

$$n = 1$$

실험 1, 3에서 $[ClO_2]$의 농도가 같을 때이므로 식(3)−식(1)을 하면,

$$\log(2.4\times10^{-3}) - \log(1.2\times10^{-3}) = m\log(0.2) - m\log(0.1)$$

$$\log\frac{(2.4\times10^{-3})}{(1.2\times10^{-3})} = m\log\frac{(0.2)}{(0.1)}$$

$$m = 1$$

속도법칙식은

$$v = k[F_2][ClO_2]$$

실험 1의 값을 대입하면,

$$(1.2\times10^{-3}\,M\cdot s^{-1}) = k(0.1\,M)(0.010\,M) = k(0.001\,M^2)$$

속도상수는

$$k = 1.2M^{-1}\cdot s^{-1}$$

예제 13.2

주어진 반응 데이터로부터 속도법칙식과 속도상수를 결정하면?

$$S_2O_8^{2-}(aq) + 3I^-(aq) \rightarrow 2SO_4^{2-}(aq) + I_3^-(aq)$$

	$[S_2O_8^{2-}]$(M)	$[I^-]$(M)	반응속도(M/s)
1	0.08	0.034	2.2×10^{-4}
2	0.08	0.017	1.1×10^{-4}
3	0.16	0.017	2.2×10^{-4}

풀이

속도법칙식은

$$v = k[S_2O_8^{2-}]^m[I^-]^n$$

양변에 log를 취하면,

$$\log v = \log k + m\log[S_2O_8^{2-}] + n\log[I^-]$$

실험 1, 2, 3의 값을 대입하면,

$$\log(2.2\times10^{-4}) = \log k + m\log(0.08) + n\log(0.034) \quad \cdots\cdots (1)$$

$$\log(1.1\times10^{-4}) = \log k + m\log(0.08) + n\log(0.017) \quad \cdots\cdots (2)$$

$$\log(2.2\times10^{-4}) = \log k + m\log(0.16) + n\log(0.017) \quad \cdots\cdots (3)$$

실험 1, 2에서 $[S_2O_8^{2-}]$의 농도가 같을 때이므로 식(1)−식(2)를 하면,

$$\log(2.2\times10^{-4}) - \log(1.1\times10^{-4}) = n\log(0.034) - n\log(0.017)$$

$$\log\frac{(2.2\times10^{-4})}{(1.1\times10^{-4})} = n\log\frac{(0.034)}{(0.017)}$$

$$\boldsymbol{n=1}$$

실험 2, 3에서 $[I^-]$의 농도가 같을 때이므로 식(2)−식(3)을 하면,

$$\log(1.1\times10^{-4}) - \log(2.2\times10^{-4}) = m\log(0.08) - m\log(0.16)$$

$$\log\frac{(1.1\times10^{-4})}{(2.2\times10^{-4})} = m\log\frac{(0.08)}{(0.16)}$$

$$\boldsymbol{m=1}$$

속도법칙식은

$$\boldsymbol{v = k[S_2O_8^{2-}][I^-]}$$

실험 1의 값을 대입하면,

$$(1.1\times10^{-4}\ \mathrm{M\cdot s^{-1}}) = k(0.08\ \mathrm{M})(0.034\ \mathrm{M}) = k(0.00272\ \mathrm{M}^2)$$

속도상수는

$$\boldsymbol{k = 0.0404\ \mathrm{M^{-1}\cdot s^{-1}}}$$

13.4 시간에 따른 농도 변화: 적분속도법칙

1) 1차 적분속도식

$$A \rightarrow product$$

$$v = k[A] \;\cdots\cdots①,\;\; v = -\frac{d[A]}{dt} \;\cdots\cdots②$$

$$-\frac{d[A]}{dt} = k[A] \Rightarrow \frac{d[A]}{[A]} = -kdt$$

($[A]_t$: 시간 t일 때의 농도, $[A]_0$: 시간 $t=0$에서의 농도)

$$\int_{[A]_0}^{[A]_t} \frac{d[A]}{[A]} = -k\int_0^t dt \Rightarrow \ln[A]_t - \ln[A]_0 = -kt$$

$$\therefore \ln[A]_t = -kt + \ln[A]_0$$

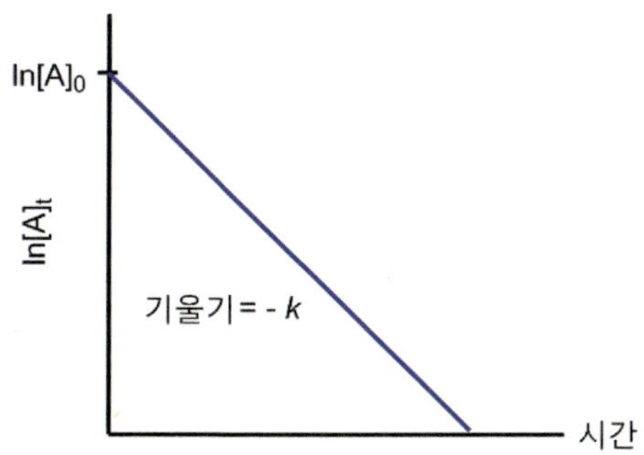

반응시간(t)은

$$\ln[A]_t - \ln[A]_0 = -kt \Rightarrow \ln\left(\frac{[A]_t}{[A]_0}\right) = -kt$$

$$\therefore t = \frac{\ln\left(\frac{[A]_0}{[A]_t}\right)}{k}$$

예제 13.3

$2A \rightarrow B$의 반응은 1차 반응으로서, 속도상수가 $2.8\times10^{-2}\,\mathrm{s}^{-1}$이다. A의 농도가 0.88 M에서 0.14 M으로 줄어들 때, 얼마나 많은 시간이 걸리는가?

풀이

$$t=\frac{\ln\left(\frac{[A]_0}{[A]_t}\right)}{k}=\frac{\ln\frac{0.88\,\mathrm{M}}{0.14\,\mathrm{M}}}{(2.8\times10^{-2}\,\mathrm{s}^{-1})}=\mathbf{66\ sec}$$

2) 반감기(half-life, $t_{1/2}$): 처음 농도의 반으로 줄어드는 시간

$$t=\frac{\ln\left(\frac{[A]_0}{[A]_t}\right)}{k}\text{에서, }[A]_t\rightarrow\frac{[A]_0}{2}\text{가 되는 데까지 걸린 시간}$$

$$t_{1/2}=\frac{\ln\left(\frac{[A]_0}{\frac{[A]_0}{2}}\right)}{k}=\frac{\ln2}{k}=\frac{0.693}{k}$$

예제 13.4

만약에 N_2O_5의 분해 반응이 1차 반응일 때, 속도상수가 $5.7\times10^{-4}\,\mathrm{s}^{-1}$이라면, 반감기는?

풀이

$$t_{1/2}=\frac{\ln2}{k}=\frac{\ln2}{(5.7\times10^{-4}\,\mathrm{s}^{-1})}=\mathbf{1200\ sec=20\ min}$$

3) 2차 적분속도법칙

$$A \rightarrow product$$

$$v = k[A]^2 \ \cdots\cdots① ,\ v = -\frac{d[A]}{dt} \ \cdots\cdots②$$

$$-\frac{d[A]}{dt} = k[A]^2 \Rightarrow \frac{d[A]}{[A]^2} = -kdt$$

($[A]_t$: 시간 t일 때의 농도, $[A]_0$: 시간 $t=0$에서의 농도)

$$\int_{[A]_0}^{[A]_t} \frac{d[A]}{[A]^2} = -k\int_0^t dt$$

$$\Rightarrow -\frac{1}{[A]_t} - \left(-\frac{1}{[A]_0}\right) = -kt$$

$$\Rightarrow \frac{1}{[A]_t} - \left(\frac{1}{[A]_0}\right) = kt$$

$$\therefore \ \frac{1}{[A]_t} = kt + \frac{1}{[A]_0}$$

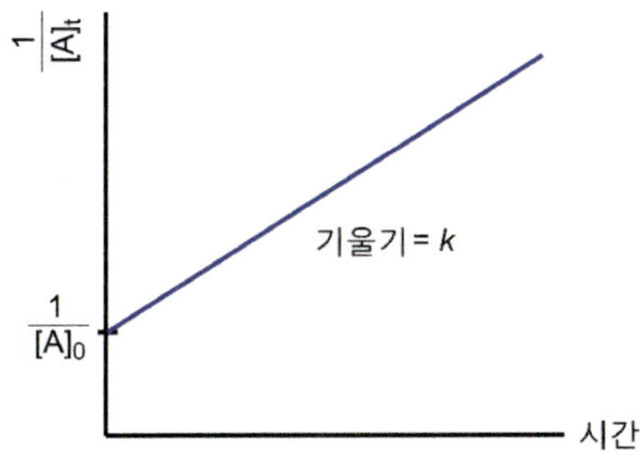

2차 적분속도식의 반감기($t_{1/2}$):

$$\frac{1}{[A]_t} - \left(\frac{1}{[A]_0}\right) = kt,\ [A]_t \rightarrow \frac{[A]_0}{2} \text{일 때,}$$

$$kt_{1/2} = \frac{2}{[A]_0} - \frac{1}{[A]_0} \Rightarrow t_{1/2} = \frac{1}{k[A]_0}$$

예제 13.5

10℃에서 4.00×10^{-3}M NOBr의 기체상 분해는 $k = 0.810\ M^{-1} \cdot s^{-1}$을 가진 [NOBr]에서 2차이다. 이 NOBr의 1.50×10^{-3} M이 소모되는 데 걸리는 시간은?

$$2NOBr(g) \rightarrow 2NO(g) + Br_2(g) \quad v = k[NOBr]^2$$

풀이

남아 있는 $[NOBr] = (4.00 \times 10^{-3} M) - (1.50 \times 10^{-3} M) = 0.0025$ M

$$\frac{1}{[NOBr]_t} \frac{-1}{[NOBr]_0} = kt$$

$$t = \frac{1}{k}\left(\frac{1}{[NOBr]_t} - \frac{1}{[NOBr]_0}\right) = \frac{1}{(0.810\ M^{-1} \cdot s^{-1})}\left(\frac{1}{0.0025\ M} - \frac{1}{0.0040\ M}\right) = \mathbf{121.5\ sec}$$

4) 0차 적분속도식

$$A \rightarrow product$$

$$v = k[A]^0 = k \ \cdots\cdots ①, \quad v = -\frac{d[A]}{dt} \ \cdots\cdots ②$$

$$-\frac{d[A]}{dt} = k \Rightarrow d[A] = -kdt$$

($[A]_t$: 시간 t일 때의 농도, $[A]_0$: 시간 $t=0$에서의 농도)

$$\int_{[A]_0}^{[A]_t} d[A] = -k\int_0^t dt \Rightarrow [A]_t - [A]_0 = -kt$$

$$\therefore \ [A]_t = -kt + [A]_0$$

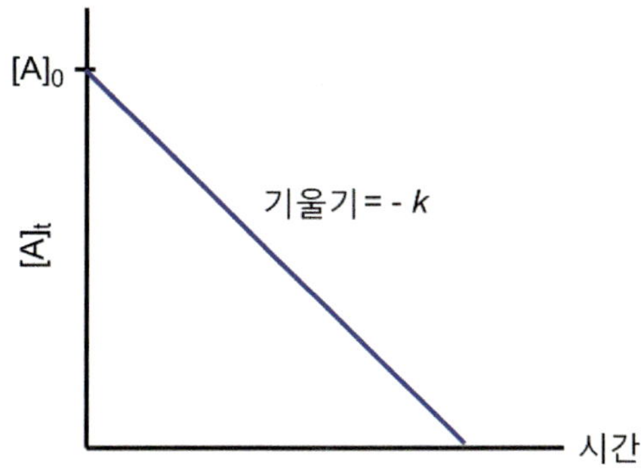

0차 적분속도식의 반감기($t_{1/2}$):

$$[A]_t - [A]_0 = -kt,\ [A]_t \rightarrow \frac{[A]_0}{2}$$

$$\therefore\ t_{1/2} = \frac{1}{k} \cdot \frac{[A]_0}{2}$$

13.5 반응속도에 대한 온도의 영향

1) 충돌 모형

A + B–C ⟶ A---B---C ⟶ A–B + C

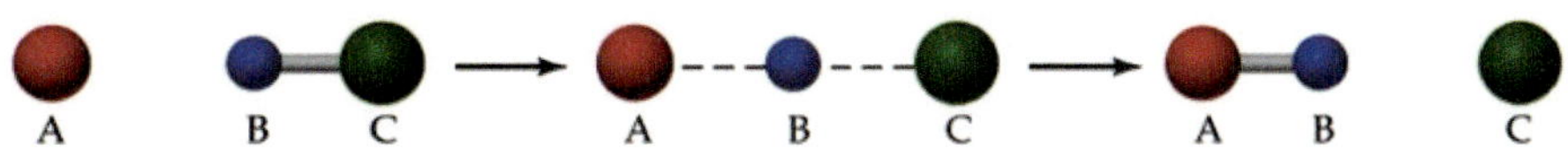

2) 활성화 에너지(E_a): 화학 반응의 시작에 필요한 최소한의 에너지

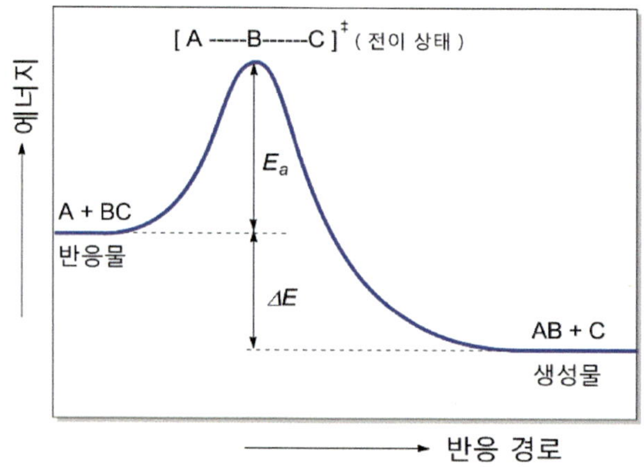

속도상수 k는 세 가지 인자들의 곱으로 나타낼 수 있다.

$$k = p \times Z \times f$$

가) p(입체 인자): 충돌 분자들 중에서 어떤 특정한 방향에 있는 분자들만이 반응을 일으킨다는 것을 고려한 인자이다.

나) Z(충돌 빈도): 반응물의 단위시간당 단위 농도에 대한 분자의 충돌 수이다.

다) f(충돌 분율): 전체 충돌에서 충돌 분자의 에너지가 E_a보다 같거나 큰 충돌의 분율을 나타낸다.

$$f = \exp\left(\frac{-E_a}{RT}\right)$$

그러므로 $k = p \times Z \times f$는 $k = p \times Z \times \exp\left(\frac{-E_a}{RT}\right)$로 나타낼 수 있다.

여기서, p와 Z는 온도와 무관하므로 온도 의존성의 식은 다음과 같다.

$$k = A\exp\left(\frac{-E_a}{RT}\right) \quad \cdots\cdots \text{ Arrhenius 방정식}$$

3) 활성화 에너지(E_a) 구하기

$$k = A\exp\left(\frac{-E_a}{RT}\right)$$

$$\ln k = \ln A - \frac{E_a}{RT}$$

$$\ln k = -\frac{E_a}{R}\left(\frac{1}{T}\right) + \ln A$$

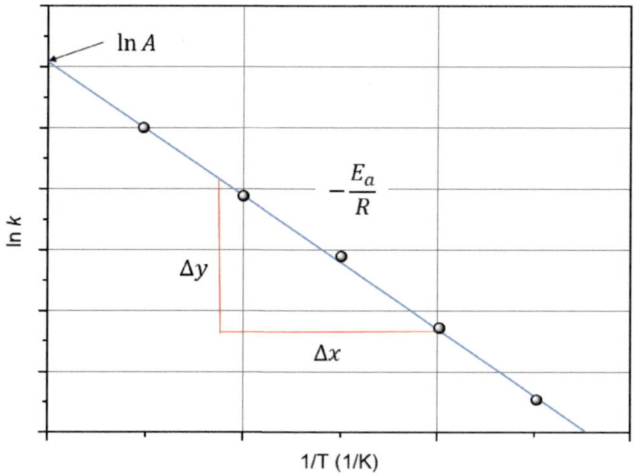

두 개의 서로 다른 온도에 적용하면,

$$\ln k_1 = -\frac{E_a}{R}\left(\frac{1}{T_1}\right) + \ln A \quad \cdots\cdots (1)$$

$$\ln k_2 = -\frac{E_a}{R}\left(\frac{1}{T_2}\right) + \ln A \quad \cdots\cdots (2)$$

식(2)에서 식(1)을 빼면,

$$\ln k_2 - \ln k_1 = -\frac{E_a}{R}\left(\frac{1}{T_2}\right) + \frac{E_a}{R}\left(\frac{1}{T_1}\right)$$

서로 다른 온도에서 Arrhenius 방정식은

$$\ln\left(\frac{k_2}{k_1}\right) = \frac{-E_a}{R}\left(\frac{1}{T_2} - \frac{1}{T_1}\right)$$

예제 13.6

다음 반응이 1차 반응을 나타내었다.

$$C_2H_5I \rightarrow C_2H_4 + HI$$

600 K에서 $k = 1.60 \times 10^{-5}\ s^{-1}$이다. 온도가 700 K로 상승할 때, $k = 6.36 \times 10^{-3}\ s^{-1}$으로 증가한다. 이 반응에 대한 활성화 에너지는?

풀이

$$\ln\left(\frac{k_2}{k_1}\right) = \frac{-E_a}{R}\left(\frac{1}{T_2} - \frac{1}{T_1}\right)$$

$$E_a = \frac{R\ln\frac{k_2}{k_1}}{\left(\frac{1}{T_2} - \frac{1}{T_1}\right)} = \frac{-(8.314\ J \cdot mol^{-1} \cdot K^{-1})\ln\left(\frac{1.60 \times 10^{-5}\ s^{-1}}{6.36 \times 10^{-3}\ s^{-1}}\right)}{\left(\frac{1}{700\ K} - \frac{1}{600\ K}\right)} = \mathbf{2.09 \times 10^5\ J/mol}$$

예제 13.7

다음 반응의 활성화 에너지 $E_a = 43.5\ \text{kJ} \cdot \text{mol}^{-1}$이다.

$$2NO_2(g) + F_2(g) \rightarrow 2NO_2F(g)$$

이 반응에서 온도가 300 K에서 310 K로 증가할 때, 이 반응의 반응속도상수 증가율은?

풀이

$$\ln\left(\frac{k_2}{k_1}\right) = \frac{-E_a}{R}\left(\frac{1}{T_2} - \frac{1}{T_1}\right)$$

$$\ln\left(\frac{k_2}{k_1}\right) = \frac{-E_a}{R}\left(\frac{1}{T_2} - \frac{1}{T_1}\right) = \frac{-43500\ \text{J} \cdot \text{mol}^{-1}}{(8.314\ \text{J} \cdot \text{K}^{-1} \cdot \text{mol}^{-1})}\left(\frac{1}{310\ \text{K}} - \frac{1}{300\ \text{K}}\right) = 0.563$$

$$\frac{k_2}{k_1} = e^{0.563} = \mathbf{1.76}$$

그러므로 이 반응에서 온도가 10 K 증가할 때, 반응속도상수가 약 2배 증가되고 있음을 알 수 있다.

13.6 속도법칙과 반응 메커니즘

1) 반응속도론을 해석하는 데 있어 큰 이슈는 반응물의 농도와 반응속도상수값의 관계를 해석하는 것과 또 다른 이슈는 **반응 메커니즘(reaction mechanism)**이다. 반응 메커니즘은 반응물이 어떤 반응 단계를 거쳐 생성물로 변화하는가에 대한 경로에 관한 내용이다.

2) 일련의 반응에서 한 단계에서 생성되고 다음 단계에서 소모되는 화학종인 **반응 중간체(reaction intermediate)**를 조사함으로써, 전체 반응의 반응속도론적 양상을 파악할 수 있다.

3) 전체 반응이 여러 개의 다단계 반응으로 이루어지면, 특정단계에서 반응속도가 가장 느린 단계가 존재하게 된다. 이 단계에서 전체 반응의 반응속도를 결정하는데, 이를 **속도 결정 단계**(Rate Determination Step: RDS)라고 한다.

예를 들어, 다음과 같은 반응을 생각해 보자.

$$NO_2(g) + CO(g) \rightarrow NO(g) + CO_2(g) \qquad v = k[NO_2]^2$$

속도식을 보면, 이 반응은 단일 단계 반응이 아님을 알 수 있다. 이 반응의 가능한 반응 메커니즘은

$$\begin{array}{ll} NO_2(g) + NO_2(g) \rightarrow NO_3(g) + NO(g) & \text{(느림)} \\ CO(g) + NO_3(g) \rightarrow CO_2(g) + NO_2(g) & \text{(빠름)} \\ \hline CO(g) + NO_2(g) \rightarrow CO_2(g) + NO(g) & \text{(전체)} \end{array}$$

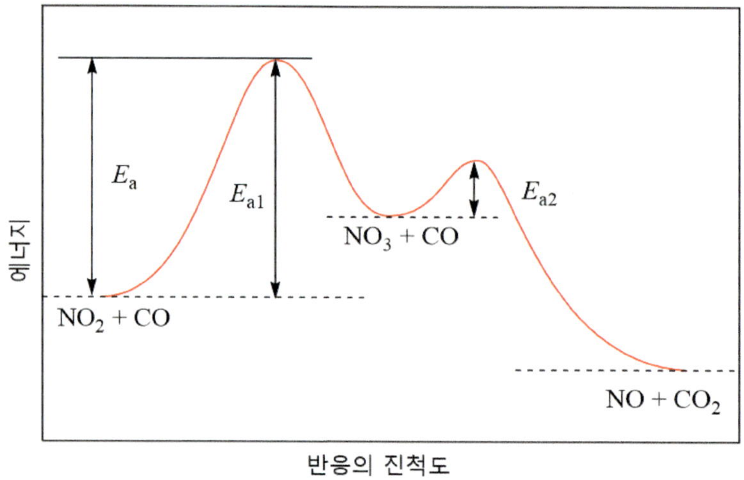

$$\text{전체 반응속도} = \text{첫 번째 단계속도} = k[NO_2]^2$$

13.7 촉매 작용

촉매(Catalyst) 그 자체는 소모되지 않으면서 반응속도에 영향을 주는 물질을 말한다. 즉, 반응 경로를 활성화 에너지가 낮은 쪽으로 변경시킴으로써 속도를 증가시킨다.

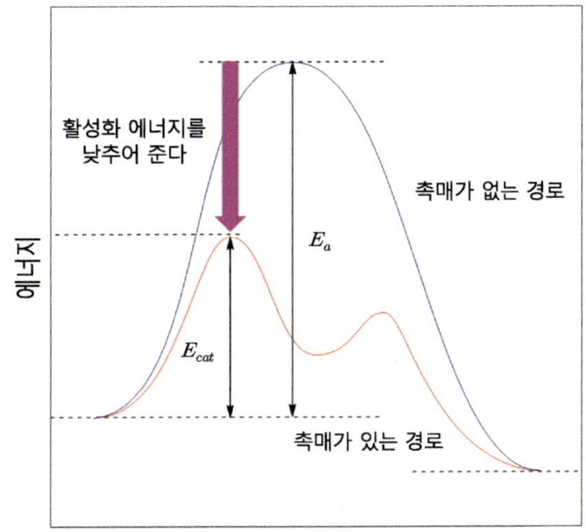

1) 불균일 촉매반응

가) 반응 물질과 상이 다른 촉매이다.

나) 석유화학공업, 대용량의 원료를 만들 때 이용한다.

다) 반응 후 반응계로부터 물리적인 방법으로 분리가 가능하다.

2) 균일 촉매반응

가) 반응물과 상이 같은 촉매이다.

나) 정밀 화학 분야에서 많이 이용한다.

다) 생성물로부터 분리해서 재사용하기 어렵다.

라) 백금, 팔라듐, 로듐, 이리듐, 오스뮴 등과 같이 값이 매우 비싼 전이금속들이 촉매의 주종을 이룬다.

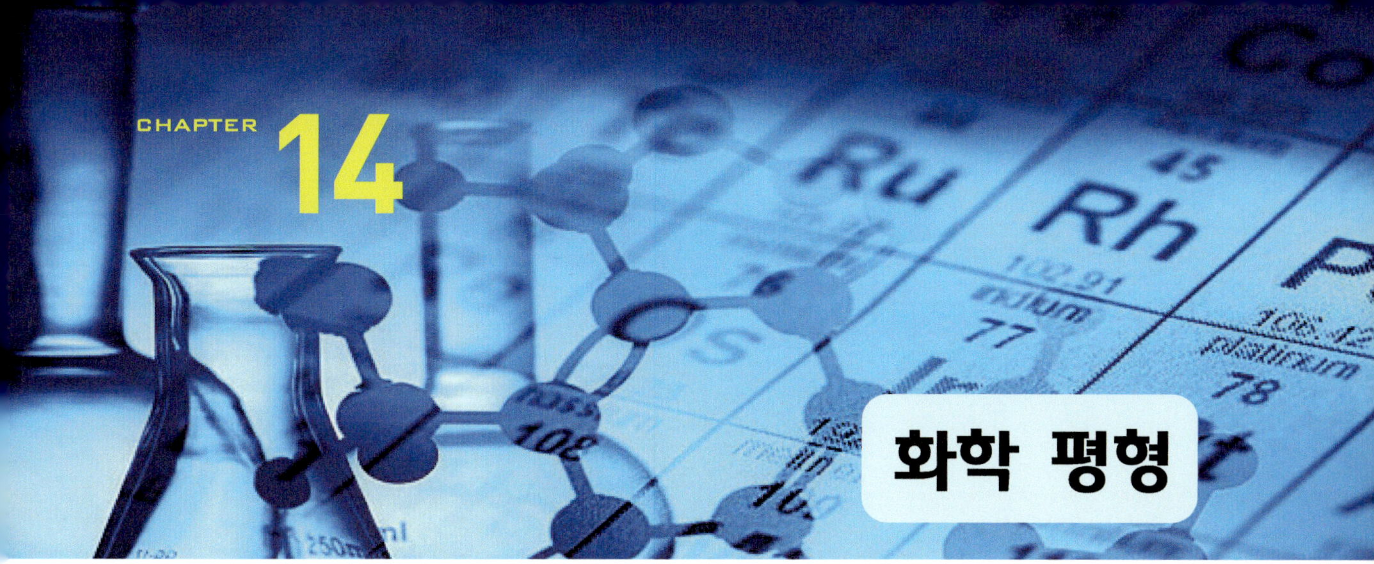

CHAPTER 14 화학 평형

14.1 평형 상태

1) 화학 평형은 화학 반응이 끝난 후, 얼마나 많은 생성물 및 반응물이 존재하는가를 설명할 수 있다.

2) 화학 평형은 시간의 경과에 따라 평형 혼합물(반응물과 생성물)의 농도가 일정하게 유지되는 상태이다.

3) 정반응의 반응속도와 역반응의 반응속도가 동일할 때를 화학 평형 상태라고 한다.

$$N_2O_4(g) \underset{k_r}{\overset{k_f}{\rightleftharpoons}} 2NO_2(g)$$

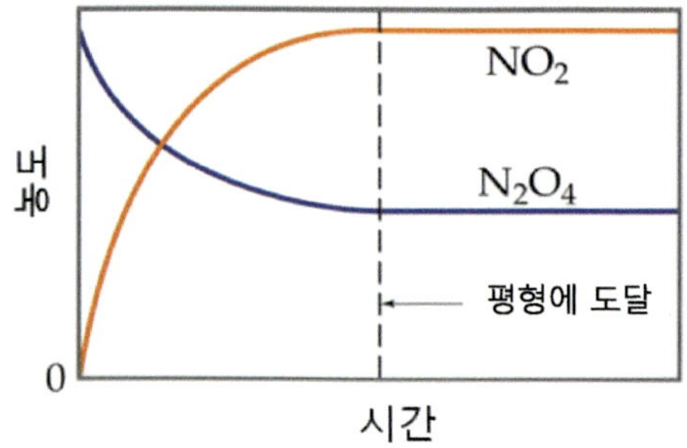

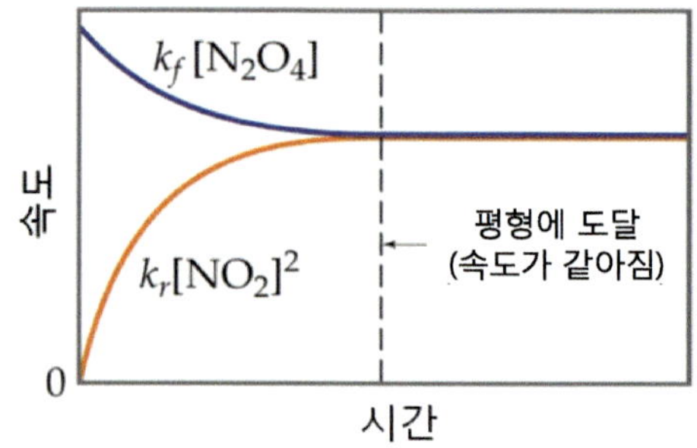

14.2 평형 상수(K_c)

$$N_2O_4(g) \underset{k_r}{\overset{k_f}{\rightleftharpoons}} 2NO_2(g)$$

화학 평형 상태는 동적 평형 상태로서, 정반응의 속도와 역반응의 속도가 같을 때이다.

$$v_f = k_f[N_2O_4]$$
$$v_r = k_r[NO_2]^2$$
$$\text{정반응의 속도} = \text{역반응의 속도}$$

$$k_f[\mathrm{N_2O_4}] = k_r[\mathrm{NO_2}]^2$$

$$\frac{k_f}{k_r} = \frac{[\mathrm{NO_2}]^2}{[\mathrm{N_2O_4}]} \Rightarrow \boldsymbol{K_c} = \frac{\boldsymbol{k_f}}{\boldsymbol{k_r}} = \frac{[\mathbf{NO_2}]^2}{[\mathbf{N_2O_4}]}$$

1) 화학 반응에 대한 평형 상수

$$aA + bB \rightleftharpoons cC + dD$$

가) 농도로부터 평형 상수, K_c

$$K_c = \frac{[C]^c[D]^d}{[A]^a[B]^b}$$

나) 압력으로부터 나타낸 평형 상수, K_p

$$K_p = \frac{(P_C)^c(P_D)^d}{(P_A)^a(P_B)^b}$$

2) K_c와 K_p의 관계

$$aA(\mathrm{g}) \rightleftharpoons bB(\mathrm{g})$$

이상 기체 상태 방정식으로부터

$$P_A V = n_A RT \rightarrow P_A = \frac{n_A RT}{V}$$

$$P_B V = n_B RT \rightarrow P_B = \frac{n_B RT}{V}$$

$K_p = \dfrac{(P_B)^b}{(P_A)^a}$를 이용하면,

$$K_p = \frac{\left(\dfrac{n_B RT}{V}\right)^b}{\left(\dfrac{n_A RT}{V}\right)^a} = \frac{\left(\dfrac{n_B}{V}\right)^b}{\left(\dfrac{n_A}{V}\right)^a}(RT)^{b-a} = \frac{[B]^b}{[A]^a}(RT)^{b-a}$$

$K_c = \dfrac{[B]^b}{[A]^a}$이므로

$$\therefore\ K_p = K_c(RT)^{b-a}$$

14.3 평형 상수와 화학 반응식 사이의 관계

1) 화학 반응식을 거꾸로 쓰면 평형 상수는 역수가 된다.

$$\mathrm{A + 2B \leftrightarrow 3C} \qquad \mathrm{3C \leftrightarrow A + 2B}$$

$$K = \frac{[\mathrm{C}]^3}{[\mathrm{A}][\mathrm{B}]^2} \qquad K = \frac{[\mathrm{A}][\mathrm{B}]^2}{[\mathrm{C}]^2}$$

2) 화학식의 계수에 어떤 인자를 곱하면, 같은 인자를 평형 상수에 제곱수로 쓴다.

$$\mathrm{A + 2B \leftrightarrow 3C} \qquad n\mathrm{A} + 2n\mathrm{B} \leftrightarrow 3n\mathrm{C}$$

$$K = \frac{[\mathrm{C}]^3}{[\mathrm{A}][\mathrm{B}]^2} \qquad K' = \frac{[\mathrm{C}]^{3n}}{[\mathrm{A}]^n[\mathrm{B}]^{2n}} = \left(\frac{[\mathrm{C}]^3}{[\mathrm{A}][\mathrm{B}]^2}\right)^n = K^n$$

3) 전체 화학 반응식을 얻기 위해 2개 이상의 개별적인 화학 반응식을 더한다면, 전

체 반응의 평형 상수는 개별 반응의 평형 상수를 곱하여 얻어진다.

$$A \leftrightarrow 2B \qquad 2B \leftrightarrow 3C \qquad A \leftrightarrow 3C$$

$$K_1 = \frac{[B]^2}{[A]} \qquad K_2 = \frac{[C]^3}{[B]^2} \qquad K = K_1 \times K_2 = \frac{[C]^3}{[A]}$$

예제 14.1

500℃에서 다음 반응에 대한 $K_c = 3.0 \times 10^3$이다.

$$ZnO(s) + CO(g) \rightleftharpoons Zn(l) + CO_2(g)$$

500℃에서 다음 반응에 대한 K_c값은?

$$Zn(l) + CO_2(g) \rightleftharpoons ZnO(s) + CO(g)$$

풀이

$$K_r = \frac{1}{K_f} = \frac{1}{(3.0 \times 10^3)} = 3.3 \times 10^{-4}$$

예제 14.2

다음 주어진 반응식의 평형 상수값을 이용하여,

$$H^+(aq) + NO_2^-(aq) \rightleftharpoons HNO_2(aq) \qquad K_1 = 2.22 \times 10^3$$

$$H_2O(l) \rightleftharpoons H^+(aq) + OH^-(aq) \qquad K_2 = 1.00 \times 10^{-14}$$

다음 반응에 대한 평형 상수를 결정하면?

$$NO_2^-(aq) + H_2O(l) \rightleftharpoons HNO_2(aq) + OH^-(aq)$$

풀이

$$K_1 = \frac{[HNO_2]}{[H^+][NO_2^-]}$$

$$K_2 = [H^+][OH^-]$$

이므로, 주어진 반응식의 평형 상수는

$$K = \frac{[HNO_2][OH^-]}{[NO_2^-]} = K_1 \times K_2 = (2.22 \times 10^3) \times (1.00 \times 10^{-14}) = \mathbf{2.22 \times 10^{-11}}$$

14.4 불균일 평형: 고체와 액체를 포함하는 반응

고체나 순수한 액체(물)의 농도는 평형 상수식에 영향을 주지 않는다(그 값은 1이다).

$$2CO(g) \rightleftharpoons CO_2(g) + C(s)$$

$$K = \frac{[CO_2]\cancel{[C]}}{[CO]^2} \rightarrow K = \frac{[CO_2]}{[CO]^2}$$

14.5 측정된 평형 농도로부터 평형 상수 계산

ICE 표를 이용한다(I=initial(처음), C=change(변화), E=equilibrium(평형)).

예제 14.3

같은 온도에서 2.00 L의 용기에 10.0 mol의 N_2O를 주입하였더니, 다음과 같이 분해되었다.

$$2N_2O(g) \rightleftharpoons 2N_2(g) + O_2(g)$$

평형에서 2.20 mol의 N_2O가 남았을 때, 이 반응에 대한 평형 상수는?

풀이

처음 N_2O의 농도

$$[N_2O] = \frac{10.0\ \text{mol}}{2.00\ \text{L}} = 5.00\ \text{M}$$

평형에서 2.20 mol의 N_2O가 남았다는 것은 10.0 mol − 2.20 mol = 7.80 mol이 반응에 참여했다는 것을 의미한다.

변화된 N_2O의 농도, 즉 반응에 참여한 N_2O의 농도

$$[N_2O] = \frac{7.80\ \text{mol}}{2.00\ \text{L}} = 3.90\ \text{M}$$

ICE 표를 만들면,

	$[N_2O]$	$[N_2]$	$[O_2]$
I	5.00	0	0
C	−3.90	+3.90	+1/2(3.90)
E	1.10	3.90	1.95

$$K = \frac{[N_2]^2[O_2]}{[N_2O]^2} = \frac{(3.90)^2(1.95)}{(1.10)^2} = \mathbf{24.5}$$

예제 14.4

다음 반응에서

$$CO(g) + 2H_2(g) \rightleftharpoons CH_3OH(g)$$

780℃에서 초기 반응 혼합물에 $[CO] = 0.500\ \text{M}$과 $[H_2] = 1.00\ \text{M}$이 있다. 평형에서 $[CO] = 0.15\ \text{M}$이다. 이 반응의 평형 상수는?

풀이

ICE 표를 만들면,

	[CO]	$[H_2]$	$[CH_3OH]$
I	**0.500**	**1.000**	0.000
C	−0.350	2(−0.350)=−0.700	+0.350
E	**0.150**	0.300	0.350

$$K=\frac{[CH_3OH]}{[CO][H_2]^2}=\frac{(0.350)}{(0.150)(0.300)^2}=\mathbf{26.0}$$

14.6 평형 상수의 응용

1) 평형 상수 K의 크기가 반응의 진행 정도를 의미

$$K=\frac{[\text{생성물}]}{[\text{반응물}]}\gg 1$$

평형은 오른쪽으로 치우친다.

$$K=\frac{[\text{생성물}]}{[\text{반응물}]}\ll 1$$

평형은 왼쪽으로 치우친다.

2) 반응 지수(reaction quotient, Q) → 변화의 방향 예측

가) 반응물과 생성물의 농도 또는 부분 압력을 평형 상수에 도입하여 얻어진 수

나) 평형을 향해 반응의 진행을 나타내는 척도

다) 현재의 반응 상태에 의존하고, 반응이 진행되는 동안 많은 다른 값을 갖는다.

다음 반응을 예로 들면,

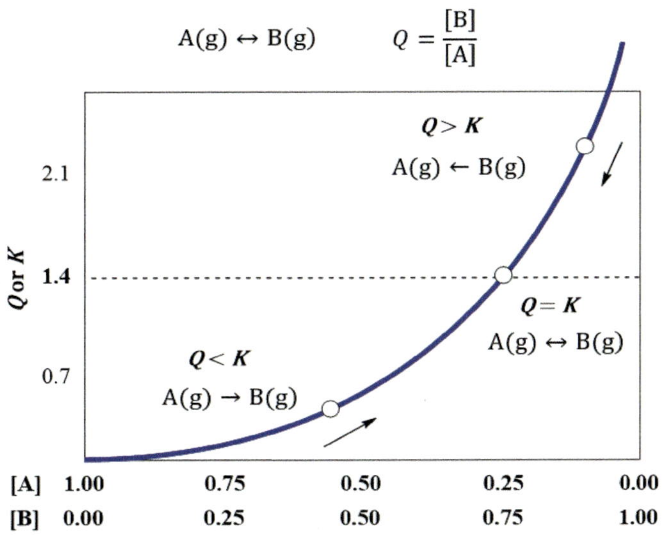

① $Q < K$: 반응은 **오른쪽으로** 진행한다.

② $Q > K$: 반응은 **왼쪽으로** 진행한다.

③ $Q = K$: 반응은 **평형을** 이룬다.

예제 14.5

$I_2(g) + Cl_2(g) \rightarrow 2Cl(g)$ $K_p = 81.9$일 때, 반응 혼합물이 $P_{I_2} = 0.114$ atm, $P_{Cl_2} = 0.102$ atm, $P_{ICl} = 0.355$ atm을 포함하고 있다. 이 반응은 어떻게 진행되겠는가?

풀이

$$Q_p = \frac{(P_{ICl})^2}{(P_{I_2})(P_{Cl_2})} = \frac{(0.355)^2}{(0.114)(0.102)} = 10.8$$

$K_p > Q_p$이므로, 이 반응은 **오른쪽으로 진행**된다.

3) 평형 농도 구하기

가) 평형 상수와 반응물과 생성물의 평형 농도 하나가 주어졌을 때, 평형 농도 구하기

예제 14.6

1000℃에서 다음과 같은 반응이 일어날 때,

$$2COF_2(g) \rightarrow CO_2(g) + CF_4(g) \quad K_c = 2.00$$

평형 혼합물에서 $[COF_2] = 0.255\ M$, $[CF_4] = 0.118\ M$일 때, $[CO_2]$는?

풀이

$$K_c = \frac{[CO_2][CF_4]}{[COF_2]^2}$$

$$[CO_2] = K_c \times \left(\frac{[COF_2]^2}{[CF_4]}\right) = (2.00) \times \left(\frac{(0.255)^2}{0.118}\right) = \mathbf{1.10\ M}$$

나) 평형 상수와 초기 농도가 주어졌을 때, 평형 농도 구하기

예제 14.7

973.15℃에서

$$H_2(g) + I_2(g) \rightleftharpoons 2HI(g) \quad K_c = 57.0$$

초기 반응 혼합물에서 $[H_2] = 0.100\ M$, $[I_2] = 0.200\ M$이다. 이 온도에서 반응물과 생성물의 평형 농도는?

풀이

	$[H_2]$	$[I_2]$	[HI]
I	0.1000	0.2000	0.000
C	$-x$	$-x$	$+2x$
E	$0.1000-x$	$0.2000-x$	$2x$

$$K_c = \frac{[NO]^2}{[N_2][O_2]} = \frac{(2x)^2}{(0.1000-x)(0.2000-x)} = 57.0$$

$$4x^2 = 57.0 \times (0.1000-x)(0.2000-x)$$

$$4x^2 = (57.0)(0.02000-0.3000x+x^2)$$

$$53.0x^2 - 17.1x + 1.14 = 0$$

$$x = \frac{-17.1 \pm \sqrt{(-17.1)^2 - 4(53.0)(1.14)}}{2(53.0)} = \frac{17.1 \pm 7.1}{106}$$

$x = 0.228$ or 0.0943

$x = 0.228$일 때, 평형에서의 농도가 음의 값을 가지므로, $x = \mathbf{0.0943}$이다.

그러므로 각각의 농도는

$[H_2] = 0.100 - 0.0943 = \mathbf{0.00570\ M}$

$[I_2] = 0.200 - 0.0943 = \mathbf{0.1057\ M}$

$[HI] = 2(0.0943) = \mathbf{0.1886\ M}$

다) 평형 문제를 풀 때, 간단한 근사법

$$A(g) \rightleftharpoons 2B(g) \quad K = 3.3 \times 10^{-5}$$

	[A]	[B]
I	1.0	0.0
C	$-x$	$+2x$
E	$1.0-x$	$2x$

$$K = \frac{[B]^2}{[A]} = \frac{(2x)^2}{(1.0-x)} = 3.3\times10^{-5}$$

$$4x^2 + (3.3\times10^{-5})x - (3.3\times10^{-5}) = 0$$

$$x = \frac{-(3.3\times10^{-5}) \pm \sqrt{(3.3\times10^{-5})^2 - 16(3.3\times10^{-5})}}{8}$$

$$x = \pm 0.0029$$

$(1.0-x) \cong 1.0$으로 근사하면,

$$\frac{(2x)^2}{1.0} = 3.3\times10^{-5} \rightarrow x = \sqrt{\frac{(3.3\times10^{-5})}{4}} = 0.0029$$

이 근사법이 타당성을 가지려면, x값과 x를 뺀 수의 비가 0.05(5%)보다 작아야 한다.

$$\frac{0.0029}{1.0}\times100\% = 0.29\%$$

5% 이내이므로, 해답의 타당성을 가진다.

예제 14.8

$$2H_2S(g) \rightleftharpoons 2H_2(g) + S_2(g),\ K_c = 1.67\times10^{-7}(800℃)$$

800℃에서 0.500 L 반응 용기에 1.25×10^{-4} mol H_2S가 있다. H_2와 S_2의 평형 농도는?

풀이

$$[H_2S] = \frac{(1.25\times10^{-4}\ \text{mol})}{0.500\ \text{L}} = 2.50\times10^{-4}\ \text{M}$$

$$Q = \frac{[H_2]^2[S_2]}{[H_2S]^2} = \frac{(0)(0)}{(2.50 \times 10^{-4})} = 0$$

$Q < K_c$: 반응은 오른쪽으로 진행

	$[H_2S]$	$[H_2]$	$[S_2]$
I	2.50×10^{-4}	0.00	0.0
C	$-2x$	$2x$	x
E	$(2.50 \times 10^{-4}) - 2x$	$2x$	x

$$K_c = \frac{[H_2]^2[S_2]}{[H_2S]^2} = \frac{(2x)^2(x)}{[(2.50 \times 10^{-4}) - 2x]^2} = \frac{4x^3}{(6.25 \times 10^{-8})} = 1.67 \times 10^{-7}$$

$$4x^3 = (1.67 \times 10^{-7})(6.25 \times 10^{-8})$$

$$x = \sqrt[3]{\frac{(1.67 \times 10^{-7})(6.25 \times 10^{-8})}{4}} = \mathbf{1.38 \times 10^{-5}}$$

근사법을 검토하면,

$$\frac{(1.38 \times 10^{-5})}{(2.50 \times 10^{-4})} \times 100\% = 5.52\%$$

5% 이상이므로 근사법을 만족하지 못한다. 방정식을 직접 풀이해야 한다. 그러나 근사법에서 구한 값을 분모식에 대입시켜 풀이할 수 있다.

$$K_c = \frac{[H_2]^2[S_2]}{[H_2S]^2} = \frac{(2x)^2(x)}{[(2.50 \times 10^{-4}) - 2(1.38 \times 10^{-5})]^2} = 1.67 \times 10^{-7}$$

$\mathbf{x = 1.27 \times 10^{-5}}$

$\mathbf{[H_2S] = (2.50 \times 10^{-4}) - 2(1.28 \times 10^{-5}) = 2.24 \times 10^{-4}\,M}$

$\mathbf{[H_2] = 2(1.28 \times 10^{-5}) = 2.56 \times 10^{-5}\,M}$

$\mathbf{[S_2] = 1.28 \times 10^{-5}\,M}$

14.7 르 샤틀리에(Le Chatelier)의 법칙: 평형에 있는 계가 방해에 대응하는 방법

평형에 있는 계가 스트레스를 받으면 그 스트레스를 최소화(완화)하려는 방향으로 계의 평형이 이동한다. 스트레스의 종류는 농도의 변화, 부피(또는 압력), 온도의 변화 등이 있다.

1) 평형에 대한 농도 변화의 효과

$$N_2(g) + 3H_2(g) \rightleftharpoons 2NH_3(g)$$

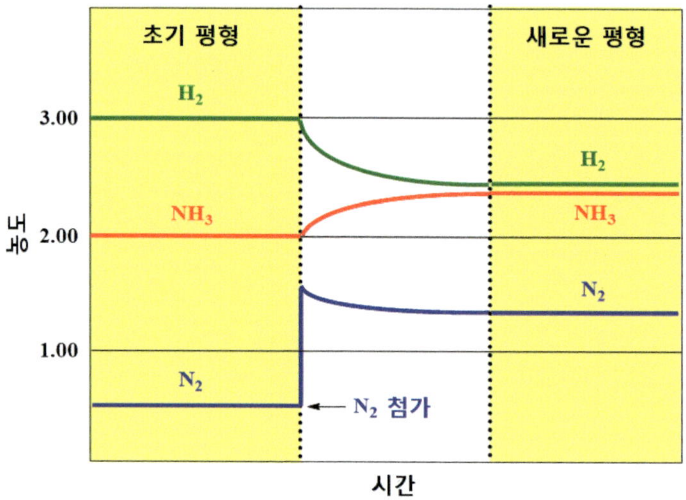

$$K_c = \frac{[NH_3]^2}{[N_2][H_2]^3} = \frac{(2.0)^2}{(0.5)(3.0)^3} = 0.296$$

N_2를 첨가한 직후,

$$Q_c = \frac{[NH_3]^2}{[N_2][H_2]^3} = \frac{(2.0)^2}{(1.5)(3.0)^3} = 0.099$$

$Q_c < K_c$ 반응은 오른쪽으로 진행하며, 새로운 평형에 이르게 된다.

$$K_c = \frac{[NH_3]^2}{[N_2][H_2]^3} = \frac{(2.36)^2}{(1.36)(2.46)^3} = 0.296$$

그러므로 N_2를 첨가하면, **새로운 평형은 왼쪽으로 이동**한다.

■ 요약

(a) 하나 이상의 반응물의 농도를 높이면($Q < K$) 반응은 오른쪽(생성물)으로 이동하고, 평형은 왼쪽으로 이동한다.

(b) 하나 이상의 생성물의 농도를 높이면($Q > K$) 반응은 왼쪽(반응물)으로 이동하고, 평형은 오른쪽으로 이동한다.

(c) 하나 이상의 반응물의 농도를 감소시키면($Q > K$) 반응은 왼쪽(반응물)으로 이동하고, 평형은 오른쪽으로 이동한다.

(d) 하나 이상의 생성물의 농도를 감소시키면($Q < K$) 반응은 오른쪽(생성물)으로 이동하고 평형은 왼쪽으로 이동한다.

2) 평형에 대한 부피(또는 압력) 변화 효과

$$N_2(g) + 3H_2(g) \rightleftharpoons 2NH_3(g)$$

가) 부피 감소에 의한 압력 증가는

알짜 반응 평형은 전체 기체의 몰수가 작아지는 방향으로 이동

왼쪽(4 mol) → 오른쪽(2 mol)

나) 부피 증가에 의한 압력 감소는

알짜 반응 평형은 전체 기체의 몰수를 증가하는 방향으로 이동

왼쪽(4 mol) ← 오른쪽(2 mol)

다) 반응에 참여하지 않는 기체를 첨가시켜서 전체 압력을 증가시키면, 평형은 그대로 유지된다.

예제 14.9

다음 반응에서 생성물을 더 얻기 위해서 부피를 어떻게 변화시켜야 하는가?

(a) $CaCO_3(s) \rightleftharpoons CaO(s) + CO_2(g)$

(b) $S(s) + 3F_2(g) \rightleftharpoons SF_6(g)$

(c) $Cl_2(g) + I_2(g) \rightleftharpoons 2ICl(g)$

풀이

(a) CO_2만 기체이다. 수득률을 증가시키기 위해서는 부피를 증가시킨다(압력 감소).

(b) 기체가 반응물 쪽에 더 많이 있으므로 부피를 감소시킨다(압력 증가).

(c) 반응식 양쪽의 기체 몰수가 같으므로 부피(압력)의 변화는 수득률에 아무런 변화를 주지 않는다.

예제 14.10

다음 반응식을 참고하여 물음에 답하시오.

$$2KClO_3(s) \rightleftharpoons 2KCl(s) + 3O_2(g)$$

(a) 반응물의 부피를 감소시키면?

(b) 반응물의 부피를 증가시키면?

풀이

(a) 왼쪽(0 mol), 오른쪽(3 mol)이므로, 몰수가 작은 쪽으로 이동, 평형은 왼쪽으로 이동한다.

(b) 왼쪽(0 mol), 오른쪽(3 mol)이므로, 몰수가 큰 쪽으로 이동, 평형은 오른쪽으로 이동한다.

3) 평형에 대한 온도 변화 효과

$$발열반응 : A+B \rightleftharpoons C+D+열, \quad 흡열반응 : A+B+열 \rightleftharpoons C+D$$

가) 발열 반응의 경우

$$N_2(g)+3H_2(g) \rightleftharpoons 2NH_3(g)+열$$

$$K=\frac{[NH_3]^2[열]}{[N_2][H_2]^3}$$

(a) 열을 첨가하는 경우(온도를 올릴 때), $Q>K$이므로, 평형은 왼쪽으로 이동

(b) 열을 제거하는 경우(온도를 내릴 때), $Q<K$이므로, 평형은 오른쪽으로 이동

나) 흡열 반응의 경우

$$N_2O_4(g)(무색)+열 \rightleftharpoons 2NO_2(g)(갈색)$$

$$K=\frac{[NO_2]^2}{[N_2O_4][열]}$$

(a) 열을 첨가하는 경우(온도를 올릴 때), $Q<K$이므로, 평형은 오른쪽으로 이동

(b) 열을 제거하는 경우(온도를 내릴 때), $Q>K$이므로, 평형은 왼쪽으로 이동

예제 14.11

평형 위치에 대한 온도 변화의 영향을 예측하면?

(a) $CaO(s) + H_2O(l) \rightleftharpoons Ca(OH)_2(aq) + heat$

(b) $CaCO_3(s) + heat \rightleftharpoons CaO(s) + CO_2(g)$

(c) $SO_2(g) + heat \rightleftharpoons S(s) + O_2(g)$

풀이

(a) $Q=[Ca(OH)_2][heat]$에서 온도가 증가하면, $Q>K$이므로, 평형을 왼쪽으로 이동시킨다.

(b) $Q=\frac{[CO_2]}{[heat]}$에서 온도가 증가하면, $Q<K$이므로, 평형을 오른쪽으로 이동시킨다.

(c) $Q=\frac{[O_2]}{[SO_2][heat]}$에서 온도가 증가하면, $Q<K$이므로, 평형을 오른쪽으로 이동시킨다.

예제 14.12

$4NH_3(g)+3O_2(g) \rightleftharpoons 2N_2(g)+6H_2O(l)$, $\Delta H=-1530.4$ kJ에서 다음과 같은 변화를 주었을 때, 평형 이동을 예측하면?

$$Q=\frac{[N_2]^2(\Delta H)}{[NH_3]^4[O_2]^3}$$

(a) NH_3의 농도를 증가시키면?

(b) O_2의 농도를 감소시키면?

(c) 반응계의 온도를 증가시키면?

(d) 반응계의 압력을 감소시키면?

풀이

(a) $Q=\frac{[N_2]^2(\Delta H)}{[NH_3]^4[O_2]^3}$ NH_3의 농도를 증가시키면, $Q<K$이므로, **평형은 오른쪽으로 이동**

(b) $Q=\frac{[N_2]^2(\Delta H)}{[NH_3]^4[O_2]^3}$ O_2의 농도를 감소시키면, $Q>K$이므로, **평형은 왼쪽으로 이동**

(c) $Q=\frac{[N_2]^2(\Delta H)}{[NH_3]^4[O_2]^3}$ 반응계의 온도를 증가시키면, $Q>K$이므로, **평형은 왼쪽으로 이동**

(d) 반응계의 부피가 증가하므로, mol 수가 큰 쪽으로 이동, **평형은 왼쪽으로 이동**

CHAPTER 15 산-염기

15.1 산-염기의 정의

1) Arrhenius의 산-염기

가) 산: 수용액에서 H^+를 내어놓는 것

$$HCl(aq) \rightarrow H^+(aq) + Cl^-(aq)$$

나) 염기: 수용액에서 OH^-를 내어놓는 것

$$NaOH(aq) \rightarrow Na^+(aq) + OH^-(aq)$$

2) Brönsted-Lowry의 산-염기

가) 산: 양성자(H^+) 주개

$$HCl(aq) + H_2O(aq) \rightarrow H_3O^+(aq) + Cl^-(aq)$$

나) 염기: 양성자(H^+) 받개

$$NH_3(aq) + H_2O(aq) \rightarrow NH_4^+(aq) + OH^-(aq)$$

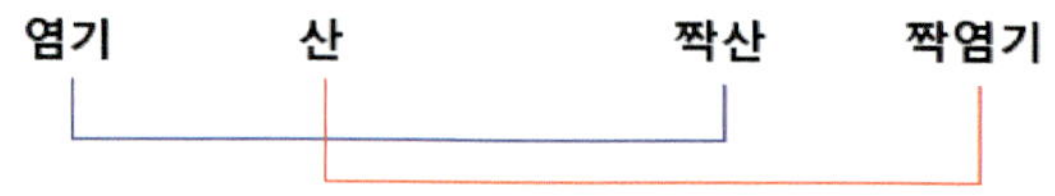

짝산-짝염기 쌍

3) Lewis의 산-염기

가) 산: 전자쌍 주개

전자-결핍 화학종은 Lewis 산으로 작용한다.

나) 염기: 전자쌍 받개

고립전자쌍을 가진 화학종은 Lewis 염기로 작용한다.

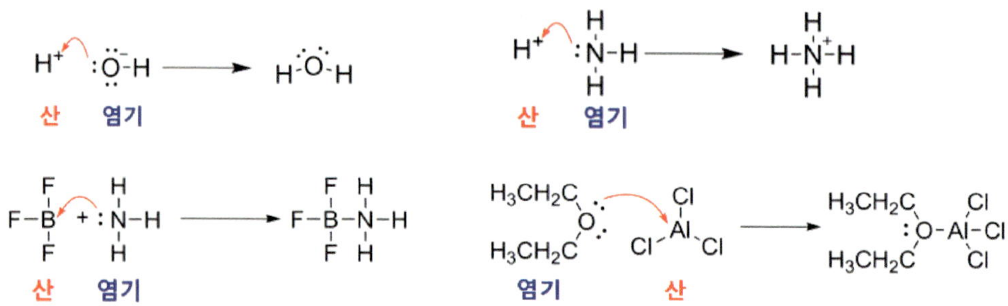

15.2 물의 자체 이온화

$$H_2O(aq) + H_2O(aq) \rightarrow H_3O^+(aq) + OH^-(aq)$$

$$K_w = [H_3O^+][OH^-] = [H^+][OH^-]$$

이 평형 상수는 물의 이온화곱 상수(ion product constant for water, K_w)라고 한다.

25℃에서 물의 이온화곱 상수는

$$K_w = [H_3O^+][OH^-] = 1.0 \times 10^{-14}$$

1) 산성: $[H^+] > [OH^-]$
2) 중성: $[H^+] = [OH^-] = 1.0 \times 10^{-7}$
3) 염기성: $[H^+] < [OH^-]$

15.3 pH 척도: 산도와 염기도를 정량하는 법

1) H^+ 혹은 H_3O^+의 농도는 log 척도로 표시

$$pH = -\log[H^+] \Rightarrow [H^+] = 10^{-pH}$$

예를 들어, $[H^+] = 2.5 \times 10^{-3}$ M이라면,

$$pH = -\log(2.5 \times 10^{-3}) = -\log 2.5 - \log 10^{-3} = 3 - 0.40 = \mathbf{2.60}$$

2) pOH도 비슷하게 정의할 수 있다.

$$pOH = -\log[OH^-] \Rightarrow [OH^-] = 10^{-pOH}$$

따라서 $K_w = [H_3O^+][OH^-] = 1.0 \times 10^{-14}$

$$-\log K_w = -\log[H_3O^+] - \log[OH^-] = 14$$
$$pK_w = pH + pOH = 14$$

가) $pH = pOH = 7$ ………………………………… 중성
나) $pH < 7$ ………………………………… 산성
다) $pH > 7$ ………………………………… 염기성

3) pH 측정

가) pH 미터: 0.01 pH 단위 정밀도로 pH를 측정할 수 있는 기기이다.

나) pH 지시약: 특정한 pH값에서 색이 변하는 염료이다.

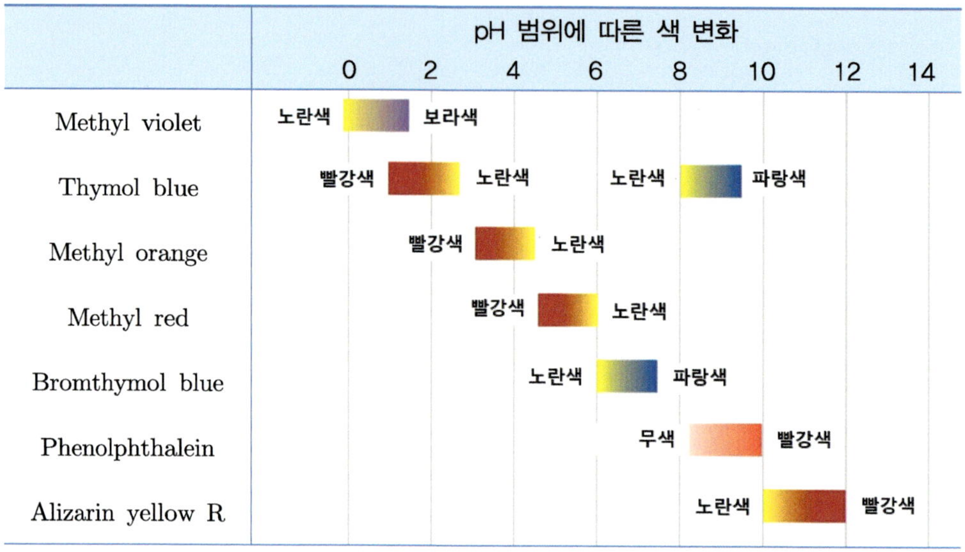

예제 15.1

$H_3O^+(aq)$의 농도가 5.0×10^{-10} M인 용액의 pH는?

풀이

$pH = -\log(5.0 \times 10^{-10}) = \mathbf{9.30}$

예제 15.2

물에 0.26 g의 수산화포타슘을 녹인 후 최종 부피가 0.500 L가 되게 묽힌 수용액의 pH는?

풀이

$$Ca(OH)_2(aq) \rightarrow Ca^{2+}(aq) + 2OH^-(aq)$$

먼저, $Ca(OH)_2$의 mol 수를 구하면,

$$(0.26\ g\ Ca(OH)_2)\left(\frac{1\ mol\ Ca(OH)_2}{74.1\ g\ Ca(OH)_2}\right) = 3.5\times10^{-3}\ mol\ Ca(OH)_2$$

$Ca(OH)_2$의 몰농도는

$$몰농도 = \frac{(3.5\times10^{-3}\ mol\ Ca(OH)_2)}{(0.500\ L)} = 7.0\times10^{-3}\ M$$

OH^-의 몰농도는

$$[OH^-] = (7.0\times10^{-3}\ M\ Ca(OH)_2)\left(\frac{2\ mol\ OH^-}{1\ mol\ Ca(OH)_2}\right) = \mathbf{1.4\times10^{-2}\ M}$$

물의 이온화곱 상수로부터

$$[H_3O^+] = \frac{1.0\times10^{-14}\ M^2}{[OH^-]} = \frac{1.0\times10^{-14}\ M^2}{1.4\times10^{-2}\ M} = \mathbf{7.1\times10^{-13}\ M}$$

이 용액의 pH는

$$pH = -\log(7.1\times10^{-13}) = \mathbf{12.15}$$

15.4 강산 용액과 약산 용액의 pH 구하기

1) 강산 용액의 pH를 구하는 것은 상대적으로 간단하다.

$$HA(aq) + H_2O(aq) \rightarrow H_3O^+(aq) + A^-(aq)\ (강산\ 또는\ 약산)$$

$$H_2O(aq) + H_2O(aq) \rightarrow H_3O^+(aq) + OH^-(aq)\quad K_w = 1.0\times10^{-14}$$

매우 묽은 용액을 제외하고는 H_3O^+의 기여도에 물의 이온화는 강산과 비교하여 거의 무시할 정도로 작다**(왜냐하면, 강산 용액에서 강산에 의한 H_3O^+의 생성은 자체 이온화 평형을 왼쪽으로 이동시킨다(르 샤틀리에 법칙)).**

즉, 강산은 용액에서 완전히 이온화하고 물의 자체 이온화는 무시할 수 있으므로 강산 용액에서 H_3O^+의 농도는 강산의 농도와 같다.

예를 들면, 0.1 M HCl의 pH는 $[H^+] = 0.1$ M이므로, $pH = -\log(0.1) = 1.00$이다.

2) 약산의 pH를 구하는 것은 더 복잡하다.

예를 들어 실험실에서 0.1 M HCl(강산)과 0.1 M CH_3COOH(약산) 용액을 만들고 pH를 각각 측정하면,

$$0.1\ \text{M HCl} \qquad \text{pH} = 1.00$$

$$0.1\ \text{M CH}_3\text{COOH} \qquad \text{pH} = 2.87$$

이것은 약산의 경우, 부분적으로 이온화되기 때문이다. 대부분의 약산의 용액에서 H_3O^+ 농도에 물의 자체 이온화가 기여하는 바는 무시할 수 있고, 약산 자체의 이온화에만 초점을 둔다. → 즉, 약산의 해리 상수를 이용한다.

> **약산의 pH 풀이 방법**
> 1) 균형 방정식과 평형을 표시한다.
> 2) pH에 영향을 미칠 수 있는 모든 화학종을 확인한다.
> 3) 주 화학종은 HA, H^+와 A^-이며, 여기서 H_2O 또는 OH^-는 생각하지 않는다.
> 4) ICE 표를 이용하여, HA, H^+와 A^-의 농도 변화를 요약한다.

예제 15.3

25℃에서 0.50 M HA 용액의 pH는? (단, $K_a = 7.1 \times 10^{-4}$)

풀이

$$HA(aq) \rightarrow H^+(aq) + A^-(aq)$$

ICE 표를 작성하면,

	[HA]	[H^+]	[A^-]
I	0.50	0.00	0.00
C	$-x$	$+x$	$+x$
E	$0.50-x$	x	x

$K_a = \frac{x^2}{0.50-x} = 7.1\times10^{-4}$

$\frac{x^2}{0.50} = 7.1\times10^{-4}$

(x는 0.50에 비하여 매우 작기 때문에 무시 → 5% 이하이면 가능)

$x^2 = (7.1\times10^{-4})(0.50) = 3.55\times10^{-4}$

$x = \sqrt{(3.55\times10^{-4})} = 0.0188$

$\text{pH} = -\log(0.0188) = \mathbf{1.73}$

예제 15.4

0.100 M HA (약산) 용액의 pH = 4.25일 때, K_a는?

풀이

$$[H_3O^+] = 10^{-4.25} = 5.6\times10^{-5}\ \text{M}$$

	[HA]	[H^+]	[A^-]
I	0.100	0	0
C	-5.6×10^{-5}	5.6×10^{-5}	5.6×10^{-5}
E	$0.100-(5.6\times10^{-5}) \fallingdotseq 0.100$	5.6×10^{-5}	5.6×10^{-5}

$$K_a = \frac{[H_3O^+][A^-]}{[HA]} = \frac{(5.6\times10^{-5})^2}{0.100} = \mathbf{3.1\times10^{-8}}$$

3) 약산의 해리 백분율

$$\text{해리 백분율} = \frac{\text{해리된 산의 농도}}{\text{산의 초기 농도}} \times 100\% = \frac{[H_3O^+]_{\text{평형}}}{[HA]_{\text{초기}}} \times 100\%$$

가) 강산은 높은 해리 백분율을 가진다.

나) 약산의 해리 백분율은 약산의 농도가 감소할수록 증가한다. **이 효과는 르 샤틀리에 법칙으로 설명할 수 있다.** 왜냐하면, 물이 첨가되면 반응에 참여할 수 있는 부피가 증가하게 된다. 따라서 반응의 평형은 용질의 mol 수가 큰 쪽으로 이동하게 된다. 즉 평형은 다른 방향으로 이동한다.

$$HA(aq) + H_2O(aq) \rightarrow H_3O^+(aq) + A^-(aq)$$

용매를 첨가함으로써(반응 화합물이 묽어짐) 해리 백분율은 증가한다. 산의 초기 농도가 감소함에 따라 $[H_3O^+]$의 값은 감소함에도 불구하고 해리 백분율은 증가한다.

다) 5% 이하이면 근사가 가능하다. 아니면 근 공식을 이용한다.

예제 15.5

0.1 M CH_3COOH 용액의 해리 백분율은?

$$CH_3COOH(aq) + H_2O(l) \leftrightarrow H_3O^+(aq) + CH_3COO^-(aq) \quad K_a = 1.8 \times 10^{-5}$$

풀이

	$[CH_3COOH]$	$[H_3O^+]$	$[CH_3COO^-]$
I	0.1	0	0
C	$-x$	$+x$	$+x$
E	$0.1-x$	x	x

$$K_a = \frac{[H_3O^+][CH_3COO^-]}{[CH_3COOH]} = \frac{x^2}{(0.1-x)} = 1.8 \times 10^{-5}$$

$$(0.1-x) \cong 0.1$$

$$\frac{x^2}{(0.1)} = 1.8 \times 10^{-5} \rightarrow x = 1.3 \times 10^{-3}$$

$$\text{해리 백분율} = \frac{[H_3O^+]_{\text{평형}}}{[HA]_{\text{초기}}} \times 100\% = \frac{(1.3 \times 10^{-3})}{0.1} \times 100\% = \mathbf{1.3\%}$$

15.5 염기 용액

1) 강염기: 강산과 유사하게 완전 해리되기 때문에 OH^-의 농도는 강염기의 농도와 같다.
강염기의 종류: LiOH, NaOH, KOH, $Sr(OH)_2$, $Ca(OH)_2$, $Ba(OH)_2$, ⋯, etc

2) 약염기의 경우, 약산의 경우와 유사하다. 그러므로 염기 이온화 상수를 이용한다.

3) $[OH^-]$와 염기성 용액의 pH 구하기

예제 15.6

$NH_3(aq) + H_2O(l) \rightleftharpoons NH_4^+(aq) + OH^-(aq) \quad K_b = 1.8 \times 10^{-5}$

$H_2O(l) \rightleftharpoons H^+(aq) + OH^-(aq) \quad K_w = 1.0 \times 10^{-14}$

0.15 M NH_3 용액에 존재하는 $[OH^-]$와 pH는?

풀이

	$[NH_3]$	$[NH_4^+]$	$[OH^-]$
I	0.15	0	0
C	$-x$	$+x$	$+x$
E	$0.15-x$	x	x

$$K_b=\frac{[NH_4^+][OH^-]}{[NH_3]}=\frac{(x)^2}{0.15-x}=1.8\times10^{-5}$$

$$\frac{(x)^2}{0.15}=1.8\times10^{-5}$$

$$x^2=(0.15)(1.8\times10^{-5})=2.7\times10^{-6}$$

$$x=1.6\times10^{-3}$$

$$\mathbf{[OH^-]=1.6\times10^{-3}\ M}$$

$$[H^+]=\frac{K_w}{[OH^-]}=\frac{(1.0\times10^{-14})}{(1.6\times10^{-3})}=6.3\times10^{-12}$$

$$pH=-\log(6.3\times10^{-12})=\mathbf{11.20}$$

15.6 K_a와 K_b의 관계

약염기로 작용하는 음이온을 포함하는 용액의 pH는 약염기의 pH와 유사한 방법으로 구할 수 있다. 그러나 약염기로 작용하는 음이온의 K_b를 알 필요가 있다. K_b는 짝산의 K_a로부터 쉽게 구할 수 있다.

$$HA(aq)+H_2O(aq)\leftrightarrow H_3O^+(aq)+A^-(aq)$$

$$K_a=\frac{[H_3O^+][A^-]}{[HA]}$$

$$A^-(aq)+H_2O(aq)\leftrightarrow OH^-(aq)+HA(aq)$$

$$K_b = \frac{[OH^-][HA]}{[A^-]}$$

$$K_a \times K_b = \frac{[H_3O^+][A^-]}{[HA]} \times \frac{[OH^-][HA]}{[A^-]} = [H_3O^+][OH^-] = K_w$$

예제 15.7

0.100 M $NaCHO_2$ 용액의 pH는?

$$CHO_2^-(aq) + H_2O(aq) \leftrightarrow HCHO_2(aq) + OH^-(aq) \quad K_a = 1.8 \times 10^{-4}$$

풀이

	$[CHO_2^-]$	$[HCHO_2]$	$[OH^-]$
I	0.100	0	0
C	$-x$	$+x$	$+x$
E	$0.100 - x$	x	x

$K_a \times K_b = K_w$

$$K_b = \frac{K_w}{K_a} = \frac{1.0 \times 10^{-14}}{1.8 \times 10^{-4}} = 5.6 \times 10^{-11}$$

$$K_b = \frac{[HCHO_2][OH^-]}{[CHO_2^-]} = \frac{x^2}{0.100 - x} \approx \frac{x^2}{0.100}$$

$$\frac{x^2}{0.100} = 5.6 \times 10^{-11}$$

$x = 2.4 \times 10^{-6} \rightarrow [OH^-] = 2.4 \times 10^{-6}$

$[H^+][OH^-] = 1.0 \times 10^{-14}$

$[H^+](2.4 \times 10^{-6}) = 1.0 \times 10^{-14}$

$\therefore [H^+] = 4.2 \times 10^{-9}$

$\therefore$ pH $= -\log[H^+] = -\log(4.2 \times 10^{-9}) =$ **8.38**

15.7 염의 산-염기 성질

1) 양이온과 음이온 모두 산이나 염기로 작용하지 않는 염은 **중성 용액**을 만든다. 예를 들면, NaCl, $Ca(NO_3)$, KBr, … 등이 있다.

가) 강염기로부터 양이온들:

(a) 1족 알칼리 금속양이온(Li^+, Na^+, K^+)

(b) 2족 알칼리 토금속들(Ca^{2+}, Sr^{2+}, Ba^{2+}), Be^{2+}는 제외

나) 강 일양성자 산으로부터의 음이온들(Cl^-, Br^-, I^-, NO_3^-, ClO_4^-)

2) 양이온은 산으로 작용하지 않고 음이온은 염기로 작용하는 염은 **염기성 용액**을 만든다. 음이온은 약산의 짝염기이다.
예를 들면, NaF, $Ca(CH_3COO)_2$, KNO_2, … 등의 화합물의 음이온이 해당된다.

3) 양이온은 산으로 작용하고 음이온은 염기로 작용하지 않는 염은 **산성 용액**을 만든다. → 양이온은 약염기의 짝산이거나 작고 전하가 큰 금속이온이다.
예를 들면, $FeCl_3$, $Al(NO_3)_3$, NH_4Br, … 등의 화합물의 양이온이 해당된다.

4) 양이온은 산으로 작용하고 음이온은 염기로 작용하는 염은 pH가 산과 염기의 상대적인 강도에 의존하는 용액을 만든다. → 양이온은 약염기의 짝산이거나 작고 전하가 큰 금속이온이고, 음이온은 약산의 짝염기이다.
예를 들면, FeF_3, $Al(CH_3COO)_3$, NH_4NO_2, … 등의 화합물이 해당된다.

예제 15.8

0.50 M NaF 용액의 pH는? (단, HF의 $K_a = 7.2\times10^{-4}$)

풀이

$F^-(aq) + H_2O(l) \rightleftharpoons HF(aq) + OH^-(aq)$

$$K_b = \frac{[HF][OH^-]}{[F^-]}$$

$$K_b = \frac{K_w}{K_a} = \frac{(1.0 \times 10^{-14})}{(7.2 \times 10^{-4})} = 1.4 \times 10^{-11}$$

ICE 표를 작성하면,

	$F^-(aq)$	+	$H_2O(l)$	↔	$HF(aq)$	+	$OH^-(aq)$
I	0.50		–		0		0
C	$-x$		–		$+x$		$+x$
E	$0.50-x$		–		x		x

$$K_b = 1.4 \times 10^{-11} = \frac{[HF][OH^-]}{[F^-]} = \frac{(x)(x)}{0.50-x} \cong \frac{x^2}{0.50}$$

$x = 8.4 \times 10^{-7}$

$[OH^-] = 8.4 \times 10^{-7}$ M → pOH = 6.08

pH = 14 − pOH = 14 − 6.08 = **7.92**

예제 15.9

0.10 M $CoCl_3$ 용액의 pH는? (단, $Co(H_2O)_6^{3+}$의 $K_a = 1.0 \times 10^{-5}$)

풀이

$Co(H_2O)_6^{3+}$는 물보다 강산이므로

$$Co(H_2O)_6^{3+}(aq) \rightleftharpoons Co(OH)(H_2O)_5^{2+}(aq) + H^+(aq)$$

$$K_a = \frac{[Co(OH)(H_2O)_5^{2+}][H^+]}{[Co(H_2O)_6^{3+}]} = 1.4 \times 10^{-5}$$

ICE 표를 작성하면

	$Co(H_2O)_6^{3+}(aq)$	↔	$Co(OH)(H_2O)_5^{2+}(aq)$	+	$H^+(aq)$
I	0.10		0		0
C	$-x$		$+x$		$+x$
E	$0.10-x$		x		x

$$1.4\times10^{-5}=K_a=\frac{[\mathrm{Co(OH)(H_2O)_5^{2+}}][\mathrm{H^+}]}{[\mathrm{Co(H_2O)_6^{3+}}]}=\frac{(x)(x)}{0.10-x}\cong\frac{x^2}{0.10}$$

$x=1.2\times10^{-3}$

$\mathrm{pH}=-\log(1.2\times10^{-3})=\mathbf{2.92}$

15.8 다양성자성산

1) 두 개 이상의 양성자를 낼 수 있는 산

2) 두 개 이상의 산-해리 상수가 존재한다.

$$\mathrm{H_2CO_3(aq)+H_2O}(l)\leftrightarrow\mathrm{H_3O^+(aq)+HCO_3^-(aq)}$$

$$K_{a1}=\frac{[\mathrm{H_3O^+}][\mathrm{HCO_3^-}]}{[\mathrm{H_2CO_3}]}=4.3\times10^{-7}$$

$$\mathrm{HCO_3^-(aq)+H_2O}(l)\leftrightarrow\mathrm{H_3O^+(aq)+CO_3^{2-}(aq)}$$

$$K_{a1}=\frac{[\mathrm{H_3O^+}][\mathrm{CO_3^{2-}}]}{[\mathrm{HCO_3^-}]}=5.6\times10^{-11}$$

3) $K_{a1}>K_{a2}>K_{a3}\cdots$

4) 다양성자성산 용액의 pH 구하기

다양성자성산 용액의 pH를 구하는 것은 생각보다 간단하다. 대부분의 다양성자성산에 대하여 K_{a1}이 K_{a2}보다 훨씬 크기 때문이다. **그러므로 첫 번째 단계에 의한 H_3O^+ 기여도가 두 번째나 세 번째 단계에 의한 H_3O^+ 기여도보다 훨씬 크다. 그러므로 다양성자성산은 첫 번째 단계에서 생성되는 H_3O^+ 농도가 유일한 것처럼 취급할 수 있다.**

일반적인 다양성자성산과 이온화 상수

다양성자성산	K_{a1}	K_{a2}	K_{a3}
황산(H_2SO_4)	강함	1.2×10^{-2}	
옥살산($H_2C_2O_4$)	6.0×10^{-2}	6.1×10^{-5}	
아황산(H_2SO_3)	1.6×10^{-2}	6.4×10^{-8}	
인산(H_3PO_4)	7.5×10^{-3}	6.2×10^{-8}	4.2×10^{-13}
시트르산($H_3C_6H_5O_3$)	7.4×10^{-4}	1.7×10^{-5}	4.0×10^{-7}
아스코르브산($H_2C_6H_6O_6$)	8.0×10^{-5}	1.6×10^{-12}	
탄산(H_2CO_3)	4.3×10^{-7}	5.6×10^{-11}	

예제 15.10

0.100 M 아스코르브산($H_2C_6H_6O_6$) 용액의 pH는?

$$H_2C_6H_6O_6(aq) + H_2O(l) \rightleftharpoons H_3O^+(aq) + HC_6H_6O_6(aq)$$

풀이

	$[H_2C_6H_6O_6]$	$[H_3O^+]$	$[HC_6H_6O_6]$
I	0.100		
C	$-x$	$+x$	$+x$
E	$0.100-x$	x	x

$$K_a = \frac{[H_3O^+][HC_6H_6O_6^-]}{[H_2C_6H_6O_6]} = \frac{x^2}{0.100-x}$$

$$\frac{x^2}{0.100} = 8.0\times10^{-5}$$

$$x = 2.8\times10^{-3}$$

$$pH = -\log(2.8\times10^{-3}) = \mathbf{2.55}$$

예제 15.11

0.0100 M H_2SO_4 용액의 pH는?

풀이

$H_2SO_4(aq) + H_2O(l) \rightarrow H_3O^+(aq) + HSO_4^-(aq)$

$HSO_4^-(aq) + H_2O(l) \rightleftharpoons H_3O^+(aq) + SO_4^{2-}(aq)$

	$[HSO_4^-]$	$[H_3O^+]$	$[SO_4^{2-}]$
I	0.0100	0.0100	0
C	$-x$	$+x$	$+x$
E	$0.0100-x$	$0.0100+x$	x

$$K_{a2} = \frac{[H_3O^+][SO_4^{2-}]}{[HSO_4^-]} = \frac{(0.0100+x)(x)}{(0.0100-x)} = 0.012$$

$$x^2 + 0.022x - 0.00012 = 0$$

$$x = \frac{-(0.022) \pm \sqrt{(0.022)^2 - 4(1)(-0.00012)}}{2(1)}$$

$$x = \frac{-0.022 \pm 0.031}{2}$$

$$x = 0.0045 \rightarrow [H_3O^+] = 0.0100 + x = 0.0100 + (0.0045) = 0.0145$$

$$pH = -\log(0.0145) = 1.84$$

15.9 산의 세기에 영향을 미치는 인자

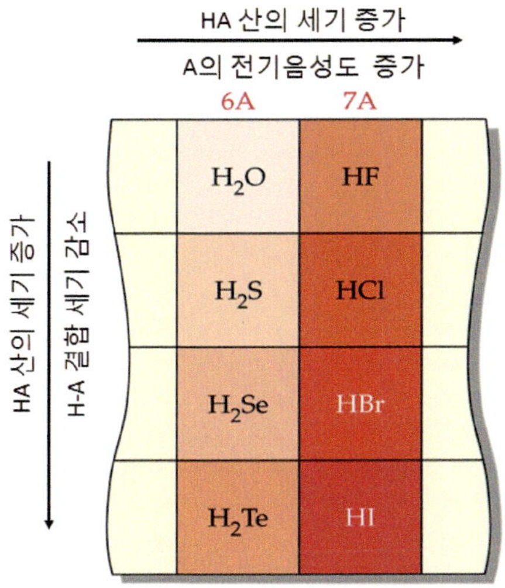

1) 이성분산(일반적으로 수소 원자와 다른 일반적인 원소(Y) 사이의 결합)

가) 결합 극성

→ (δ^+)H−Y(δ^-) 결합은 극성을 띤다. ←쌍극자 모멘트를 생각하면 쉽다.

예를 들면, (δ^-)H−Li(δ^+)(산성 아님), H−C(산성 아님), (δ^+)H−F(δ^-)(산성)

나) 결합 세기: 결합이 강할수록 산은 약하다.

산	결합 에너지(kJ/mol)	산의 종류
H−F	565	약산
H−Cl	431	강산
H−Br	364	강산

알아두기

1) **할로젠 원소와 수소가 결합한** HF, HCl, HBr, HI**의 산의 세기**
먼저 산의 세기를 비교하기 위해 주기율표상에서 크기를 비교하면, $F < Cl < Br < I$이다. 따라서 큰 I와 H의 결합은 상대적으로 약하고, 크기가 작은 F와 H의 결합은 상대적으로 세다. H와 결합이 약할수록 H^+이온을 잘 내놓기 때문에 H와 결합이 약할수록 강한 산이다. 따라서 산의 세기는 $HF < HCl < HBr < HI$이다.

2) CH_4, NH_3, H_2O, HF**의 산의 세기 비교**
이들 모두 H와 결합을 했다. H와 결합한 것의 전기음성도 크기는 $F > O > N > C$ 순이다. 전기음성도가 클수록 전자의 치우침이 심하고, H^+이온을 떼내기가 쉽다. 산의 세기는 전기음성도의 세기 순과 같이 $HF > H_2O > NH_3 > CH_4$이다.

* 결합 극성과 결합 세기의 통합 효과(6A와 7A족 수소화합물의 산도)

2) 산소산(또는 옥소산): 어떤 다른 원자(Y)에 결합한 산소 원자에 결합한 수소를 포함한다.

$$H-O-Y-$$

가) Y의 전기음성도가 클수록 산의 세기가 증가한다.

산의 세기 →

	H—O—**I**	H—O—**Br**	H—O—**Cl**
K_a	2.3×10^{-11}	2.0×10^{-9}	3.5×10^{-8}
전기음성도	2.5	2.8	3.0

Y의 전기음성도 →

나) Y에 결합한 산소 원자의 수가 많을수록 산의 세기가 크다.

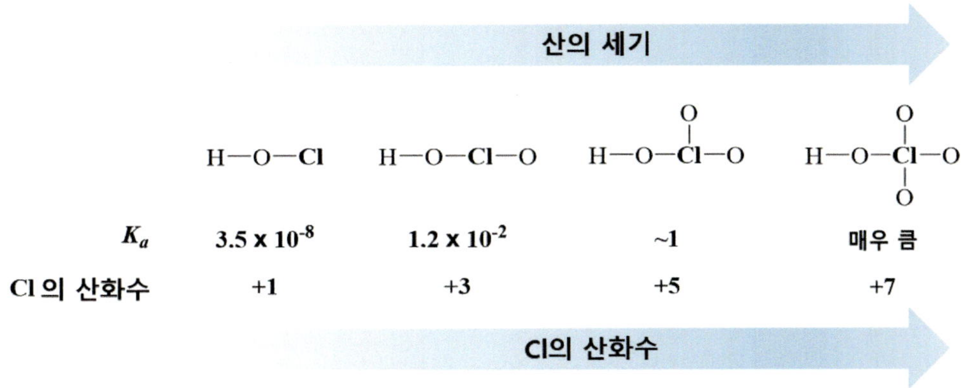

CHAPTER 16

수용액 평형의 응용

16.1 완충 용액과 공통 이온 효과

1) 대부분의 용액은 산이나 염기가 첨가되면 pH가 빠르게 변한다. 그러나 **완충 용액(Buffer solution)**은 첨가되는 산이나 염기를 중화하여 pH 변화에 저항한다. 즉 완충 용액은 적당한 산-염기와 그 짝 산-염기를 포함하고 있어 산 성분은 첨가되는 강한 염기들과 반응하고, 염기 성분들은 첨가되는 강한 산들과 반응한다.

2) 완충 용액의 작용은 Le Chatelier 원리의 특별한 경우인 **공통 이온 효과(common ion effect)**에 의해서 영향을 받는다.

가) 공통 이온이 이온화합물의 용해도를 감소시키거나 약산 또는 약염기의 이온화를 감소시키는 경향이 있다.

나) 평형에 이미 관여한 내놓을 수 있는 어떤 물질을 가하여 평형이 이동하는 현상을 말한다.

3) 많은 유형의 용액들이 공통 이온 효과를 보인다. 가장 흔히 접할 수 있는 유형들은 다음과 같다.

가) 약산과 그 약산의 이온성 염의 용액($CH_3COOH + CH_3COONa$)

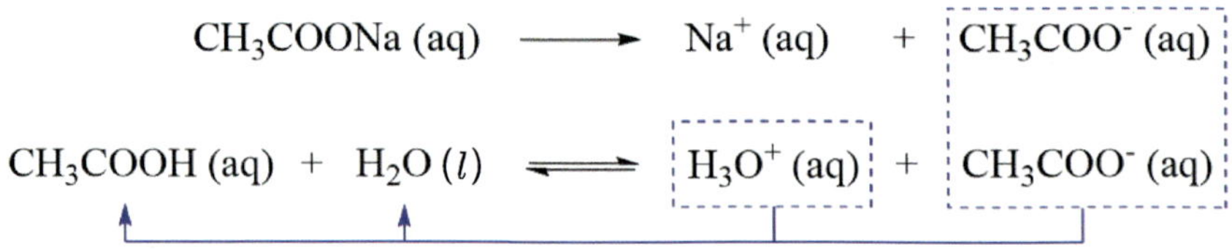

(a) CH_3COOH는 단지 조금만 이온화된다.

(b) CH_3COONa는 완전히 이온화되어 높은 농도의 [CH_3COO^-]를 제공한다.

(c) CH_3COO^-가 H_3O^+와 결합하여 이온화되지 않은 CH_3COOH를 형성함에 따라 CH_3COOH의 이온화 평형은 왼쪽으로 이동한다. 즉 용액 내 [H_3O^+]가 급격히 감소한다.

나) 약염기와 그 약염기의 이온성 염의 용액($NH_4 + NH_4Cl$)

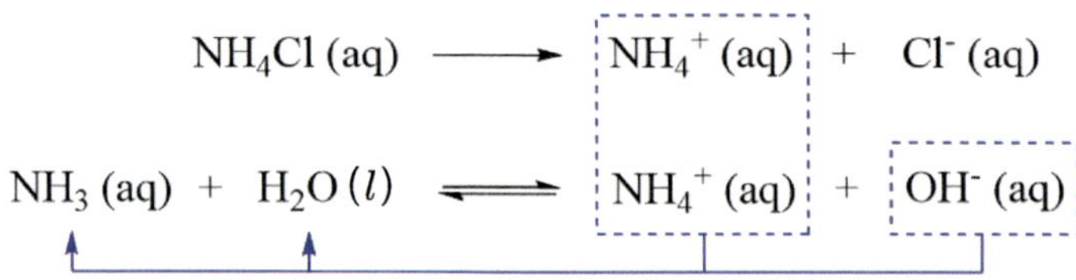

(a) NH_4Cl은 완전히 해리되지만, NH_3는 단지 조금만 이온화된다.

(b) NH_4Cl은 높은 농도의 [NH_4^+]를 제공한다.

(c) NH_4^+ 이온은 OH^-와 결합하여 이온화되지 않은 NH_3와 H_2O를 형성함에 따라 NH_3의 이온화 평형은 왼쪽으로 이동한다. 즉 용액 내 [OH^-]는 상당히 감소한다.

예제 16.1

0.2 M HF와 0.1 M HCl를 섞은 용액의 pH와 F^-의 농도는?

풀이

$HCl(aq) \rightarrow H^+(aq) + Cl^-(aq)$(100% 해리)

$HF(aq) \rightarrow H^+(aq) + F^-(aq)\quad K_a = 6.8\times10^{-4}$

H^+가 첨가되면, 평형은 왼쪽으로 이동한다.

ICE 표를 작성하면,

	HF(aq)	H^+(aq)	F^-(aq)
I	0.20	0.10	0
C	$-x$	$+x$	$+x$
E	$(0.20-x)\fallingdotseq$ **0.20**	$(0.10+x)\fallingdotseq$ **0.10**	x

$$K_a = \frac{[H^+][F^-]}{[HF]} = \frac{(0.10)(x)}{0.20} = 6.8\times10^{-4}$$

$x = 1.4\times10^{-3}$

$[H^+] = 0.10 + x = 0.10 + (1.4\times10^{-3}) \cong 0.10$

pH $= -\log(0.10) =$ **1.00**

예제 16.2

0.1 M CH_3COOH + 0.1 M CH_3COONa 완충 용액의 pH는?

풀이

ICE 표를 작성하면,

	CH_3COOH(aq)	H^+(aq)	CH_3COO^-(aq)
I	0.10	0	0.10
C	$-x$	$+x$	$+x$
E	$0.10-x$	x	$0.10+x$

$$K_a = \frac{[H^+][CH_3COO^-]}{[CH_3COOH]}$$

$$[H^+] = K_a\left(\frac{[CH_3COOH]}{[CH_3COO^-]}\right) = (1.8\times10^{-5})\left(\frac{0.10-x}{0.10+x}\right) \cong (1.8\times10^{-5})\left(\frac{0.10}{0.10}\right)$$

$[H^+] = (1.8 \times 10^{-5})$

$pH = -\log(1.8 \times 10^{-5}) = \mathbf{4.74}$

4) Henderson-Hasselbalch 식

$$HA(aq) + H_2O(l) \rightleftharpoons H_3O^+(aq) + A^-(aq)$$

$$K_a = \frac{[H_3O^+][A^-]}{[HA]}$$

$$[H_3O^+] = K_a \frac{[HA]}{[A^-]}$$

$$-\log([H_3O^+]) = -\log K_a - \log \frac{[HA]}{[A^-]}$$

$$pH = pK_a + \log \frac{[A^-]}{[HA]}$$

$$pH = pK_a + \log \frac{[\text{염기}]}{[\text{산}]}$$

예제 16.3

Henderson-Hasselbalch 식을 이용하여, 〈예제 16.2〉에 있는 완충 용액의 pH를 구하면?

풀이

$pK_a = -\log K_a = -\log(1.8 \times 10^{-5}) = 4.74$

$[\text{염기}] = [CH_3COO^-] = 0.10\ M$

$[\text{산}] = [CH_3COOH] = 0.10\ M$

$pH = pK_a + \log \frac{[\text{염기}]}{[\text{산}]} = 4.74 + \log\left(\frac{0.10}{0.10}\right) = \mathbf{4.74}$

5) $\mathrm{pH} - \mathrm{p}K_a$ =상수에서 **"상수"**가 가지는 의미

Henderson-Hasselbalch 식

$$\mathrm{pH} = \mathrm{p}K_a + \log\frac{[\text{염기}]}{[\text{산}]}$$

에서

$$\mathrm{pH} - \mathrm{p}K_a = \log\frac{[\text{염기}]}{[\text{산}]}$$

이므로,

$$\log\frac{[\text{염기}]}{[\text{산}]} = \text{상수} \Rightarrow \frac{[\text{염기}]}{[\text{산}]} = 10^{\text{상수}}$$

(a) 산과 짝 염기의 해리 정도를 예측할 수 있다.

(b) 완충 용액을 만들 때, 1 mol 산(HA)마다 $10^{\text{상수}}$ mol 짝 염기(A^-)를 포함해야 한다.

예를 들어, $\mathrm{pH} = \mathrm{p}K_a + 2$이면,

$$\mathrm{pH} - \mathrm{p}K_a = 2$$

$$\log\frac{[\text{염기}]}{[\text{산}]} = 2 \Rightarrow \frac{[\text{염기}]}{[\text{산}]} = 10^2 = 100$$

(c) 101개의 산 분자(HA)는 100개의 짝 염기 분자(A^-)로 해리되므로, 이것은 99% 해리에 해당된다.

(d) 이 완충 용액을 만들 때, 1 mol 산 분자(HA)와 100 mol 짝 염기 분자(A^-)가 필요하다.

16.2 완충 용액의 작용

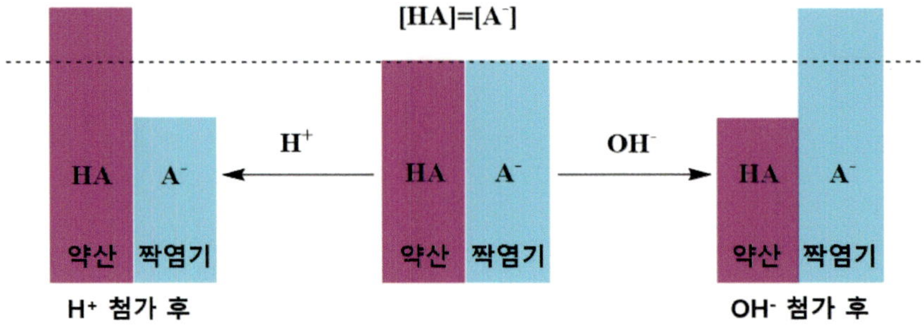

1) H^+ 혹은 OH^- 어느 것이 첨가되어도 완충 용액은 반응할 수 있다.

2) 완충 용액에 H^+이 첨가되면 그 짝 염기는 중화되어 약산으로 바뀐다.

3) 완충 용액에 OH^-이 첨가되면 약산은 중화되어 그 짝 염기로 바뀐다.

예제 16.4

0.1 M CH_3COOH − 0.1 M CH_3COONa 용액 1 L에 0.01 mol NaOH(s)를 첨가했을 때, pH의 변화는?

풀이

$$pH = pK_a + \log\frac{[\text{염기}]}{[\text{산}]} = -\log(1.8\times10^{-5}) + \log\left(\frac{0.1}{0.1}\right) = \mathbf{4.74}$$

	$CH_3COOH(aq)$	+	$OH^-(aq)$	↔	$H_2O(l)$	+	$CH_3COO^-(aq)$
첨가 전	0.10		0.01				0.10
첨가	−0.01		−0.01				+0.01
첨가 후	0.09		0				0.11

0.01 mol NaOH를 첨가하였을 때, 이 용액 내에서는

$$pH = pK_a + \log\frac{[염기]}{[산]} = -\log(1.8\times10^{-5}) + \log\left(\frac{0.11}{0.09}\right) = \mathbf{4.82}$$

0.01 mol NaOH를 첨가하였을 때, pH는 4.74에서 4.82로 증가하였다.

예제 16.5

0.1 M CH_3COOH – 0.1 M CH_3COONa 용액 1 L에 0.01 mol HCl를 첨가했을 때, pH의 변화는?

풀이

$$pH = pK_a + \log\frac{[염기]}{[산]} = -\log(1.8\times10^{-5}) + \log\left(\frac{0.1}{0.1}\right) = \mathbf{4.74}$$

	$CH_3COO^-(aq)$	+	$H^+(aq)$	→	$H_2O(l)$	+	$CH_3COOH(aq)$
첨가 전	0.10		0.01		–		0.10
첨가	−0.01		−0.01		–		+0.01
첨가 후	0.09		0		–		0.11

0.01 mol HCl를 첨가했을 때, 이 용액 내에서는

$$pH = pK_a + \log\frac{[염기]}{[산]} = -\log(1.8\times10^{-5}) + \log\left(\frac{0.09}{0.11}\right) = \mathbf{4.66}$$

0.01 mol HCl를 첨가하였을 때, pH는 4.74에서 4.66으로 감소하였다.

16.3 완충 용량과 pH 범위

1) 완충 용량은 완충 용액의 pH가 현저히 변화하기 전까지의 완충 용액을 중화할 수 있는 산이나 염기의 양을 말하며, 급격한 pH 변화를 보이지 않고, H^+나 OH^-와 반응하는 데 있어 한계 용량을 지칭한다.

2) 완충 용액의 pH 범위는 그 완충 용액이 효과적으로 작용할 수 있는 pH 범위를 의미한다.

예를 들면, $H_2CO_3 - HCO_3^-$ 완충 용액(H_2CO_3의 $K_a = 4.2 \times 10^{-7}$)

$$\mathrm{pH} = \mathrm{p}K_a + \log\frac{[\mathrm{HCO_3^-}]}{[\mathrm{H_2CO_3}]}$$

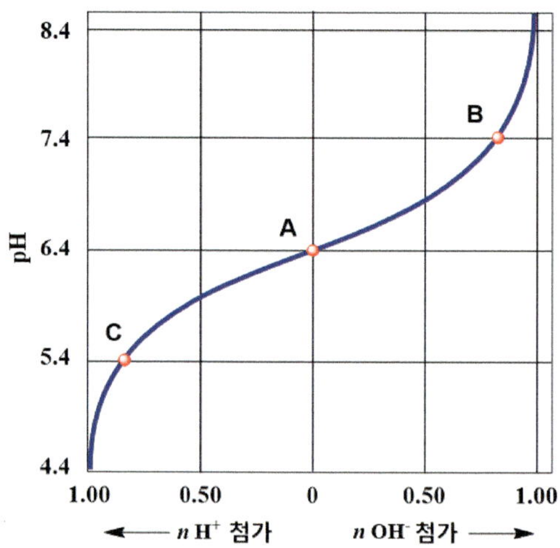

점 A에서

$$\mathrm{pH} = \mathrm{p}K_a = -\log(4.2 \times 10^{-7}) = 6.4$$

기울기는 매우 작고, 완충 용액은 급격한 pH의 변화 없이 OH^-나 H^+ 이온을 흡수하는 최대 용량을 가진다.

점 B에서

$$\mathrm{pH} = 7.4,\ [\mathrm{HCO_3^-}] = 10 \times [\mathrm{H_2CO_3}]$$

기울기는 매우 크다. 따라서 소량의 H_2CO_3 분자만 남아 완충 용액은 OH^-이온을 흡수할 용량을 잃는다.

점 C에서

$$pH = 5.4,\ [H_2CO_3] = 10 \times [HCO_3^-]$$

pH가 급격히 떨어져 매우 적은 HCO_3^- 이온만 남아 완충 용액은 H^+ 이온을 흡수하는 용량을 잃는다.

16.4 산–염기 적정

1) 산–염기 적정은 미지 농도의 염기성(또는 산성) 용액을 농도를 알고 있는 산성(또는 염기성) 용액과 반응시켜, 미지 시료의 농도를 찾는 방법이다.

2) pH는 pH기기나 지시약을 이용한다.

3) 당량점(Equivalence point)은 같은 양의 산과 염기가 반응하여 반응이 완결되는 점으로서, 염기의 mol 수와 산의 mol 수가 화학량론적으로 같은 점이다.

4) 적정 곡선: 적가액의 부피 vs. pH의 그래프

5) 산–염기 적정의 계산 문제는 당량점을 기준으로 3부분으로 나누어 풀이한다.
(a) 당량점 이전 (b) 당량점 (c) 당량점 이후

16.5 강산–강염기 적정

0.100 M HCl 50.0 mL를 0.100 M NaOH로 적정할 때,

1) 당량점에 도달하는 데 필요한 NaOH의 부피

$$n_1 = n_2 \Rightarrow \text{MV} = \text{M}'\text{V}'$$

$$(0.100\ \text{M})(50.0\ \text{mL}) = (0.100\ \text{M})(x\ \text{mL})$$
$$x = 50.0\ \text{mL}$$
$$\text{초기 HCl mol} = (0.050\ \text{L})\left(\frac{0.100\ \text{mol}}{1\ \text{L}}\right) = 0.005\ \text{mol}$$

2) 초기 pH(염기 첨가 전)

$$\text{pH} = -\log(0.100) = \mathbf{1.00}$$

3) NaOH 5.00 mL 첨가한 후의 pH

$$\text{첨가된 OH}^-\text{의 mol 수} = (0.0050\ \text{L})\left(\frac{0.1\ \text{mol}}{1\ \text{L}}\right) = 0.0005\ \text{mol OH}^-$$

	$OH^-(aq)$	+	$H^+(aq)$	→	$H_2O(l)$
첨가 전	0		0.005		–
첨가	0.0005				–
첨가 후	0		0.045		–

$$[\text{H}^+] = \frac{4.5\ \text{mmol}}{50\ \text{mL} + 5\ \text{mL}} = 0.0818\ \text{M}$$

$$\text{pH} = -\log[0.0818] = \mathbf{1.09}$$

4) NaOH 50 mL 첨가했을 때 pH(당량점)

$$\text{H}_2\text{O}(l) \rightarrow \text{H}^+(aq) + \text{OH}^-(aq)$$

$$K_w = [\text{H}^+][\text{OH}^-] = x^2 = 1.0 \times 10^{-14}$$

$$x = 1.0 \times 10^{-7} \Rightarrow \mathbf{pH = 7.0}$$

5) NaOH 55 mL 첨가했을 때 pH

$$55.0\ \mathrm{mL} \times \frac{0.1\ \mathrm{mol\ NaOH}}{1\ \mathrm{L\ NaOH}} \times \frac{1\ \mathrm{L}}{1000\ \mathrm{mL}} = 0.0055\ \mathrm{mol\ NaOH}$$

HCl 50.0 mL의 몰수는 5 mmol이므로, HCl를 전부 중화하고
남은 NaOH의 몰수는 (0.0055 mol − 0.005 mmol) = 0.0005 mol이다.

	$OH^-(aq)$	+	$H^+(aq)$	→	$H_2O(l)$
첨가 전	0		0.005		−
첨가	0.0055		−		−
첨가 후	0.0005		0		−

$$[\mathrm{OH}^-] = \frac{0.00050\ \mathrm{mol}}{0.050\ \mathrm{L} + 0.055\ \mathrm{L}} = 0.00476\ \mathrm{M}$$

$$\mathrm{pOH} = -\log[0.00476] = 2.32$$

$$\mathrm{pH} = 14 - \mathrm{pOH} = 14 - 2.32 = \mathbf{11.68}$$

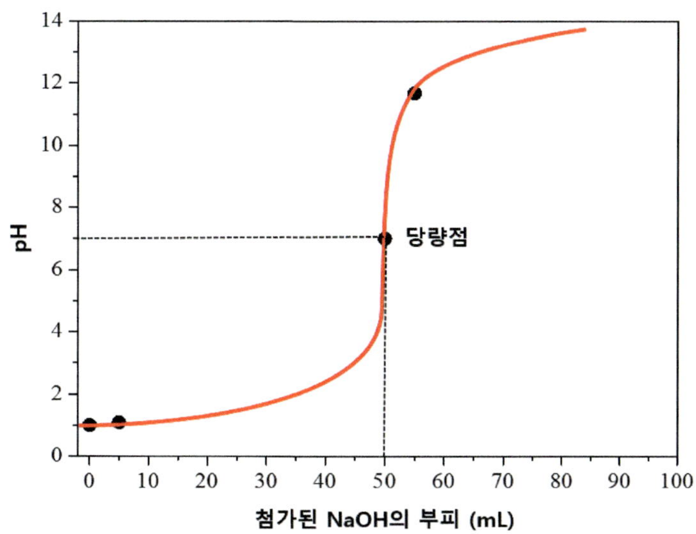

적정 곡선

16.6 약산–강염기 적정

0.10 M CH_3COOH 25.0 mL를 0.10 M NaOH로 적정할 때,

$$NaOH(aq) + CH_3COOH(aq) \rightarrow H_2O(l) + CH_3COONa(aq)$$

1) 당량점에 도달하는 데 필요한 NaOH의 부피

$$\text{초기 } CH_3COOH\ \text{mol} = (0.025\ \text{L})\left(\frac{1.0\ \text{mol}}{1\ \text{L}}\right) = 0.0025\ \text{mol}\ CH_3COOH$$

$$\text{NaOH 용액 부피} = (0.0025\ \text{mol NaOH})\left(\frac{1\ \text{L NaOH}}{0.1\ \text{mol NaOH}}\right) = 0.025\ \text{L}$$

2) 초기 pH(염기 첨가 전)

	$CH_3COOH(aq)$	+	$H_2O(l)$	→	$H_3O^+(aq)$	+	$CH_3COO^-(aq)$
첨가 전	0.1				0		0
첨가	$-x$				$+x$		$+x$
첨가 후	$0.1-x$				x		x

$$K_a = \frac{[H_3O^+][CH_3COO^-]}{[CH_3COOH]} = \frac{x^2}{0.1-x} = 1.8\times10^{-5}$$

$$x = \sqrt{(1.8\times10^{-6})} = 1.34\times10^{-3}$$

$$pH = -\log(1.34\times10^{-3}) = \mathbf{2.87}$$

3) NaOH가 10.00 mL 들어갔을 때,

$$CH_3COOH(aq) + NaOH(aq) \rightarrow H_2O(l) + CH_3COONa(aq)$$

$$\text{첨가된 } OH^-\ \text{mol} = (0.010\ \text{L})\left(\frac{0.1\ \text{mol}}{1\ \text{L}}\right) = 0.001\ \text{mol}\ OH^-$$

	$CH_3COOH(aq)$	+	$NaOH(aq)$	→	$H_2O(l)$	+	$CH_3COONa(aq)$
첨가 전	0.0025		0				0
첨가	–		−0.001				–
첨가 후	0.0015		0				0.001

$$pH = pK_a + \log\frac{[\text{염기}]}{[\text{산}]} = -\log(1.8\times10^{-5}) + \log\left(\frac{0.001}{0.0015}\right) = \mathbf{4.57}$$

4) 당량점에서의 pH

$$MV = M'V' \Rightarrow (1.0\ M)(25\ mL) = (0.1\ M)(x\ mL)$$
$$x = 25\ mL$$

25 mL NaOH의 mol 수

$$= (25\ mL\ NaOH)\left(\frac{0.1\ mol\ NaOH}{1\ L\ NaOH}\right)\left(\frac{1\ L}{1000\ mL}\right) = 0.0025\ mol\ NaOH$$

	$CH_3COOH(aq)$	+	$NaOH(aq)$	→	$H_2O(l)$	+	$CH_3COONa(aq)$
첨가 전	0.0025		0.0025				0
첨가	−0.0025		−0.0025				+0.0025
첨가 후	0		0				0.0025

이때, 전체 부피는 25 mL + 25 mL이다.

$$[CH_3COONa] = \left(\frac{0.0025\ mol}{50\ mL}\right)\left(\frac{1000\ mL}{1\ L}\right) = 0.05\ M$$

	$CH_3COONa(aq)$	+	$H_2O(l)$	→	$CH_3COOH(aq)$	+	$OH^-(aq)$
I	0.05				0		0
C	$-x$				$+x$		$+x$
E	$0.05-x$				x		x

$$K_a \times K_b = K_w$$

$$K_b = \frac{K_w}{K_a} = \frac{(1.0 \times 10^{-14})}{(1.8 \times 10^{-5})} = 5.6 \times 10^{-10}$$

$$K_b = \frac{x^2}{0.05 - x} = 5.6 \times 10^{-10}$$

$$x = \sqrt{(0.05)(5.6 \times 10^{-10})} = 5.3 \times 10^{-6}$$

$$\text{pOH} = -\log(5.3 \times 10^{-6}) = 5.28$$

$$\text{pH} = 14 - \text{pOH} = 14 - 5.28 = \mathbf{8.72}$$

5) NaOH가 35.0 mL 들어갔을 때,

35.0 mL NaOH가 들어갔을 때의 mol 수

$$= (35.0\ \text{mL NaOH})\left(\frac{1.0\ \text{mol NaOH}}{1\ \text{L NaOH}}\right)\left(\frac{1\ \text{L}}{1000\ \text{mL}}\right) = 0.0035\ \text{mol NaOH}$$

	$CH_3COOH(aq)$	+	$NaOH(aq)$	→	$H_2O(l)$	+	$CH_3COONa(aq)$
첨가 전	0.0025						0
첨가			0.0035				—
첨가 후			0.001				0.0025

이때, 전체 부피는 25 mL+35 mL이다.

$$[\text{OH}^-] = \left(\frac{0.001\ \text{mol}}{60\ \text{mL}}\right)\left(\frac{1000\ \text{mL}}{1\ \text{L}}\right) = 0.0167\ \text{M}$$

$$\text{pOH} = -\log(0.0167) = 1.78$$

$$\text{pH} = 14 - \text{pOH} = 14 - 1.78 = \mathbf{12.22}$$

16.7 다양성산의 적정

예를 들면, H_3PO_3를 강염기 NaOH로 적정할 경우, 2개의 당량점을 가진다.

$$H_3PO_3(aq) + OH^-(aq) \rightarrow H_2PO_3^-(aq) + H_2O(l)$$

$$H_2PO_3^-(aq) + OH^-(aq) \rightarrow HPO_3^{2-}(aq) + H_2O(l)$$

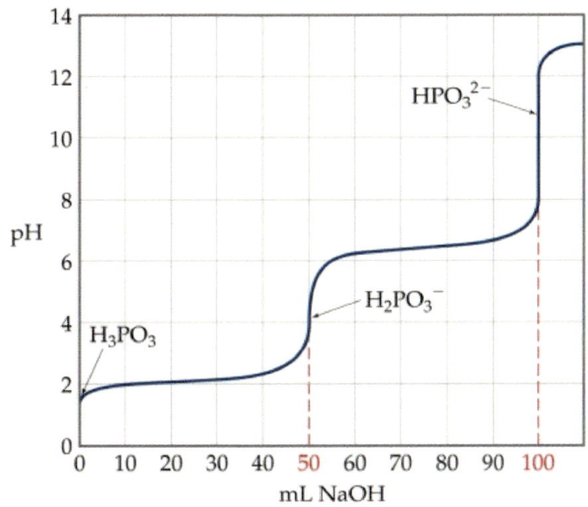

16.8 용해도곱 상수(K_{sp})

1) 이온화합물의 용해를 나타내는 화학 반응식에 대한 평형식이다.

2) 고체의 농도는 일정하기 때문에 고체는 평형식에서 생략된다.

$$AgCl(s) \rightleftharpoons Ag^+(aq) + Cl^-(aq)$$

$$K_{sp} = [Ag^+][Cl^-]$$

예제 16.6

$PbCl_2(s) \rightleftharpoons Pb^{2+}(aq) + 2Cl^-(aq)$, $K_{sp} = 1.17 \times 10^{-5}$의 각각의 이온에 대한 용해도는?

풀이

	$[Pb^{2+}]$	$[Cl^-]$
I	0.0	0.0
C	+s	+2s
E	s	2s

$$K_{sp} = [Pb^{2+}][Cl^-]^2 = (s)(2s)^2 = 1.17 \times 10^{-5}$$

$$s = \sqrt[3]{\frac{(1.17 \times 10^{-5})}{4}} = \mathbf{1.43 \times 10^{-2}}$$

16.9 용해도에 영향을 주는 인자

1) 공통 이온 효과

0.100 M NaF 용액에서 CaF_2의 해리는 다음과 같다.

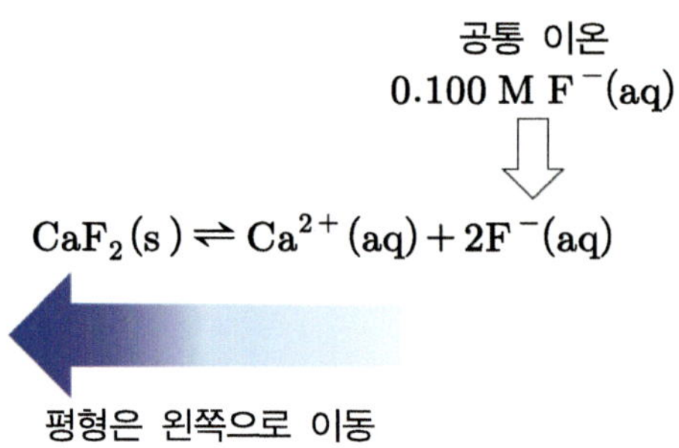

르 샤틀리에 법칙에 의해 용액에 F^-이온이 존재하면, 평형은 왼쪽으로 이동한다.

이것은 적은 양의 CaF_2가 녹는다는 것을 의미한다. **즉, 용해도는 감소한다.**

2) pH 효과

마그네시아 유제의 활성 성분인 $Mg(OH)_2$의 해리를 생각해 보자.

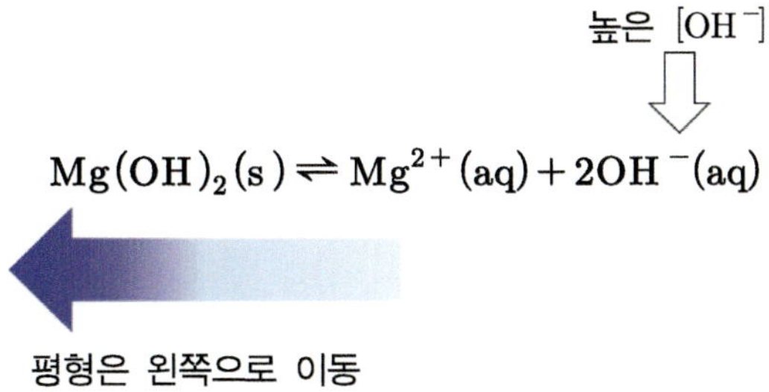

$$Mg(OH)_2(s) \rightleftharpoons Mg^{2+}(aq) + 2OH^-(aq)$$

pH가 높다면 OH^-의 농도가 높을 것이다. 공통 이온 효과에 의해서 이것은 평형을 왼쪽으로 이동시키고 용해도를 낮춘다.

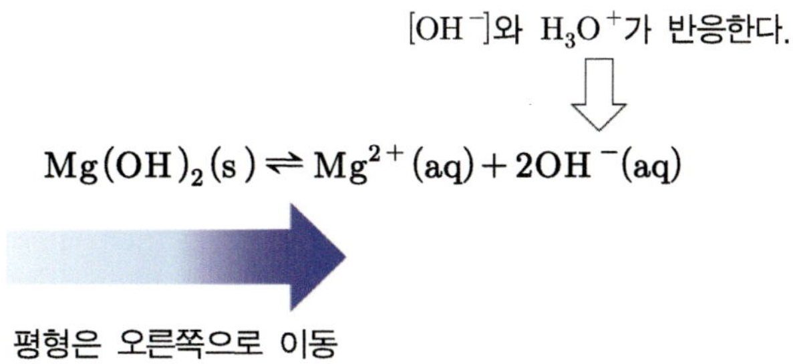

$$Mg(OH)_2(s) \rightleftharpoons Mg^{2+}(aq) + 2OH^-(aq)$$

pH가 낮다면 H_3O^+의 농도가 높을 것이다. Mg(OH)가 녹을 때, H_3O^+이온은 새롭게 용해된 이온을 중화하고 평형을 오른쪽으로 이동시킨다.

즉, 강염기 또는 약염기 이온을 갖는 이온화합물의 용해도는 pH가 감소할 때 증가한다.

3) 착이온 형성

착이온을 형성하는 금속 양이온을 함유한 이온화합물의 용해도는 양이온과 착물을 형성하는 루이스 염기가 존재할 때 증가한다. 금속 양이온의 용해도를 증가시키는 가장 일반적인 루이스 염기는 NH_3, CN^-, OH^- 등이다.

$$AgCl(s) \rightleftharpoons Ag^{+}(aq) + Cl^{-}(aq) \qquad K_{sp} = 1.77 \times 10^{-10}$$

$$Ag^{+}(aq) + 2NH_3(aq) \rightleftharpoons Ag(NH_3)_2^{+}(aq) \qquad K_f = 1.7 \times 10^{7}$$

$$AgCl(s) + 2NH_3(aq) \rightleftharpoons Ag(NH_3)_2^{+}(aq) + Cl^{-}(aq) \quad K = K_{sp} \times K_f = 3.0 \times 10^{-3}$$

즉, 르 샤틀리에 법칙에 의하면, 암모니아는 착이온 형태로 Ag^{+}와 결합하여 용해도 평형은 오른쪽으로 이동시킨다.

4) 양쪽성 금속 수산화물의 용해도

예를 들면, $Al(OH)_3$의 $K_{sp} = 2.0 \times 10^{-32}$이다. 물에 잘 녹지 않고 대부분 고체로 가라앉는다는 뜻이다.

즉, $Al(OH)_3(s) + 3H_3O^{+}(aq) \rightleftharpoons Al^{3+}(aq) + 6H_2O(l)$

→ $Al(OH)_3(s)$는 이 반응에서 염기로 작용한다.

$Al(OH)_3(s) + OH^{-}(aq) \rightleftharpoons Al(OH)_4^{-}(aq)$

→ $Al(OH)_3(s)$는 이 반응에서 산으로 작용한다.

일반적인 양쪽성 수산화물을 형성하는 양이온: Al^{3+}, Cr^{3+}, Zn^{2+}, Pb^{2+}, Sn^{2+}

16.10 K_{sp}와 침전 형성

$$Ag^{+}(aq) + Cl^{-}(aq) \rightarrow AgCl(s)$$

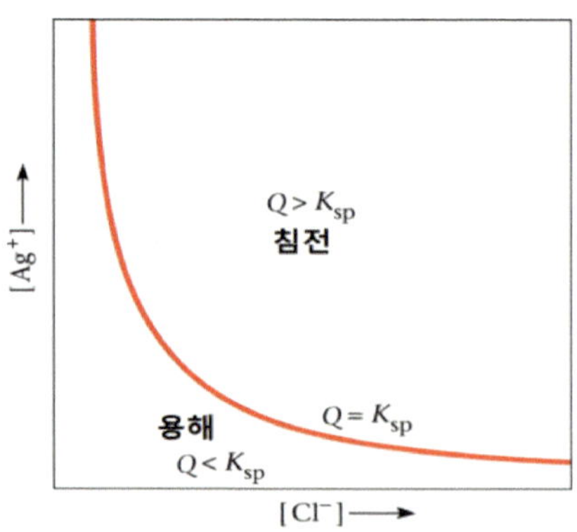

1) 만약 $Q > K_{sp}$, 침전을 형성, 평형이 이루어질 때까지 농도가 감소

2) 만약 $Q < K_{sp}$, 용액은 불포화, 침전을 형성하지 않음

3) 만약 $Q = K_{sp}$, 용액은 포화되어 있고, 침전이 생성됨

예제 16.7

2.0×10^{-2} M NaF 0.050 L와 1.0×10^{-2} M $Ca(NO_3)_2$ 0.010 L를 혼합하였을 때, 침전을 형성하는가?

풀 이

Ca^{2+}의 mol 수 $= (0.050\ L) \times \left(\frac{1.0 \times 10^{-2}}{1\ L}\right) = 0.0005\ mol\ Ca^{2+}$

혼합물에 존재하는 $[Ca^{2+}]$는

$\frac{0.0005\ mol\ Ca^{2+}}{(0.05\ L + 0.01\ L)} = 0.0083\ M$

F^-의 mol 수 $= (0.050\ L) \times \left(\frac{2.0 \times 10^{-2}}{1\ L}\right) = 0.001\ mol\ F^-$

혼합물에 존재하는 $[F^-]$는

$\frac{0.001\ mol\ Ca^{2+}}{(0.05\ L + 0.01\ L)} = 0.017\ M$

$Q = [Ca^{2+}][F^-]^2 = (0.0083)(0.017)^2 = 0.0000024 = 2.4 \times 10^{-6}$

$Q > K_{sp}$이므로, CaF_2는 침전할 것이다.

16.11 선별 침전

가) 용액 중에 2개의 양이온이 존재할 때, 하나의 양이온만을 침전시키는 음이온을 가하는 방법

나) 예를 들어, CO_3^{2-}와 OH^-가 들어 있는 용액에 Mg^{2+}과 Na^+를 첨가하였을 때

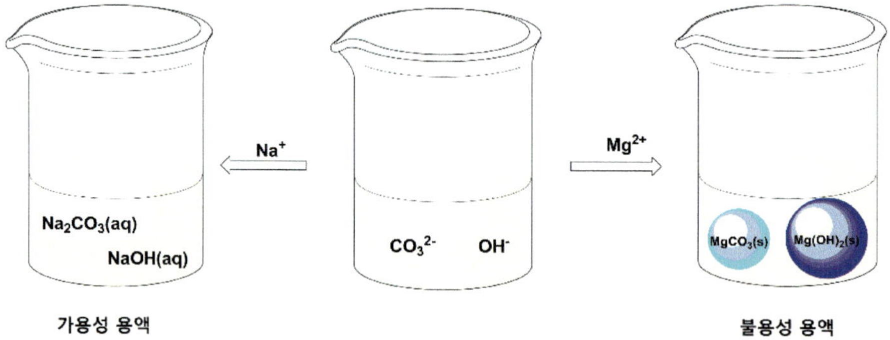

예제 16.8

해수에 들어 있는 마그네슘과 칼슘 이온($[Mg^{2+}] = 0.059\ M$, $[Ca^{2+}] = 0.011\ M$)은 KOH에 의해서 선별적인 침전으로 분리가 가능하다. Mg^{2+}이온의 침전을 시작하기 위해 필요한 최소의 $[OH^-]$는 얼마인가?

풀이

$Q = [Mg^{2+}][OH^-]^2 = (0.059)[OH^-]^2$

$K_{sp}(Mg(OH)_2) = 2.06 \times 10^{-13}$

침전을 위해서는 $Q = K_{sp}$일 때, 가능하므로

$(0.059)[OH^-]^2 = 2.06 \times 10^{-13}$

$$[OH^-] = \sqrt{\frac{2.06 \times 10^{-13}}{0.059}} = 1.9 \times 10^{-6}\ M$$

16.12 침전의 용해: 물에 불용성인 이온성 고체를 녹이는 방법

음이온이나 양이온과 반응할 수 있도록 특정시약을 첨가하는 방법

1) 강산: 염기성 음이온과 반응

예제 16.9

$Zn(OH)_2(s) + 2H^+(aq) \rightleftharpoons Zn^{2+}(aq) + 2H_2O(l)$

(a) 다중 평형 규칙을 두 단계 과정에 적용하여 이 반응의 K를 구하면?

(b) K를 이용하여, pH 5.0인 산에서 $Zn(OH)_2$의 몰 용해도 s를 계산하면?

풀이

(a)

$Zn(OH)_2(s) \rightleftharpoons Zn^{2+}(aq) + 2OH^-(aq)$	$K_1 = K_{sp}(Zn(OH)_2)$
$2H^+(aq) + 2OH^-(aq) \rightleftharpoons 2H_2O(aq)$	$K_2 = 1/(K_w)^2$
$Zn(OH)_2(s) + 2H^+(aq) \rightleftharpoons Zn^{2+}(aq) + 2H_2O(l)$	$K = K_1 \times K_2$

$$K = K_1 \times K_2 = (4.0 \times 10^{-17})\left(\frac{1}{(1.0 \times 10^{-14})^2}\right) = 4.0 \times 10^{11}$$

(b) $Zn(OH)_2(s) + 2H^+(aq) \rightleftharpoons Zn^{2+}(aq) + 2H_2O(l)$

$$K = \frac{[Zn^{2+}]}{[H^+]^2} \Rightarrow [Zn^{2+}] = [H^+]^2 \times K$$

$$s = (1.0 \times 10^{-5})^2 \times (4.0 \times 10^{11}) = 40\ mol/L$$

2) 착물 형성

암모니아나 수산화소듐은 NH_3나 OH^-와 안정한 착물을 형성할 수 있는 양이온을 가지고 있는 침전을 녹이는 데 사용한다.

$Zn(OH)_2(s) \rightleftharpoons Zn^{2+}(aq) + 2OH^-(aq)$	K_{sp}
$Zn^{2+}(aq) + 4NH_3(aq) \rightleftharpoons Zn(NH_3)_4^{2+}(aq)$	K_f
$Zn(OH)_2(s) + 4NH_3(aq) \rightleftharpoons Zn(NH_3)_4^{2+}(aq) + 2OH^-(aq)$	$K = (K_{sp})(K_f)$

CHAPTER 17

자발성, 엔트로피 및 자유 에너지

17.1 자발적 과정

☞ 2개의 주사위를 이용해서 숫자의 합이 12가 나올 확률과 7이 나올 확률은 어떻게 될까?

외부의 진행중인 간섭(외부 힘에 의해 일하는 것) 없이 일어난다.
자발적 과정이란 반응계가 평형 방향으로 움직이는 것이다.

자발적 과정의 예

- 낭떠러지로 떨어지는 폭포수
- 설탕 덩어리는 커피 잔 속에서 자발적으로 녹는다.
- 1기압에서 물은 0℃ 이하에서는 얼고 0℃ 이상에서는 녹는다.
- 열은 뜨거운 물체에서 차가운 물체 쪽으로 흐른다.
- 진공으로 된 구에서 기체가 팽창하는 것은 자발적이다.
- 철이 산소와 물의 존재하에서 녹이 슨다.

1) 에너지 요인: 많은 자발적인 과정은 에너지의 감소와 함께 진행된다.

$$2H_2(g) + O_2(g) \rightarrow 2H_2O(l) \quad \Delta H = -571.6\ kJ$$

2) 무질서 요인: 자연은 낮은 확률 상태에서보다 높은 확률 상태로 자발적으로 움직이려는 경향이 있다(G. N. Lewis). **즉, 자연은 자발적으로 정돈된 상태보다는 무질서 상태로 가려는 경향이 있다.**

예제 17.1

다음 중 자발적인 것은?

(a) 25℃에서 녹아 있는 파라핀
(b) 색깔에 따라 사과 고르기
(c) 화학 노트 정리
(d) 바람이 낙엽 더미를 흩뜨린다.

풀이

(a) 비자발적, (b) 비자발적, (c) 비자발적, (d) 자발적

17.2 엔트로피(Entropy)와 열역학 제2법칙

1) 엔트로피(S): 계의 무질서한 정도

2) 열역학 제2법칙: 자발적 과정에서 우주의 엔트로피는 항상 증가한다.

$$\Delta S_{우주} = \Delta S_{계} + \Delta S_{주위}$$

가) 평형 과정: $\Delta S_{우주} = \Delta S_{계} + \Delta S_{주위} = 0$

나) 자발적 과정: $\Delta S_{우주} = \Delta S_{계} + \Delta S_{주위} > 0$

3) 물질의 엔트로피는 그 물질의 무질서의 정도를 정량적으로 측정하는 것이다.

가) 위치 무질서(positional disorder): 공간에서 입자의 분포

나) 열적 무질서(thermal disorder): 입자들 사이에 존재할 수 있는 에너지의 분포

4) 물질에 저장된 에너지의 양이 증가하면 증가할수록 에너지가 분포하는 방법의 수가 증가한다. 따라서 열적 무질서가 점점 더 커지게 되고 엔트로피도 점점 증가한다.

5) 일정온도에서 기체의 부피가 증가할 때 기체의 몰엔트로피는 증가한다.

6) 용질의 몰엔트로피는 용매를 용액에 넣으면 증가한다.

17.3 표준 몰엔트로피(S^o)

1) 1 atm의 압력과 주어진 어느 온도에서 물질의 **표준 몰엔트로피**를 결정할 수 있는데, 대부분의 경우 25℃의 온도를 택한다.

2) 기체 또는 용질의 몰엔트로피는 농도에 크게 의존한다.

3) 기체의 몰엔트로피는 가장 크고 고체의 몰엔트로피는 가장 작다.

4) 영족 기체에서 주기율표 아래로 내려갈수록 분자량이 증가하기 때문에 몰엔트로피는 증가한다(분자량의 증가는 열적 무질서를 증가시키고 따라서 엔트로피는 증가한다).

예제 17.2

다음 반응에 대한 각각의 ΔS^o의 부호를 예측하면?

(a) $H_2(g) + Ni^{2+}(aq) \rightarrow 2H^+(aq) + Ni(s)$

(b) $Cu(s) + 2H^+(aq) \rightarrow H_2(g) + Cu^{2+}(aq)$

(c) $N_2O_4(g) \rightarrow 2NO_2(g)$

풀이

(a) 이 반응에서는 반응물에서 생성물로 전체 기체의 mol 수가 감소하므로, 엔트로피도 감소한다. 그러므로 $\Delta S(-)$이다.

(b) 이 반응에서는 반응물에서 생성물로 전체 기체의 mol 수가 증가하므로, 엔트로피도 증가한다. 그러므로 $\Delta S(+)$이다.

(c) 이 반응에서는 반응물에서 생성물로 기체 mol 수가 1 mol에서 2 mol로 증가하므로 엔트로피도 증가한다. 그러므로 $\Delta S(+)$이다.

17.4 화학 반응에서 엔트로피의 변화

1) 기체: 기체의 표준 상태는 정확히 1 atm 압력에 있는 순수한 기체이다.

2) 액체 또는 고체: 액체 또는 고체의 표준 상태는 1 atm과 관심 있는 온도(흔히 25℃)에 있는 가장 안정한 형태의 순수한 물질이다.

3) 용액 안의 물질: 용액 안에 있는 물질의 표준 상태는 정확히 1 M 농도이다.

17.5 반응에 대한 엔트로피 변화

화학 반응에서 엔트로피 변화는

$$\Delta S^o_{반응} = \sum n\Delta S^o_{생성물} - \sum m S^o_{반응물}$$

여기서, n, m은 화학 반응식의 계수이다.

1) 주위의 엔트로피 변화

주위의 엔트로피 변화는 계로 들어오는 또는 계로부터 나가는 열의 양에 의해 결정된다.

등온 과정(isothermal process)에 대한 주위의 엔트로피 변화는

$$\Delta S_{주위} = \frac{-\Delta q_{계}}{T}$$

일정압력하에서 q_{sys}는 반응 엔탈피 ΔH^o와 같기 때문에 다음과 같다.

$$\Delta S_{주위} = \frac{-\Delta H_{계}}{T}$$

2) 우주에서 엔트로피 변화

우주(universe)는 계(system)와 주위(surrounding)로 구성되어 있다.

그러므로 $\Delta S_{우주} = \Delta S_{계} + \Delta S_{주위}$

자발적 과정에서

$\Delta S_{우주} > 0$

$$\Delta S_{우주} = \Delta S_{계} + \frac{-\Delta H_{계}}{T}$$

$$-T\Delta S_{우주} = -T\Delta S_{계} + \Delta H_{계}$$

예제 17.3

부록 A를 이용하여 다음 각 반응에 대한 ΔS^o을 계산하면?

(a) $2H_2O_2(l) + N_2H_4(l) \rightarrow N_2(g) + 4H_2O(g)$

(b) $C_2H_2(g) + \frac{5}{2}O_2(g) \rightarrow 2CO_2(g) + H_2O(g)$

(c) $PCl_5(g) + 4H_2O(l) \rightarrow 5Cl^-(aq) + H_2PO_4^-(aq) + 6H^+(aq)$

풀이

$$\Delta S^o_{반응} = \sum n\Delta S^o_{생성물} - \sum m S^o_{반응물}$$

(a) $\Delta S^o = [(1\text{ mol})(191.5\text{ J}\cdot\text{K}^{-1}\cdot\text{mol}^{-1}) + (4\text{ mol})(188.7\text{ J}\cdot\text{K}^{-1}\cdot\text{mol}^{-1})]$
$\quad - [(2\text{mol})(109.6\text{ J}\cdot\text{K}^{-1}\cdot\text{mol}^{-1}) + (1\text{ mol})(121.2\text{ J}\cdot\text{K}^{-1}\cdot\text{mol}^{-1})]$

$\Delta S^o = \mathbf{605.9\ J\cdot K^{-1}}$

(b) $\Delta S^o = [(2\text{ mol})(213.6\text{ J}\cdot\text{K}^{-1}\cdot\text{mol}^{-1}) + (1\text{ mol})(188.7\text{ J}\cdot\text{K}^{-1}\cdot\text{mol}^{-1})]$
$\quad - [(1\text{ mol})(200.8\text{ J}\cdot\text{K}^{-1}\cdot\text{mol}^{-1}) + (5/2\text{ mol})(205.0\text{ J}\cdot\text{K}^{-1}\cdot\text{mol}^{-1})]$

$\Delta S^o = \mathbf{-97.1\ J\cdot K^{-1}}$

(c) $\Delta S^o = [(5\text{ mol})(56.5\text{ J}\cdot\text{K}^{-1}\cdot\text{mol}^{-1}) + (1\text{ mol})(90.4\text{ J}\cdot\text{K}^{-1}\cdot\text{mol}^{-1})$
$\quad + (6\text{ mol})(0.0\text{ J}\cdot\text{K}^{-1}\cdot\text{mol}^{-1})]$
$\quad - [(1\text{ mol})(364.5\text{ J}\cdot\text{K}^{-1}\cdot\text{mol}^{-1}) + (4\text{ mol})(69.9\text{ J}\cdot\text{K}^{-1}\cdot\text{mol}^{-1})]$

$\Delta S^o = \mathbf{-271.2\ J\cdot K^{-1}}$

17.6 열역학 제3법칙(Third Law of Thermodynamics)

1) 모든 완전 결정 물질의 엔트로피는 $T = 0$ K에서 0이다. 즉, 절대영도 $T = 0$ K에서는 모든 열 운동이 없으며, 완전 결정에서는 모든 원자나 이온들이 규칙적이고 고른 배열을 하고 있다. 입자들이 편재화되고, 열 운동이 사라진다는 것은 엔트로피가 0이 된다는 것을 뜻한다.

2) 통계열역학에서 Boltzmann 식에 따르면 $S = k\ln W$이다. 이때 k는 Boltzmann 상수, W는 가질 수 있는 상태의 수이다. 절대영도에서는 분자의 배열 방법이 단 하나뿐이어서 $W = 1$이며, 그에 따라 $S = 0$이 된다.

17.7 Gibbs 자유 에너지(Gibbs Free Energy)

1) 엔탈피와 무질서도의 변화가 특정반응을 자발적으로 일으키는가를 결정한다.

$$\Delta G = \Delta H - T\Delta S$$

2) 자유 에너지의 변화는 물리화학적 과정의 자발적성에 대한 일반적인 기준이다.

가) $\Delta G < 0$ 자발적 과정

나) $\Delta G = 0$ 평형 상태

다) $\Delta G > 0$ 비자발적 과정

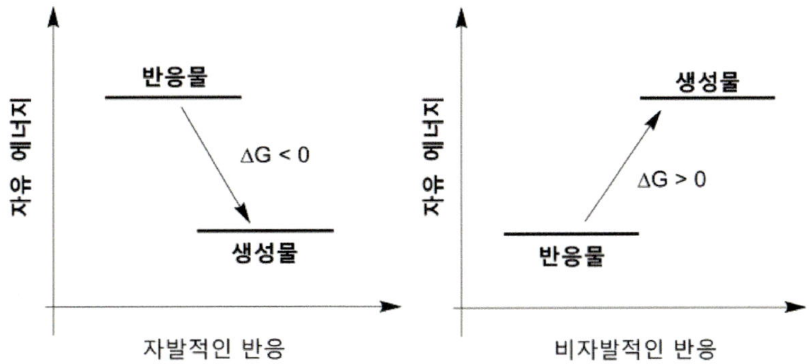

예제 17.4

다음 주어진 각 반응에 대해 415 K에서의 ΔG^o를 계산하면?

$$2H_2O_2(l) + N_2H_4(l) \rightarrow N_2(g) + 4H_2O(g)$$

풀이

$$\Delta S^o_{반응} = \Sigma n \Delta S^o_{생성물} - \Sigma m S^o_{반응물}$$

$\Delta S^o = [(1\ \text{mol})(191.5\ \text{J} \cdot \text{K}^{-1} \cdot \text{mol}^{-1}) + (4\ \text{mol})(188.7\ \text{J} \cdot \text{K}^{-1} \cdot \text{mol}^{-1})]$
$\quad - [(2\ \text{mol})(109.6\ \text{J} \cdot \text{K}^{-1} \cdot \text{mol}^{-1}) + (1\ \text{mol})(121.2\ \text{J} \cdot \text{K}^{-1} \cdot \text{mol}^{-1})]$

$\Delta S^o = 605.9\ \text{J} \cdot \text{K}^{-1} = 0.6059\ \text{kJ} \cdot \text{K}^{-1}$

$$\Delta H^o_{반응} = \Sigma n \Delta H^o_{생성물} - \Sigma m H^o_{반응물}$$

$\Delta H^o = [(1\ \text{mol})(0.0\ \text{J} \cdot \text{K}^{-1} \cdot \text{mol}^{-1}) + (4\ \text{mol})(-241.8\ \text{J} \cdot \text{K}^{-1} \cdot \text{mol}^{-1})]$
$\quad - [(2\ \text{mol})(-187.8\ \text{J} \cdot \text{K}^{-1} \cdot \text{mol}^{-1}) + (1\ \text{mol})(50.6\ \text{J} \cdot \text{K}^{-1} \cdot \text{mol}^{-1})]$

$\Delta H^o = -642.2\ \text{kJ}$

$\Delta G^o = \Delta H^o - T\Delta S^o = (-642.2\ \text{kJ}) - (415\ \text{K})(0.6059\ \text{kJ} \cdot \text{K}^{-1}) = -894\ \text{kJ}$

$\Delta G^o < 0$이므로 이 반응은 자발적인 반응이다.

17.8 자유 에너지에 대한 온도, 압력, 농도의 영향

$$\Delta G^o = \Delta H^o - T\Delta S^o$$

1) 온도

반응의 자발성에 미치는 온도 효과

ΔH	ΔS	$-T\Delta S$	$\Delta G = \Delta H - T\Delta S$	설명
−	+	−	−	모든 온도에서 자발적
+	−	+	+	모든 온도에서 비자발적
+	+	−	+ 또는 −	낮은 온도에서 비자발적, 높은 온도에서 자발적
−	−	+	+ 또는 −	낮은 온도에서 자발적, 높은 온도에서 비자발적

2) 압력, 농도

자유 에너지에 대한 계산은 표준 자유 에너지 ΔG^o에 국한되었지만, 어떤 조건하에서는 자유 에너지의 변화 ΔG의 관계식은 다음과 같이 간단히 할 수 있다.

$$\Delta G = \Delta G^o + RT\ln Q$$

이 식에서 Q는 "**반응 지수**"라고 하며, 반응 지수는 평형 상수 K와 같은 수식의 형태를 지니고 있다. 이들의 차이점은 Q에서 이용되는 변수들은 평형 값이 아닌 초기의 **압력** 또는 **농도**로 표현된다.

반응 지수(Q)를 나타낼 때,

가) 기체의 경우, atm 단위로 부분압력으로 반응 지수 식에 표현한다.

나) 수용액의 경우, 몰농도로 반응 지수 식에 표현한다.

다) 순수한 액체나 고체는 반응 지수 식에 나타내지 않는다. 즉, 그 값을 1로 나타낸다.

라) 묽은 용액에서 용매도 반응 지수 식에 나타내지 않는다.

예를 들면, 다음 반응을 생각해 보자.

$$Mg(s) + 2H^+(aq) \rightarrow Mg^{2+}(aq) + H_2(g)$$

이 반응에 대한 "반응 지수" Q를 표현하면, 다음과 같다.

$$\Delta G = \Delta G^o + RT\ln\frac{[Mg^{2+}] \times P_{H_2}}{[H^+]^2}$$

$$Q = \frac{[Mg^{2+}] \times P_{H_2}}{[H^+]^2}$$

예제 17.5

다음 반응은 25℃에서 $[H^+] = [C_2H_3O_2^-] = 0.85\ M$이고, $[HC_2H_3O_2] = 0.15\ M$일 때, 자발적인가?

$$HC_2H_3O_2(aq) \rightleftharpoons H^+(aq) + C_2H_3O_2^-(aq) \quad \Delta G^o = +27.2\ kJ$$

풀이

$$Q = \frac{[H^+][C_2H_3O_2^-]}{[HC_2H_3O_2]} = \frac{(0.85)(0.85)}{(0.15)} = 4.8$$

$\Delta G = \Delta G^o + RT\ln Q = (27.2\ \text{kJ}) + (0.008314\ \text{kJ} \cdot \text{mol}^{-1} \cdot \text{K}^{-1})(298.15\ \text{K})\ln(4.8)$

$\boldsymbol{\Delta G = +31.1\ \text{kJ}}$

$\Delta G > 0$이므로, 이 반응은 **비자발적 반응**이다.

예제 17.6

다음 반응에 대하여 물음에 답하시오.

$$O_2(g) + 4H^+(aq) + 4Fe^{2+}(aq) \rightarrow 2H_2O(l) + 4Fe^{3+}(aq)$$

(a) 25℃에서의 반응에 대한 ΔG^o를 구하면?

(b) $[Fe^{2+}] = [Fe^{3+}] = 0.250\ \text{M}$, $P_{O_2} = 0.755\ \text{atm}$, $\text{pH} = 3.12$일 때, 25℃에서의 반응에 대한 ΔG^o를 구하면?

풀이

(a) $\Delta G^o_{반응} = \sum n\Delta G^o_{생성물} - \sum m G^o_{반응물}$

$\Delta G^o = [(2\ \text{mol})(-237.2\ \text{kJ} \cdot \text{mol}^{-1}) + (4\ \text{mol})(-4.7\ \text{kJ} \cdot \text{mol}^{-1})]$

$- [(1\ \text{mol})(0.0\ \text{kJ} \cdot \text{mol}^{-1}) + (4\ \text{mol})(0.0\ \text{kJ} \cdot \text{mol}^{-1}) + (4\ \text{mol})(-78.9\ \text{kJ} \cdot \text{mol}^{-1})]$

$= \mathbf{-177.6\ kJ}$

(b) $[H^+] = 10^{-\text{pH}} = 10^{-3.12} = 7.6 \times 10^{-4}\ \text{M}$

$$Q = \frac{[Fe^{3+}]^4}{P_{O_2}[H^+]^4[Fe^{2+}]^4} = \frac{(0.250)^4}{(0.755)(7.6\times10^{-4})^4(0.250)^4} = 3.97\times10^{12}$$

$\Delta G = \Delta G^o + RT\ln Q = (-177.6\ \text{kJ}) + (0.008314\ \text{kJ} \cdot \text{mol}^{-1} \cdot \text{K}^{-1})(298.15\ \text{K})\ln(3.97\times10^{12})$

$\boldsymbol{\Delta G = -105.6\ \text{kJ}}$

예제 17.7

다음 반응에서

$$AgCl(g) \rightarrow Ag^{+}(aq) + Cl^{-}(aq)$$

(a) 25℃에서 ΔG^o를 구하면?

(b) $[Ag^+] = [Cl^-]$일 때, $\Delta G^o = -1.0\,kJ$가 되기 위해서 $[Ag^+]$와 $[Cl^-]$의 농도는?

풀이

(a) $\Delta G^o_{반응} = \Sigma n \Delta G^o_{생성물} - \Sigma m\, G^o_{반응물}$

$$\Delta G^o = [(1\,mol)(77.1\,kJ \cdot mol^{-1}) + (1\,mol)(-131.2\,kJ \cdot mol^{-1})]$$
$$-[(1\,mol)(-109.8\,kJ \cdot mol^{-1})] = \mathbf{55.7\,kJ}$$

(b) $\Delta G = \Delta G^o + RT\ln Q \quad Q = [Ag^+][Cl^-]$

$$-1.0\,kJ = (-55.7\,kJ) + (0.008314\,kJ \cdot mol^{-1} \cdot K^{-1})(298.15\,K)\ln[Ag^+][Cl^-]$$
$$\ln[Ag^+][Cl^-] = -22.9$$
$$[Ag^+][Cl^-] = e^{-22.9} = 1.15 \times 10^{-10}$$
$$x^2 = 1.15 \times 10^{-10} \rightarrow \mathbf{x = [Ag^+] = [Cl^-] = 1.07 \times 10^{-5}\,M}$$

17.9 자유 에너지와 평형 상수

등온가역과정

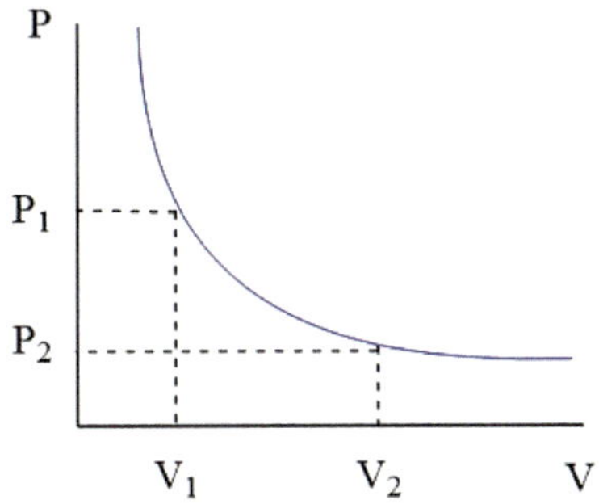

$$w = -\int_{V_1}^{V_2} P\,dV = -nRT\int_{V_1}^{V_2} \frac{1}{V}\,dV$$
$$w = -nRT\ln\frac{V_2}{V_1} \Rightarrow q = -nRT\ln\frac{V_2}{V_1}$$

$\Delta G = \Delta H - T\Delta S$에서
일정온도에서 압력이 변할 때의 이상 기체의 $\Delta H = 0$이기 때문에,
자유 에너지의 변화는

$$\Delta G = -T\Delta S$$

반응이 시작되면 반응물과 생성물의 표준 상태가 지속되지 않으며, 이러한 상태에서 ΔG^0와 ΔG의 관계는 다음과 같다.
등온과정에서 이상 기체의 엔트로피는

$$\Delta S = \frac{\Delta Q}{T}$$

$$dQ = dE_{\text{내부}} + dW = nC_v dT + pdV$$

$$dQ = nC_v dT + nRT\frac{dV}{V}$$

$$dS = \frac{dQ}{T} = nC_v\frac{dT}{T} + nR\frac{dV}{V}$$

$$\Delta S = nR\ln\left(\frac{V_2}{V_1}\right) = nR\ln\left(\frac{P_1}{P_2}\right) = -nR\ln\left(\frac{P_2}{P_1}\right)$$

$$\Delta G = -T\Delta S = nTR\ln\left(\frac{P_2}{P_1}\right) = nRT\ln Q$$

$$\Delta G = \Delta G^o + RT\ln Q$$

가) 반응 혼합물이 대부분 반응물일 때, $Q \ll 1$이고, $RT\ln Q \ll 0$이며, ΔG^o값에 관계없이 $\Delta G < 0$이 되어 정방향으로 반응이 자발적으로 진행될 때 전체 자유 에너지는 감소한다.

나) 반응 혼합물이 대부분 생성물일 때, $Q \gg 1$이고, $RT\ln Q \gg 0$이며, ΔG^o값에 관계없이 $\Delta G > 0$이 되어 역방향으로 반응이 자발적으로 진행될 때 전체 자유 에너지는 감소한다.

만약에 평형일 때, $\Delta G = 0$, $Q = K$이므로

$$0 = \Delta G^o + RT\ln K \rightarrow \Delta G^o = -RT\ln K$$

$$\Delta G = -RT\ln K + RT\ln Q \rightarrow \Delta G = RT\ln\left(\frac{Q}{K}\right)$$

반응이 매우 느려서 오래 걸리거나, 반응이 완결되지만 반응물의 평형 농도가 대단히 작아서 측정하기 어려운 경우, K를 직접 측정하기 어렵다. → G^o로부터 K를 계산할 수 있다.

ΔG°<0 일 때,

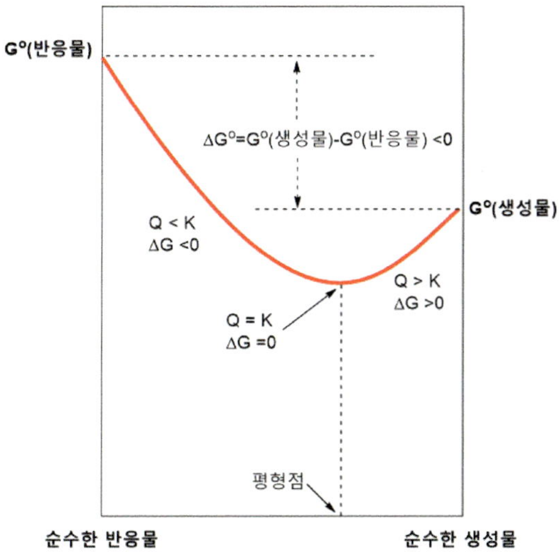

평형이 되면, 반응물이 생성물로 상당히 전환

ΔG°>0 일 때,

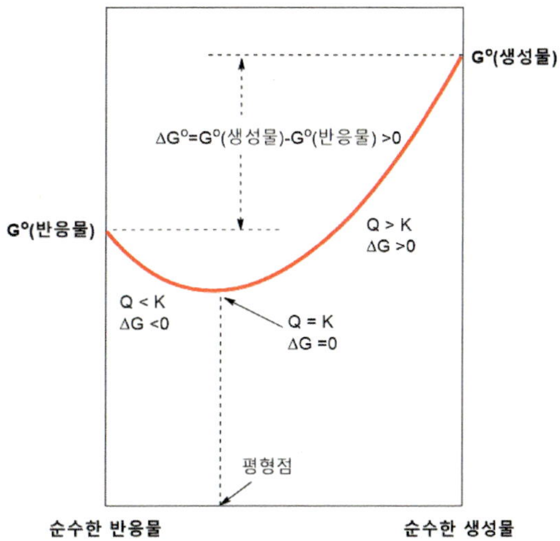

평형이 되면, 반응물이 생성물보다 많음

예제 17.8

다음 반응에서

$$NH_4^+(aq) \rightleftharpoons H^+(aq) + NH_3(aq)$$

25℃에서 $NH_3(aq)$의 $\Delta G_f^o = -26.7\ kJ \cdot mol^{-1}$일 때, 다음을 계산하면?

(a) 25℃에서의 ΔG^o값은?
(b) 25℃에서 K_a값은?

풀이

(a) $\Delta G^o_{반응} = \Sigma n \Delta G^o_{생성물} - \Sigma m G^o_{반응물}$

$$\Delta G^o = [(1\ mol)(0.0\ kJ \cdot mol^{-1}) + (1\ mol)(-26.7\ kJ \cdot mol^{-1})] - [(1\ mol)(-79.3\ kJ \cdot mol^{-1})] = \mathbf{+52.6\ kJ}$$

(b) $\Delta G^o = -RT\ln K_a$

$$52.6\ kJ = -(0.008314\ kJ \cdot mol^{-1} \cdot K^{-1})(298.15\ K)\ln K_a$$

$$\ln K_a = -21.2 \rightarrow \boldsymbol{K_a} = e^{-21.2} = \mathbf{6.2 \times 10^{-10}}$$

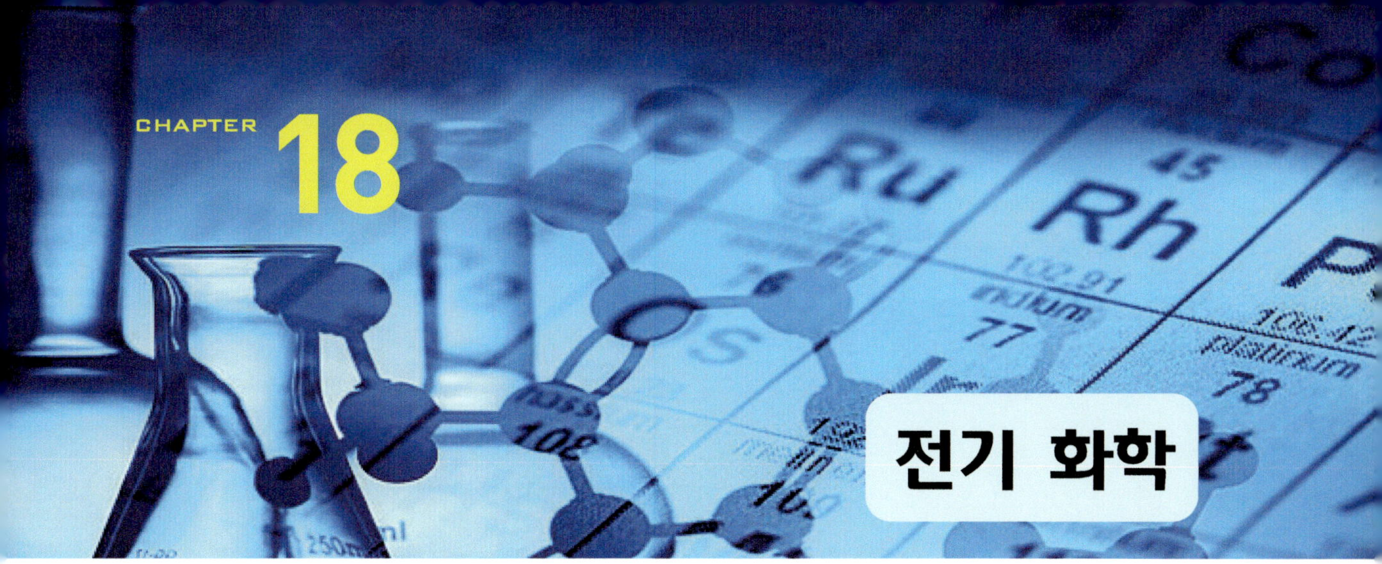

CHAPTER 18 전기 화학

18.1 산화–환원 반응

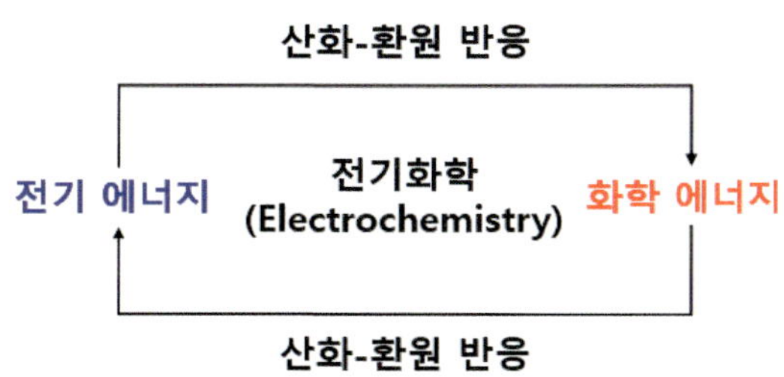

전자가 한 물질에서 다른 물질로 이동하여, 산화 상태가 변하게 된다. 물질의 산화 상태가 증가하면 그 물질은 산화(oxidation)되고, 산화 상태가 감소하면 그 물질은 환원(reduction)된다.

산화 상태 증가 (산화)

0 → +2

$$Zn(s) + 2HCl(aq) \longrightarrow ZnCl_2(aq) + H_2(g)$$

+1 → 0

산화 상태 감소 (환원)

▶ 산화-환원 반응식의 균형 맞추기

1) 이온-전자법을 사용한 균형식 맞추기 → 화학종의 전자 이동에 중점을 두는 방법
2) 전체 반응을 산화 반쪽 반응과 환원 반쪽 반응으로 나누고 각 반쪽 반응식의 균형을 맞춘 후 두 식을 더하여 전체 균형 반응식을 완성한다.

산성조건에서 다음의 산화-환원 반응식의 균형을 맞추면

$$Fe^{2+}(aq) + MnO_4^-(aq) \rightarrow Fe^{3+}(aq) + Mn^{2+}(aq)$$

1단계. 모든 원소에 대하여 산화 상태를 지정한다.	환원 (MnO_4^- → Mn^{2+}) $Fe^{2+}(aq) + MnO_4^-(aq) \rightarrow Fe^{3+}(aq) + Mn^{2+}(aq)$ +2　　+7　−2　　+3　　+2 산화 (Fe^{2+} → Fe^{3+})
2단계. 산화/환원 과정의 두 반쪽 반응으로 나눈다.	산화: $Fe^{2+}(aq) \rightarrow Fe^{3+}(aq)$ 환원: $MnO_4^-(aq) \rightarrow Mn^{2+}(aq)$
3단계. 물질의 균형을 맞춘다. 질량 균형(H와 O 원자는 제외) ① **산성 조건: H^+와 H_2O를 이용**	산화: $Fe^{2+}(aq) \rightarrow Fe^{3+}(aq)$ 환원: $MnO_4^-(aq) \rightarrow Mn^{2+}(aq) + \mathbf{4H_2O}(l)$ $\mathbf{8H^+}(aq) + MnO_4^-(aq) \rightarrow Mn^{2+}(aq) + \mathbf{4H_2O}(l)$

② 염기성 조건: OH^-와 H_2O를 이용	
4단계. 물질의 전하 균형을 맞춘다. (전체의 전자 수를 맞춘다)	산화: $Fe^{2+}(aq) \rightarrow Fe^{3+}(aq) + e^-$ 환원: $5e^- + 8H^+(aq) + MnO_4^-(aq) \rightarrow Mn^{2+}(aq) + 4H_2O(l)$ ⇓ 산화: $5x\,[Fe^{2+}(aq) \rightarrow Fe^{3+}(aq) + e^-]$ 환원: $5e^- + 8H^+(aq) + MnO_4^-(aq) \rightarrow Mn^{2+}(aq) + 4H_2O(l)$
5단계. 두 반쪽 반응을 더하여, 최종 반응식 양쪽의 전자들을 소거한다.	산화: $5Fe^{2+}(aq) \rightarrow 5Fe^{3+}(aq) + \cancel{5}e^-$ 환원: $\cancel{5}e^- + 8H^+(aq) + MnO_4^-(aq) \rightarrow Mn^{2+}(aq) + 4H_2O(l)$ $5Fe^{2+}(aq) + 8H^+(aq) + MnO_4^-(aq) \rightarrow 5Fe^{3+}(aq) + Mn^{2+}(aq) + 4H_2O(l)$

염기성 조건에서 다음의 산화-환원 반응식의 균형을 맞추면

$$MnO_4^- + C_2O_4^{2-} \rightarrow MnO_2 + CO_3^{2-}$$

1단계. 불균형 반응식을 적는다.	$MnO_4^- + C_2O_4^{2-} \rightarrow MnO_2 + CO_3^{2-}$
2단계. 산화/환원 과정의 두 반쪽 반응으로 나눈다.	산화: $MnO_4^- \rightarrow MnO_2$ 환원: $C_2O_4^{2-} \rightarrow CO_3^{2-}$
3단계. 물질의 균형을 맞춘다. 질량 균형(H와 O 원자는 제외) ① **산성 조건: H^+와 H_2O를 이용** ② 염기성 조건: OH^-와 H_2O를 이용	산화: $MnO_4^- + 4H^+ \rightarrow MnO_2 + 2H_2O$ $MnO_4^- + 4H^+ + 4OH^- \rightarrow MnO_2 + 2H_2O + 4OH^-$ $MnO_4^- + \mathbf{2H_2O} \rightarrow MnO_2 + \mathbf{4OH^-}$ 환원: $C_2O_4^{2-} + 2H_2O \rightarrow 2CO_3^{2-} + 4H^+$ $C_2O_4^{2-} + 2H_2O + 4OH^- \rightarrow 2CO_3^{2-} + 4H^+ + 4OH^-$ $C_2O_4^{2-} + \mathbf{4OH^-} \rightarrow 2CO_3^{2-} + \mathbf{2H_2O}$
4단계. 물질의 전하 균형을 맞춘다. (전체의 전자 수를 맞춘다)	산화: $MnO_4^- + \mathbf{2H_2O} + 3e^- \rightarrow MnO_2 + \mathbf{4OH^-}$ 환원: $C_2O_4^{2-} + \mathbf{4OH^-} \rightarrow 2CO_3^{2-} + \mathbf{2H_2O} + 2e^-$

5단계. 두 반쪽 반응을 더하여, 최종 반응식 양쪽의 전자들을 소거한다.	산화: $2X\,(MnO_4^- + \mathbf{2H_2O} + 3e^- \rightarrow MnO_2 + \mathbf{4OH^-})$ 환원: $3X\,(C_2O_4^{2-} + \mathbf{4OH^-} \rightarrow 2CO_3^{2-} + \mathbf{2H_2O} + \mathbf{2e^-})$ 산화: $2MnO_4^- + \mathbf{4H_2O} + 6e^- \rightarrow 2MnO_2 + \mathbf{8OH^-}$ 환원: $3C_2O_4^{2-} + \mathbf{12OH^-} \rightarrow 6CO_3^{2-} + \mathbf{6H_2O} + \mathbf{6e^-}$ $2MnO_4^- + 3C_2O_4^{2-} + 4OH^- \rightarrow 2MnO_2 + 6CO_3^{2-} + 2H_2O$

18.2 갈바니 전지(Galvanic Cell)

자발적 산화-환원 반응을 통하여 화학적 에너지를 전기 에너지로 변환시키는 전기화학전지이다.

1) 간단한 갈바니 전지의 구조

가) 전극은 산화와 환원된 상태를 함께 갖는 금속을 산화 전극과 환원 전극의 반쪽 전지로 구성하고, 그것의 산화된 이온 용액 속에 존재한다.

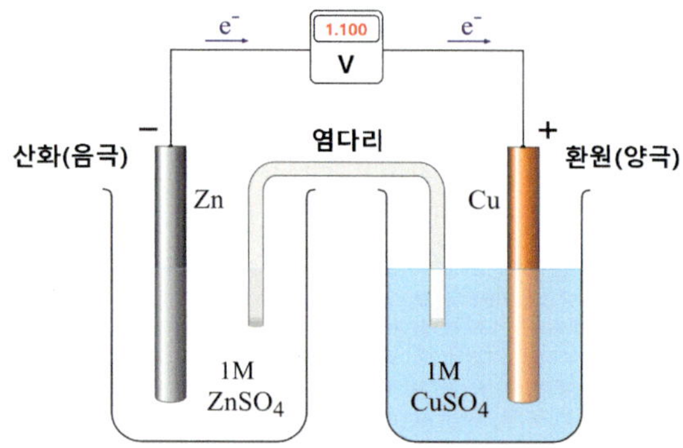

나) 전압-전류계는 두 전극의 전압-전류를 측정한다.

다) **염다리(salt bridge)**는 Na_2SO_4, KNO_3, $NaNO_3$ 같은 반응성이 없는 전해질 용액을 함유한 겔을 섞은 U자 관으로 두 용액을 이어준다.

2) 갈바니 전지의 전지 반응(아연-구리 전지의 전지 반응: Daniel cell)

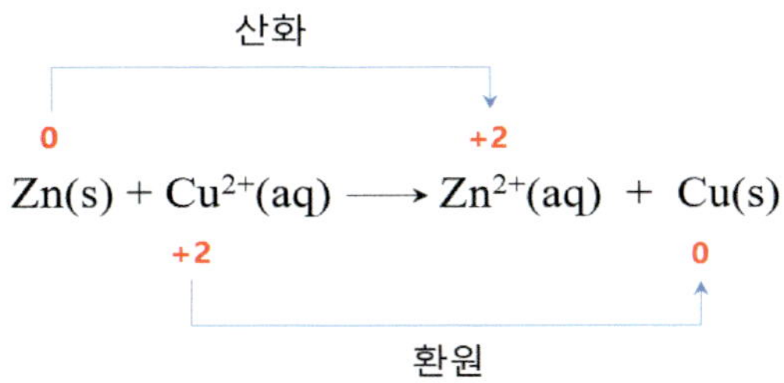

화학 반응은 산화 반응이 일어나는 산화 전극(anode)과 환원 반응이 일어나는 환원 전극(cathode) 부분을 분리하여 **반쪽 전지 반응(half-cell reaction)**으로 표현한다.

아연 전극(산화 전극): $Zn(s) \rightarrow Zn^{2+}(aq) + 2e^-$

구리 전극(환원 전극): $Cu^{2+}(aq) + 2e^- \rightarrow Cu(s)$

전체 전지 반응: $Zn(s) + Cu^{2+}(aq) \rightarrow Zn^{2+}(aq) + Cu(s)$

3) 염다리의 역할

염다리가 없으면, 산화 전극 반응실의 용액에서는 Zn^{2+}이온이 생성됨에 따라 양전하를 띠고, 음극 전극 반응실에서는 Cu^{2+}이온이 제거되므로 음전하를 띤다. 전하 불균형으로 인하여 전극 반응은 신속하게 멈추고 전자 흐름은 중지된다. → 염다리는 이온 흐름을 허용하여 전하가 축적되는 것을 중화시킨다.

4) 갈바니 전지를 **전지 도식(cell diagram)**으로 표현하면

$$Zn(s) + Cu^{2+}(aq) \rightarrow Zn^{2+}(aq) + Cu(s)$$

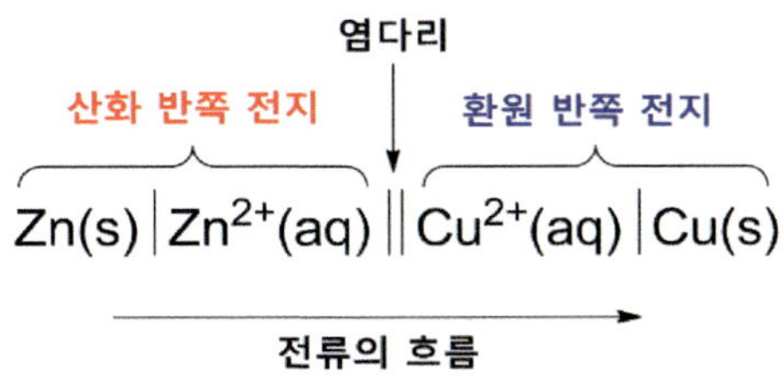

18.3 표준 상태에서 전지 기전력

전극 사이에는 전기 퍼텐셜 에너지가 차이(전압) 때문에 전류는 산화전극에서 환원 전극으로 흐른다. 이때 형성되는 전압을 전지 전압 또는 **전지 전위**($E_{전위}$)라고 한다. 전지 전위를 다른 말로 **기전력**(electromotive force, emf)이라고 한다.

1) 표준 환원 전위(E^o)

가) 모든 **용액의 농도가** 1 M이고, 모든 **기체의 압력이** 1 atm일 때, 전극에서 일어나는 **환원 반응에 대한 전압**을 말한다.

나) 일반적으로, 전기화학전지의 전체 전지 전위는 항상 산화 반응 표준반쪽전지 전위와 환원 반응 표준반쪽전지전위의 합으로 나타낸다.

$$E^o_{cell} = E^o_{red} + E^o_{ox}$$

2) 표준 수소 전극

가) 표준 수소 전극(standard hydrogen electrode, SHE): 표준 상태(H_2의 압력이 1 atm이고, HCl 농도가 1 M일 때)를 기준

나) 수소의 환원 전위를 0 V로 정의한다.

다) $2H^+(aq,\ 1\,M) + 2e^- \rightarrow H_2(g,\ 1\,atm),\ E^o_{환원} = 0.00\ V$

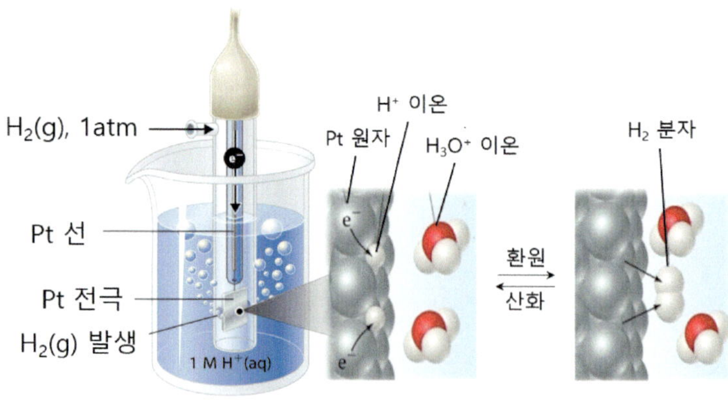

예제 18.1

다음 전지 도식을 참고하여,

$$Zn(s) \mid Zn^{2+}(1\ M) \parallel H^{+}(1\ M) \mid H_2(1\ atm) \mid Pt(s)$$

Zn-SHE 전지의 개략도를 그리면?

풀이

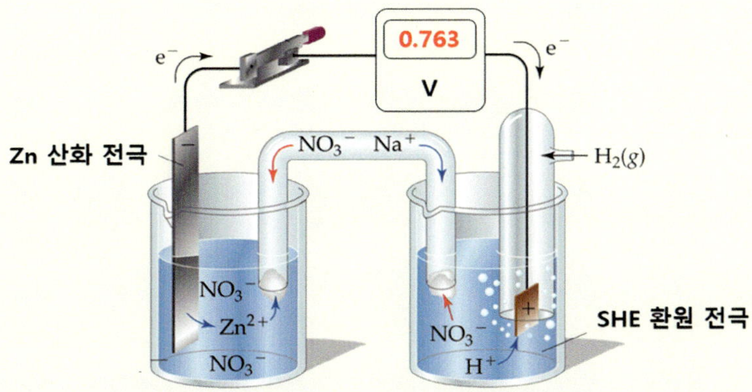

$Zn(s) \rightarrow Zn^{2+}(aq) + 2e^-$ $2H^+(aq) + 2e^- \rightarrow H_2(g)$

25℃ 물에서 표준 환원 전위

반쪽 반응	$E°$(V)	반쪽 반응	$E°$(V)
$F_2+2e^-\rightarrow 2F^-$	2.87	$O_2+2H_2O+4e^-\rightarrow 4OH^-$	0.40
$Ag^{2+}+e^-\rightarrow Ag^+$	1.99	$Cu^{2+}2e^-\rightarrow Cu$	0.34
$Co^{3-}+e^-\rightarrow Co^{2-}$	1.82	$Hg_2Cl_2+2e^-\rightarrow 2Hg+2Cl^-$	0.27
$H_2O_2+2H^-+2e^-\rightarrow 2H_2O$	1.78	$AgCl+e^-\rightarrow Ag+Cl^-$	0.22
$Ce^{4+}+e^-\rightarrow Ce^{3+}$	1.70	$SO_4^{2-}+4H^++2e^-\rightarrow H_2SO_3+H_2O$	0.20
$PbO_2+4H^++SO_4^{2-}+2e^-\rightarrow PbSO_4+2H_2O$	1.69	$Cu^{2+}+e^-\rightarrow Cu^+$	0.16
$MnO_4^-+4H^++3e^-\rightarrow MnO_2+2H_2O$	1.68	$2H^++2e^-\rightarrow H_2$	0.00
$2e^-+2H^++IO_4^-\rightarrow IO_3^-+H_2O$	1.60	$Fe^{3+}+3e^-\rightarrow Fe$	−0.036
$MnO_4^-+8H^++5e^-\rightarrow Mn^{2+}+4H_2O$	1.51	$Pb^{2+}+2e^-\rightarrow Pb$	−0.13
$Au^{3+}+3e^-\rightarrow Au$	1.50	$Sn^{2+}+2e^-\rightarrow Sn$	−0.14
$PbO_2+4H^++2e^-\rightarrow Pb^{2+}+2H_2O$	1.46	$Ni^{2+}+2e^-\rightarrow Ni$	−0.23
$Cl_2+2e^-\rightarrow 2Cl^-$	1.36	$PbSO_4+2e^-\rightarrow Pb+SO_4^{2-}$	−0.35
$Cr_2O_7^{2-}+14H^++6e^-\rightarrow 2Cr^{3+}+7H_2O$	1.33	$Cd^{2+}+2e^-\rightarrow Cd$	−0.40
$O_2+4H^++4e^-\rightarrow 2H_2O$	1.23	$Fe^{2+}+2e^-\rightarrow Fe$	−0.44
$MnO_2+4H^++2e^-\rightarrow Mn^{2+}+2H_2O$	1.21	$Cr^{3+}+e^-\rightarrow Cr^{2+}$	−0.50
$IO_3^-+6H^++5e^-\rightarrow \frac{1}{2}I_2+3H_2O$	1.20	$Cr^{3+}+3e^-\rightarrow Cr$	−0.73
$Br_2+2e^-\rightarrow 2Br^-$	1.09	$Zn^{2+}+2e^-\rightarrow Zn$	−0.76
$VO_2^++2H^++e^-\rightarrow VO^{2+}+H_2O$	1.00	$2H_2O+2e^-\rightarrow H_2+2OH^-$	−0.83
$AuCl_4^-+3e^-\rightarrow Au+4Cl^-$	0.99	$Mn^{2+}+2e^-\rightarrow Mn$	−1.18
$NO_3^-+4H^++3e^-\rightarrow NO+2H_2O$	0.96	$Al^{3+}+3e^-\rightarrow Al$	−1.66
$ClO_2+e^-\rightarrow ClO_2^-$	0.954	$H_2+2e^-\rightarrow 2H^-$	−2.23
$2Hg^{2+}+2e^-\rightarrow Hg_2^{2+}$	0.91	$Mg^{2+}+2e^-\rightarrow Mg$	−2.37
$Ag^++e^-\rightarrow Ag$	0.80	$La^{3+}+3e^-\rightarrow La$	−2.37
$Hg_2^{2+}+2e^-\rightarrow 2Hg$	0.80	$Na^++e^-\rightarrow Na$	−2.71
$Fe^{3+}+e^-\rightarrow Fe^{2+}$	0.77	$Ca^{2+}+2e^-\rightarrow Ca$	−2.76
$O_2+2H^++2e^-\rightarrow H_2O_2$	0.68	$Ba^{2+}+2e^-\rightarrow Ba$	−2.90
$MnO_4^-+e^-\rightarrow MnO_4^{2-}$	0.56	$K^++e^-\rightarrow K$	−2.92
$I_2+2e^-\rightarrow 2I^-$	0.54	$Li^++e^-\rightarrow Li$	−3.05
$Cu^++e^-\rightarrow Cu$	0.52		

예제 18.2

다음 반응이 일어나는 갈바니 전지에서

$$2Ag^{+}(aq) + Cd(s) \rightarrow 2Ag(s) + Cd^{2+}(aq)$$

표준 환원 전위값을 이용하여, 이 전지의 E^{o}값을 계산하면?

풀이

$$\begin{array}{ll} 2Ag^{+}(aq) + 2e^{-} \rightarrow 2Ag(s) & E^{o}_{환원} = +0.799\ V \\ Cd(s) \rightarrow Cd^{2+}(aq) + 2e^{-} & E^{o}_{산화} = -E^{o}_{환원} = -(-0.402\ V) = +0.402\ V \\ \hline 2Ag^{+}(aq) + Cd(s) \rightarrow 2Ag(s) + Cd^{2+}(aq) & E^{o} = +1.201\ V \end{array}$$

18.4 산화–환원 반응과 자유 에너지: 전지 전위(E^{o}_{cell}), 자유 에너지(ΔG), 평형 상수(K)

1) ΔG와 E^{o}_{cell} 의 관계

전지 반응의 자유 에너지 변화는 전지 반응에서 얻을 수 있는 최대 일로 나타낼 수 있다.

$$W_{max} = -qE^{o}_{전지}$$

최대 일 ($W_{최대}$)

$$E = \frac{위치\ 에너지의\ 차이\ (J\ 에서)}{전하\ (C\ 에서)}$$

전하 (q)

$$F = \frac{96,485\ C}{1\ mol\ e^{-}}$$

$$F = \frac{q}{n}$$

$$q = nF$$

$$W_{max} = -nFE^{o}_{전지}$$

$$\Delta G^{o} = -nFE^{o}_{전지}$$

2) E^{o}_{cell} 와 K(또는 Q)의 관계

$$\Delta G^{o} = -nFE^{o}_{전지}$$

$$\Delta G^{o} = -RT\ln K$$

$$-nFE^{o}_{전지} = -RT\ln K$$

$$E^{o}_{전지} = \frac{RT}{nF}\ln K$$

$\ln K = 2.303\log K$

$$E^{o}_{전지} = \frac{2.303RT}{nF}\log K$$

$T = 298.15\ K$

$F = 9.648 \times 10^{4}\ J \cdot V^{-1} \cdot mol^{-1}$

$R = 8.314\ J \cdot K^{-1} \cdot mol^{-1}$

$$E^{o}_{전지} = \frac{0.0592\ V}{n}\log K$$

3) ΔG와 $\Delta G^o_{전지}$ 사이의 관계를 $E_{전지}$(비표준 조건)와 $E^o_{전지}$ 사이의 관계로 표현가 능하다.

$$\Delta G = \Delta G^o + RT \ln Q$$

⇩

$$-nFE_{전지} = -nFE^o_{전지} + RT \ln Q$$

⇩

$$E_{전지} = E^o_{전지} + \frac{RT}{nF} \ln Q$$

⇩

Nernst Equation

$$E_{전지} = E^o_{전지} + \frac{0.0592\ \mathrm{V}}{n} \log Q$$

예제 18.3

25℃에서 다음 반응에 대한 표준 전지 전위가 0.320 V일 때,

$$NiO_2(s) + 2Cl^-(aq) + 4H^+(aq) \rightarrow Cl_2(aq) + Ni^{2+}(aq) + 2H_2O$$

(a) 이 반응에 대한 ΔG를 계산하면?

(b) 이 반응에 대한 K를 계산하면?

풀이

(a) $\Delta G = -nFE^o_{전지} = -(2\ \mathrm{mol})\left(\frac{9.648 \times 10^4\ \mathrm{C}}{1\ \mathrm{mol\ e^-}}\right)\left(\frac{0.320\ \mathrm{J}}{1\ \mathrm{C}}\right) = \mathbf{-6.18 \times 10^4\ J}$

(b) $E^o_{전지} = \frac{RT}{nF} \ln K$

$$\ln K = \frac{E^o_{전지} nF}{RT} = \frac{(0.320\ \mathrm{J \cdot C^{-1}})(2\ \mathrm{mol})(9.648 \times 10^4\ \mathrm{C \cdot mol^{-1}})}{(8.314\ \mathrm{J \cdot mol^{-1} \cdot K^{-1}})(298.15\ \mathrm{K})} = 24.9$$

$K = e^{24.9} = \mathbf{6.52 \times 10^{10}}$

예제 18.4

다음 반쪽 전지 반응을 이용하여

$$Ni^{2+}(aq) + 2e^- \rightleftharpoons Ni(s) \qquad E^o_{Ni^{2+}} = -0.25\ V$$

$$Cr^{3+}(aq) + 3e^- \rightleftharpoons Cr(s) \qquad E^o_{Cr^{3+}} = -0.74\ V$$

$[Ni^{2+}] = 1.0 \times 10^{-4}\ M$, $[Cr^{3+}] = 2.0 \times 10^{-4}\ M$일 때, 이 전지의 전지 전압은?

풀이

$$\begin{array}{ll} 3[Ni^{2+}(aq) + 2e^- \rightarrow Ni(s)] & \text{환원 반응} \\ 2[Cr(s) \rightarrow Cr^{3+}(aq) + 3e^-] & \text{산화 반응} \\ \hline 3Ni^{2+}(aq) + 2Cr(s) \rightarrow 3Ni(s) + 2Cr^{3+}(aq) & \text{전지 반응} \end{array}$$

$$E^o_{전지} = E^o_{Ni^{2+}} - E^o_{Cr^{3+}} = (-0.25\ V) - (-0.74\ V) = 0.49\ V$$

$$E_{전지} = E^o_{전지} - \frac{RT}{nF}\ln Q = E^o_{전지} - \frac{RT}{nF}\ln\frac{[Cr^{3+}]^2}{[Ni^{2+}]^3}$$

$$E_{전지} = (0.49\ V) - \frac{(8.314\ J \cdot mol^{-1} \cdot K^{-1})(298.15\ K)}{(6\ mol)(9.648 \times 10^4\ C \cdot mol^{-1})}\ln\frac{(2.0 \times 10^{-4}\ M)^2}{(1.0 \times 10^{-4}\ M)^3}$$

$$E_{전지} = (0.49\ V) - (0.0651\ V) = \mathbf{0.42\ V}$$

예제 18.5

25℃에서 일어나는 다음 반응에서

$$3SO_4^{2-}(aq) + 12H^+(aq) + 2Cr(s) \rightarrow 3SO_2(g) + 2Cr^{3+}(aq) + 6H_2O$$

(a) 표준 상태에서 이 반응은 자발적인가?

(b) 다른 모든 이온의 농도가 0.100 M이고, pH=3.00일 때 이 반응은 자발적인가?

(c) 다른 모든 이온의 농도가 0.100 M일 때, 평형 상태에서의 pH는?

풀이

(a)

$$\begin{array}{lr} 2[Cr(s) \rightarrow Cr^{3+}(aq) + 3e^-] & E^o_{ox} = 0.744\ V \\ 3[SO_4^{2-}(aq) + 4H^+(aq) + 2e^- \rightarrow SO_2(g) + 2H_2O] & E^o_{red} = 0.155\ V \\ \hline 3SO_4^{2-}(aq) + 12H^+(aq) + 2Cr(s) \rightarrow 3SO_2(g) + 2Cr^{3+}(aq) + 6H_2O & E^o = 0.899\ V \end{array}$$

$E^o > 0$이므로, 이 반응은 자발적이다.

(b) $[H^+] = 10^{-pH} = 10^{-3.00} = 1.0 \times 10^{-3}$ M

$$E = E^o - \frac{0.0257\ V}{n}\ln Q = (0.899\ V) - \frac{0.0257\ V}{(6)}\ln\frac{(P_{SO_2})^3[Cr^{3+}]^2}{[SO_4^{2-}]^3[H^+]^{12}}$$

$$E = (0.899\ V) - \frac{0.0257\ V}{(6)}\ln\frac{(1.00)^3(0.100)^2}{(0.100)^3(0.1 \times 10^{-3})^{12}}$$

$$E = (0.899\ V) - (0.00428\ V)\ln(1.0 \times 10^{37})$$

$$\boldsymbol{E = 0.534\ V}$$

$E > 0$이므로, 이 반응은 자발적이다.

(c) 평형 상태에서 $E = 0$이므로,

$$E^o = \frac{0.0257\ V}{n}\ln K$$

$$(0.899\ V) = \frac{0.0257\ V}{(6)}\ln\frac{(P_{SO_2})^3[Cr^{3+}]^2}{[SO_4^{2-}]^3[H^+]^{12}}$$

$$(0.899\ V) = \frac{0.0257\ V}{(6)}\ln\frac{(1.00)^3(0.100)^2}{(0.100)^3[H^+]^{12}}$$

$$(0.899\ V)\left(\frac{6}{0.0257\ V}\right) = \ln\frac{(1.00)^3(0.100)^2}{(0.100)^3[H^+]^{12}} = -\ln(0.100) - \ln[H^+]^{12}$$

$$(0.899\ V)\left(\frac{6}{0.0257\ V}\right) = -2.303 = -12\ln[H^+]$$

$$[H^+] = e^{-17.3} = 3.07 \times 10^{-8}\ M$$

$$\mathbf{pH = -\log(3.07 \times 10^{-8}) = 7.51}$$

18.5 전지 전위와 농도

전지 전위는 전지 안에서 일어나는 반쪽 반응에 의존할 뿐만 아니라 반쪽 반응의 반응물과 생성물의 농도에도 의존한다. 이러한 전지를 **농도 전지**(concentration cell)라고 한다.

0.001 M과 1.0 M 농도에 있는 두 황산 니켈 수용액에 Ni 전극이 들어 있다고 하자.

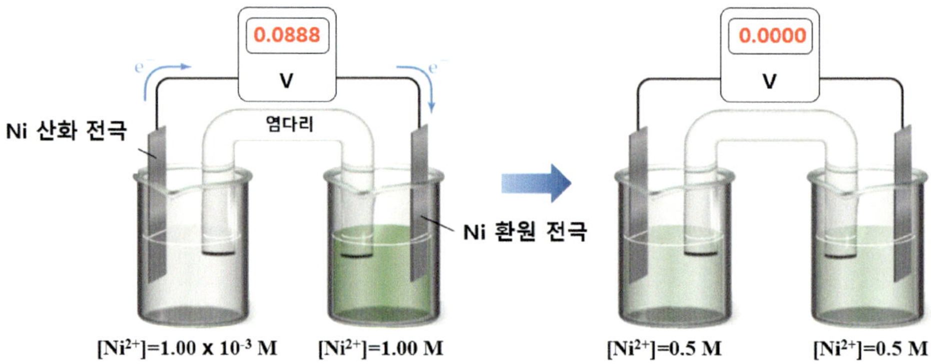

$$
\begin{array}{ll}
\text{산화 전극:} & Ni(s) \rightarrow Ni^{2+}(aq, \text{묽음}) + 2e^- \\
\text{환원 전극:} & Ni^{2+}(aq, \text{진함}) + 2e^- \rightarrow Ni(s) \\
\hline
\text{전체:} & Ni^{2+}(aq, \text{진함}) \rightarrow Ni(aq, \text{묽음})
\end{array}
$$

$$E = E^o - \frac{0.0592\ V}{n}\log Q = 0 - \frac{0.0592\ V}{2}\log\frac{[Ni^{2+}]_{\text{묽음}}}{[Ni^{2+}]_{\text{진함}}}$$

$$E = -\frac{0.0592\ V}{2}\log\frac{(1.00\times10^{-3})}{(1.00)} = +0.0888\ V$$

농도 전지의 emf는 보통 작고, 전지가 작동하는 동안에 두 반응실의 농도가 서로 접근함에 따라 연속적으로 감소하고, 두 반응실의 이온들의 농도가 같아지므로 $E=0$이 되고, 더 이상의 변화는 일어나지 않는다.

18.6 전지와 연료 전지

전지(Battery): 일정전압의 직류 전류원으로 사용할 수 있는 한 개의 갈바니 전지이거나 연결된 갈바니 전지의 묶음이다.

1) 알칼리 전지(Dry cell: 건전지)

$$Zn - MnO_2 (1.5\ V)$$

가) Acidic version: 전해질(NH_4Cl)

산화 전극: $Zn(s) \rightarrow Zn^{2+}(aq) + 2e^-$

환원 전극:

$$2MnO_2(s) + 2NH_4^+(aq) + 2e^- \rightarrow Mn_2O_3(s) + 2NH_3(aq) + H_2O(l)$$

산화 전극의 아연이 쉽게 부식되는 단점이 있다.

나) Alkaline version: 전해질을 NH_4Cl 대신 KOH 또는 NaOH를 사용한다.

산화 전극: $Zn(s) + 2OH^-(aq) \rightarrow ZnO(s) + H_2O(l) + 2e^-$

환원 전극: $2MnO_2(s) + H_2O(l) + 2e^- \rightarrow Mn_2O_3(s) + 2OH^-(aq)$

2) Lead storage battery(납축전지): 1915년 개발되었으며 자동차의 전지로 이용된다.

산화 전극: $Pb(s) + SO_4^{2-}(aq) \rightarrow PbSO_4(s) + 2e^-$

환원 전극: $PbO_2(s) + 4H^+(aq) + SO_4^{2-}(aq) + 2e^- \rightarrow PbSO_4(s) + 2H_2O(l)$

전체: $Pb(s) + PbO_2(s) + 4H^+(aq) + 2SO_4^{2-}(aq) \rightarrow 2PbSO_4(s) + 2H_2O(l)$

가) **특징:** 각 2 V의 전지 6개를 직렬로 연결하여 사용한다(12 V). 전지를 사용함에 따라 전해질 내 황산의 침전으로 전극 주위에 달라붙어 전해질의 밀도가 감소하고 전압도 떨어진다(∴ recharging by an alternator 수명이 3~5년 정도가 가능하다).

나) **"jump-start"할 때의 주의 사항:** 물의 가수 분해로 산소와 수소 기체가 발생하며 Cable을 뗄 때 spark가 생기면 폭발 가능성이 있다. Ground를 축전지에

서 멀리 떨어져 있는 부위에 연결시킨다.

3) Ni-Cd battery: 니켈-금속 수소화물 battery(NiMH), Li battery: 재충전 가능하다.

산화 전극: $Cd(s) + 2OH^-(aq) \rightarrow Cd(OH)_2(s) + 2e^-$

환원 전극: $2NiO(OH)(s) + 2H_2O(l) + 2e^- \rightarrow 2Ni(OH)_2(s) + 2OH^-(aq)$

가) 생성물이 전극에 달라붙으므로 rechargeable!

나) 단점으로는 Cd 독성 중금속, 전지 무게가 증가하고 환경 오염을 유발한다.

18.7 연료 전지(Fuel cell)

1) 수소 연료 전지(Hydrogen Fuel Cell): 일명 PEM(proton-exchange membrane)

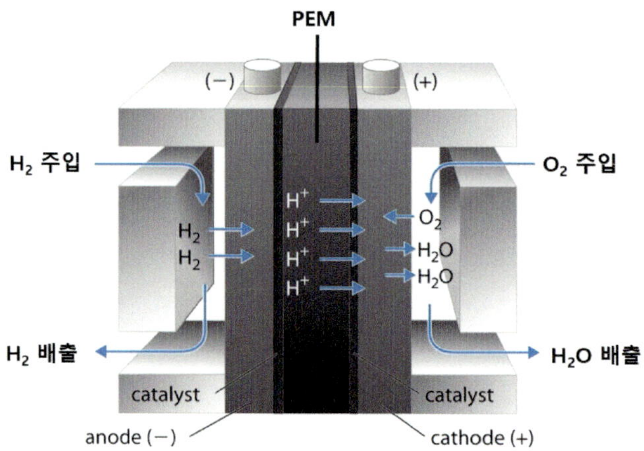

산화 전극: $O_2(g) + 2H_2O(l) + 4e^- \rightarrow 4OH^-(aq)$

환원 전극: $2H_2(g) + 4OH^-(aq) \rightarrow 4H_2O(l) + 4e^-$

전체: $2H_2(g) + O_2(g) \rightarrow 2H_2O(l)$

2) 직접 메탄올 연료 전지(Direct Methanol Fuel Cell)

산화 전극: $\frac{3}{2}O_2(g) + 6H^+(aq) + 6e^- \rightarrow 3H_2O(l)$

환원 전극: $CH_3OH(l) + H_2O(g) \rightarrow CO_2(g) + 6H^+(aq) + 6e^-$

전체: $CH_3OH(l) + \frac{3}{2}O_2(g) \rightarrow CO_2(g) + 2H_2O(l)$

가) 이 전지는 PEM 연료 전지보다 온도가 약간 높은 120℃에서 작동한다.

나) **단점**으로는 Pt 촉매의 양이 많이 필요하고, CO_2가 물보다 친환경적이지 못하다는 것이다.

18.8 부식

환경에 존재하는 산화제에 노출되었을 때 일어나는, 원하지 않아도 점차적으로 진행되는 금속의 산화를 **부식(corrosion)**이라고 한다.

1) 철의 부식은 경제적인 측면에서 아주 중요한 문제이다.

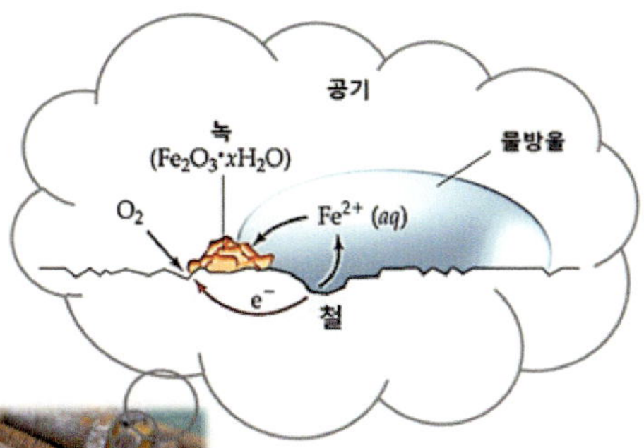

산화 전극: $Fe(s) \rightarrow Fe^{2+} + 2e^-$

환원 전극: $\frac{1}{2}O_2(g) + H_2O(l) + 2e^- \rightarrow 2OH^-(aq)$

가) 전자가 산화 전극(음극)에서 환원 전극(양극)으로 이동하고, 염다리와 같이 Fe^{2+}도 함께 이동하여 공기와 만나는 부분에서 산화물이 형성된다.

$$4Fe^{2+} + O_2 + (4+2n)H_2O \rightarrow 2Fe_2O_3 \cdot n(H_2O) + 8H^+$$

나) **물은 반응에 참여할 뿐만 아니라 염다리의 역할도 하기 때문에 녹스는 과정에서 필수적이다.** NaCl 등의 염이 존재하면, 전도도가 증가하여 위의 과정이 더욱 활발하게 일어나므로 더욱 빨리 녹슨다.

2) 부식의 방지

가) 물과 산소의 차단

(a) 기름칠이나 페인트 칠을 한다.

(b) 철 표면에 에나멜, 기름을 칠한다.

(c) 철 표면에 페인트를 칠한다.

나) 도금

(a) 함석(아연 도금): 철 표면에 철보다 반응성이 큰 아연을 입힌다.
예) 양동이, 지붕 등

(b) 양철(주석 도금): 철 표면에 철보다 반응성이 작은 주석을 입힌다.
예) 통조림, 캔 등

다) 음극화 보호

철보다 반응성이 큰 금속을 철에 연결하거나 부착하여 금속이 철보다 먼저 부식되도록 함으로써 철을 보호한다. 예) 지하의 철제 탱크, 수도관, 철제 교량 등

라) 합금(alloys)

철에 Cr과 Ni을 혼합하여 스테인리스 스틸을 만든다. 예) 식기, 파이프 등

18.9 전기 분해

1) **전해 전지(electrolytic cell)**는 전기 에너지를 이용하여 자발적으로 일어나지 않는 화학 반응을 진행시킨다. 전지의 충전, Al의 제련, 금속의 표면처리 등에서 중요하다.

2) **전기 분해(electrolysis) 과정**에서는 전지를 통하여 전류가 흐르게 함으로써 전지 전위가 음인 화학 반응이 일어나도록 한다.

물의 경우

산화 전극: $2H_2O(l) \rightarrow O_2(g) + 4H^+(aq) + 4e^-$ $E^o = -1.23\ V$

환원 전극: $4H_2O(l) + 4e^- \rightarrow 2H_2(g) + 4OH^-(aq)$ $E^o = -0.83\ V$

$E^o_{cell} = -2.06\ V$이므로 표준 상태에서 이보다 큰 전압을 걸어주면 물의 전기 분해가 가능하다.

CHAPTER 19

전이 금속

19.1 전이 금속(Transition metal)

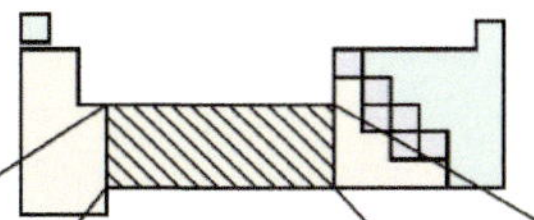

3B	4B	5B	6B	7B	8B			1B	2B
3	4	5	6	7	8	9	10	11	12
21 **Sc**	22 **Ti**	23 **V**	24 **Cr**	25 **Mn**	26 **Fe**	27 **Co**	28 **Ni**	29 **Cu**	30 **Zn**
39 **Y**	40 **Zr**	41 **Nb**	42 **Mo**	43 **Tc**	44 **Ru**	45 **Rh**	46 **Pd**	47 **Ag**	48 **Cd**
71 **Lu**	72 **Hf**	73 **Ta**	74 **W**	75 **Re**	76 **Os**	77 **Ir**	78 **Pt**	79 **Au**	80 **Hg**

1) 전이 금속의 물리적 특성

	Sc	Ti	V	Cr	Mn	Fe	Co	Ni	Cu	Zn
바닥상 전자 배치	$3d^14s^2$	$3d^24s^2$	$3d^34s^2$	$3d^54s^1$	$3d^54s^2$	$3d^64s^2$	$3d^74s^2$	$3d^84s^2$	$3d^{10}4s^1$	$3d^{10}4s^2$
원자반지름(pm)	162	147	134	130	135	126	125	124	128	138
제1이온화에너지 (kJ/mol)	631	658	650	653	717	759	758	737	745	906
녹는점(℃)	1539	1668	1900	1875	1245	1536	1495	1453	1083	419.5
끓는점(℃)	2730	3260	3450	2665	2150	3000	2900	2730	2595	906
밀도(g/cm^3)	3.0	4.51	6.1	7.19	7.43	7.86	8.9	8.9	8.96	7.14
결정구조	hcp	hcp	bcc	bcc		bcc	hcp	fcc	fcc	hcp

2) 전이 금속이 가지는 0 이외의 산화 상태

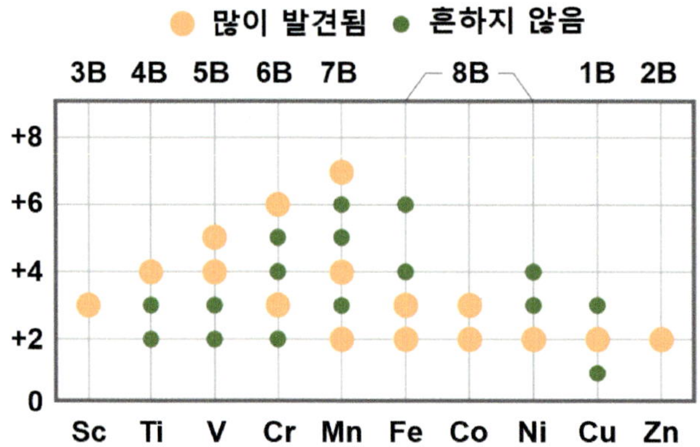

가) 전이 원소는 여러 가지 산화 상태를 나타낸다는 점에서 주족 금속 원자와 다르다.

나) 3B~7B족 금속의 가장 높은 산화 상태는 족의 수이고, s와 d 원자가 전자를 잃거나 공유하는 것이다.

다) 8B족 전이 금속은 Z_{eff}값의 증가 때문에 에너지적으로 모든 원자가전자를 잃거나 공유할 수 없다.

19.2 배위 화합물

1) 배위 화합물(Coordination compound)은 전이 금속에 리간드(ligand)가 결합되어 있는 착이온과 상대 이온들(counterions, 배위 화합물의 알짜 전하가 0이 되기 위해 필요한 양이온이나 음이온)로 구성되어 있다.

Cisplatin은 항암 의약품으로 중심 금속 Pt에 두 개의 NH_3와 두 개의 Cl^- 이온이 결합하고 있다. 이 배위 화합물에서 두 개의 NH_3와 두 개의 Cl^- 이온은 **리간드** 주개 원자(전자쌍 주개 원자)로서, Lewis 염기(전자쌍 주개)로 작용하고 중심 금속 Pt는 Lewis 산(전자쌍 받개)으로 작용한다.

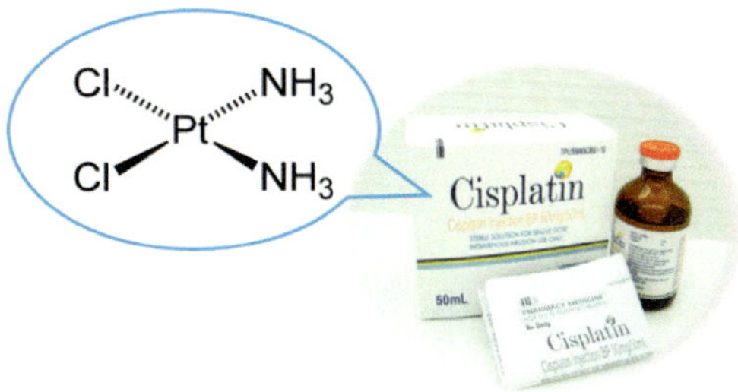

항암 의약품

2) 배위 화합물에서 중심 금속 이온을 둘러싸고 있는 리간드 주개 원자수를 금속의 **배위수(coordination number)**라고 한다.

가) 배위수는 금속 이온의 크기, 전하 및 전자 배치에 따라 달라진다.
몇 가지 금속 이온의 대표적인 배위수는 다음과 같다.

M^+	배위수	M^{2+}	배위수	M^{3+}	배위수
Cu^+	2, 4	Mn^{2+}	4, 6	Sc^{3+}	6
Ag^+	2	Fe^{2+}	6	Cr^{3+}	6
Au^+	2, 4	Co^{2+}	4, 6	Co^{3+}	6
		Ni^{2+}	4, 6		
		Cu^{2+}	4, 6	Au^{3+}	4
		Zn^{2+}	4, 6		

나) 금속 착물은 금속 이온의 배위수에 의존하는 특이한 모양을 갖는다.

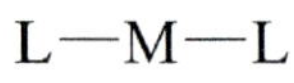

선형

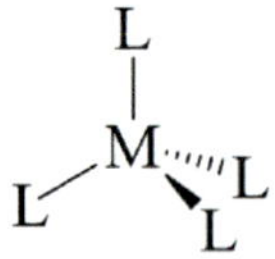

사면체

평면사각

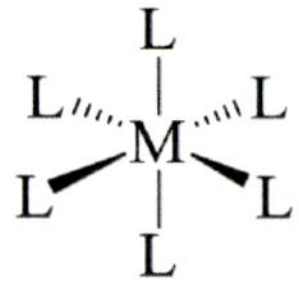

팔면체

예제 19.1

$[Pt(NH_3)_4Cl_2]^{2+}$에서 Pt의 산화 상태는?

풀이

$x+4(0)+2(-1)=+2$

$x=+4$

착물에서 Pt의 산화 상태는 +4이다.

3) 흔히 접할 수 있는 리간드들

가) 한 자리 리간드(monodentate)

H_2O	CN^-	OH^-	X^-
water	cyanide ion	hydroxide ion	halide ion
NH_3	SCN^-	NO_2^-	
ammonia	thiocyanate ion	nitrite ion	

나) 두 자리 리간드(bidentate)

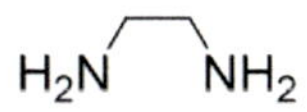

ethylenediamine (en)

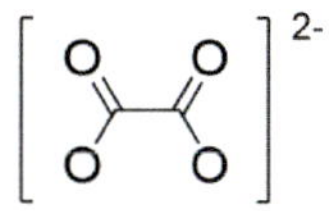

oxalate ion

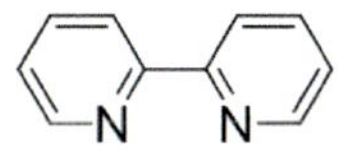

bipyridine

다) 여러 자리 리간드(polydentate)

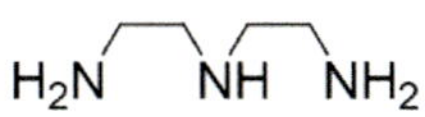

diethylenetriamine

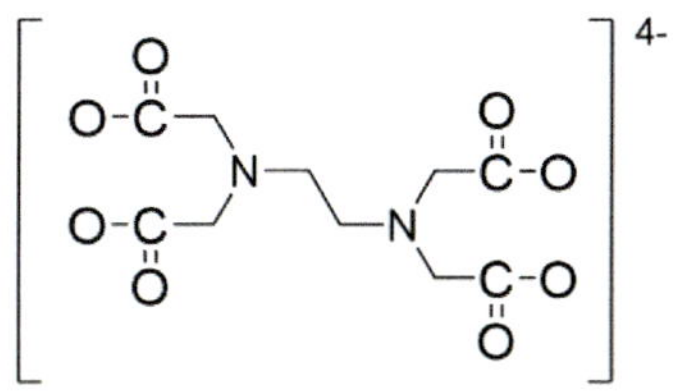

ethylenediaminetetraacete ion
$EDTA^{4-}$

4) 킬레이트제(chelating agent): 두 자리 또는 여러 자리 리간드

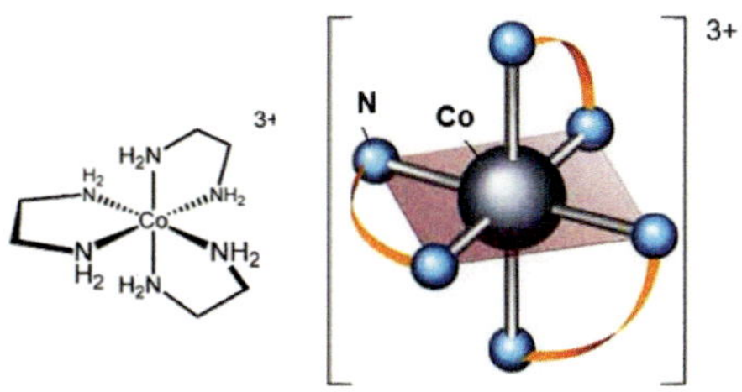

$[Co(en)_3]^{3+}$

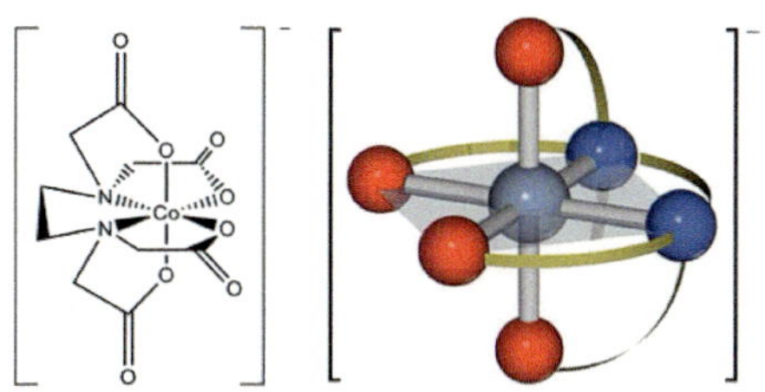

$[Co(EDTA)]^-$

예제 19.2

Co(III)가 NH_3나 en 분자들을 리간드로 하여 형성할 수 있는 가능한 모든 착이온의 화학식은?

풀이

$[Co(NH_3)_6]^{3+}[Co(NH_3)_4(en)]^{3+}[Co(NH_3)_2(en)_2]^{3+}[Co(en)_6]^{3+}$

19.3 배위 화합물의 결합 이론

1) 금속-리간드가 결합을 형성할 때의 d-d 전이와 관련하여, 결정장 이론(crystal field theory)과 리간드장 이론(ligand field theory)이 있다. 결정장 이론은 리간드를 음성 점전하로 취급하는 방법이고, 리간드장 이론은 분자 궤도를 이용하여 설명하는 방법이다. 보통 결정장 이론과 리간드장 이론을 혼합하여 설명하므로 딱히 크게 구분하지 않아도 된다.

2) 결정장 이론(crystal field theory)

리간드의 비공유전자쌍과 금속의 d 전자 사이의 반발력으로 인해, 자유 이온 상태에서 축퇴되어 있는 5개의 d 오비탈이 착물을 형성하면서 갈라진다. 이때 이온에 존재하는 홀전자의 수를 설명함으로써, 착물 스펙트럼(착물의 색깔), 안정도, 자기적 성질 등을 설명할 수 있다.

3) 결정장 분리 에너지(crystal field splitting energy: Δ_0)

팔면체 결정장에서 외부로부터 리간드의 점전하가 금속의 5개의 d 오비탈에 접근하면, 접근하는 점전하 중에 2개 또는 4개와 일직선상에 위치하고 있는 d_{z^2}와 $d_{x^2-y^2}$ 오비탈은 강하게 반발한다. 반면에 배위축들 사이에서 가장 큰 전자 밀도를 갖는 d_{xy}, d_{xz}, d_{yz} 오비탈 전자들이 접근하는 팔면체 배열의 전하에 의해 받는 반발력은 상대적으로 작기 때문에 팔면체장에서 에너지 증가폭도 작다. 이 결과, 오비탈들은 2개의 에너지 준위로 Δ_0 차이만큼 분리가 일어난다.

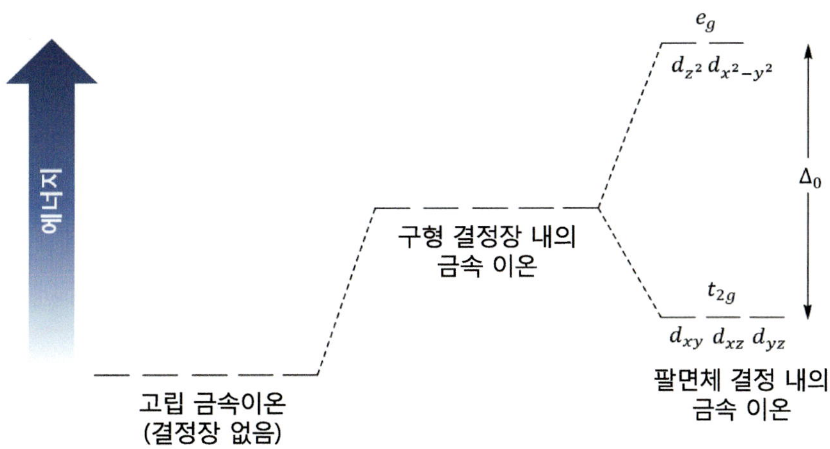

예제 19.3

팔면체 착물인 Ni(II)의 바닥상태 전자 배치는?

풀이

Ni(II)는 d^8 전자를 가진다. 파울리의 배타원리와 훈트의 규칙에 따라 t_{2g}와 e_g 오비탈에 8개의 d 전자를 채워 놓으면,

바닥상태에서 Ni(II)의 전자 배치는 $t_{2g}^6e_g^2$가 된다.

예제 19.4

낮은 스핀 착물인 $[Pt(NH_3)_6]^{4+}$의 d 전자 배치는?

풀이

Pt(II)는 d^8 전자를 가진다. $[Pt(NH_3)_6]^{4+}$에서 Pt는 Pt(IV)이므로 d^6 전자를 가진다.

낮은 스핀인 d^6의 전자 배치는 $t_{2g}^6e_g^0$가 된다.

4) Δ_0의 크기는 중심 금속과 리간드에 의존한다. 대부분의 경우, 에너지 차이 Δ_0는 전자기 스펙트럼의 가시 영역에 속한다. 즉 흡수된 빛의 파장은 다음 관계식을 따른다.

$$\Delta_0 = \Delta E = \frac{hc}{\lambda}$$

그래서 대부분의 착물들은 가시광선 영역에서 빛을 흡수하고 색깔을 띤다. 예를 들어 착이온 $[Ti(H_2O)_6]^{3+}$는 보라색을 띤다.

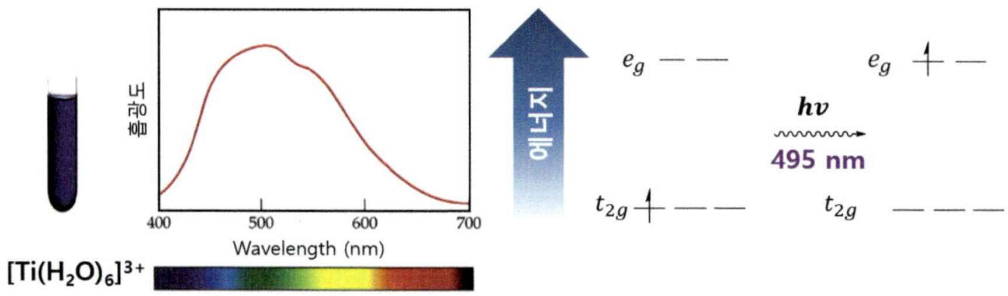

예제 19.5

다음 물음에 답하시오.

(a) $Ti(NH_3)_6^{3+}$는 399 nm에서 *d*-오비탈 전이를 갖는다. 이 파장에서 Δ_0는?

(b) MnF_6^{2-}의 결정장 분리 에너지 Δ_0는 2.60×10^2 kJ · mol^{-1}이다. 이 에너지에 해당하는 파장은?

풀이

(a) $\Delta_0 = \Delta E = \dfrac{hc}{\lambda} = \dfrac{(6.626 \times 10^{-34}\ \text{J} \cdot \text{s})(3.0 \times 10^8\ \text{m} \cdot \text{s}^{-1})}{(3.99 \times 10^{-7}\ \text{m})} = \mathbf{4.98 \times 10^{-19}\ J}$

(b) $\Delta_0 = \Delta E = \dfrac{hc}{\lambda}$

$$\lambda = \frac{hc}{\Delta E} = \frac{(6.626 \times 10^{-34}\ \text{J} \cdot \text{s})(3.0 \times 10^8\ \text{m} \cdot \text{s}^{-1})}{(2.60 \times 10^2\ \text{kJ} \cdot \text{mol}^{-1})} = \mathbf{4.60 \times 10^{-7}\ m = 460\ nm}$$

5) 만약 리간드들에 의한 d 오비탈들의 갈라짐이 아주 크다면 **강한 장(strong field)** 이고, 갈라짐이 작을 때 **약한 장(weak field)**이라고 한다.

가) 강한 장에서 전자들은 낮은 에너지 t_{2g} 궤도 함수에 채워져서 모두 짝을 이루고 있을 때 착물은 **반자기성**을 띤다.

나) 약한 장에서는 전자들은 5개의 궤도 함수에 우선 하나씩 채워지므로 일부는 짝을 찢고 일부는 홀전자를 가지므로 착물은 **상자기성**을 띠게 된다.

6) 이처럼 갈라짐 에너지를 증가시키는 리간드 능력의 순서를 **분광학적 계열 (spectrochemical series)**이라고 한다.

$$Cl^- < F^- < H_2O < NH_3 < en < NO_2^- < CN^-$$

약한장 리간드 **강한장 리간드**

금속 이온의 전하가 증가할수록 주어진 리간드에 대한 Δ_0값은 증가한다는 것이 실험적으로 관찰되었다.

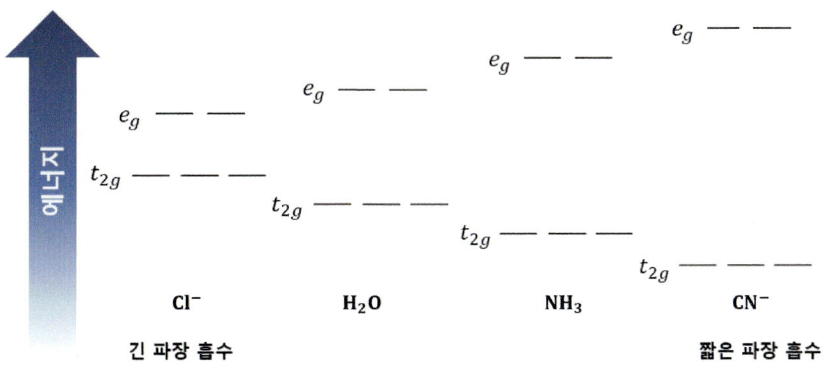

예제 19.6

다음 착물들의 결정장 분리 에너지(Δ_0)가 증가하는 순서로 나열하면?

$$[Co(NO_2)_6]^{3-},\ [Fe(H_2O)_6]^{3+},\ [Co(NH_3)_6]^{3+},\ [Fe(H_2O)_6]^{2+}$$

풀이

분광학적 계열의 순서는 $H_2O < NH_3 < NO_2^-$ 이다. 주어진 리간드에서 Δ_0는 전하가 증가하면 증가한다. 따라서 Δ_0의 증가 순서는

$$[Fe(H_2O)_6]^{2+} < [Fe(H_2O)_6]^{3+} < [Co(NH_3)_6]^{3+} < [Co(NO_2)_6]^{3-}$$

7) 사면체 착물 결정장에서 d 오비탈의 갈라짐 에너지는 팔면체의 4/9에 불과하다. 그래서 항상 약한장(고스핀)이 된다.

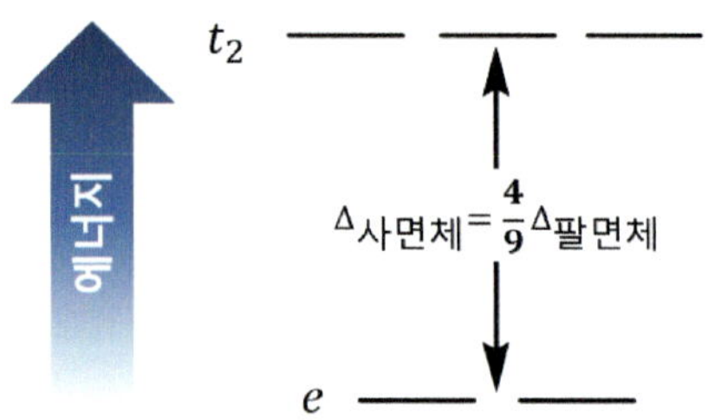

8) 사각평면 착물

팔면체 착물 리간드 배열에서 z축상의 리간드를 제거하면 사각평면 리간드 배열이 되므로, 사각평면 착물에 있어 d_{z^2}의 에너지는 크게 낮아지고 4개의 점전하를 향하고 있는 $d_{x^2-y^2}$의 에너지는 제일 높게 될 것이다.

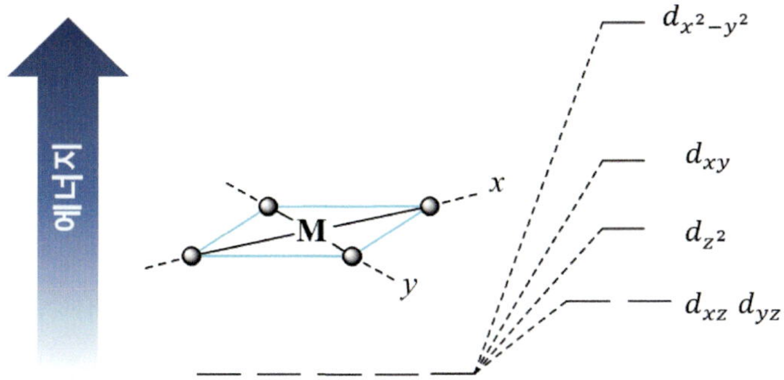

사각 평면 착물

가) 사각 평면 배위 구조는 d^8 전자 배치를 가지는 금속 이온(Ni^{2+}, Pd^{2+}, Pt^{2+}, Ir^{+}, Au^{3+})의 착물에서 흔히 발견된다.

나) 대부분 저스핀($d_{x^2-y^2}$, d_{xy} 사이의 갈라짐 에너지가 큼)이다.

19.4 전이 금속 및 배위 화합물의 생물학적 중요성

인간 생활에 필수적인 전이 금속이 많다. 금속 이온 착물들은 인체 내에서 산소의 이동과 저장에 이용될 뿐만 아니라 전자 이동제, 촉매 및 의약품으로 이용된다.

첫 주기 전이 금속	생체 내 기능
Sc	알려진 바 없음
Ti	알려진 바 없음
V	인체에서는 알려진 바 없음
Cr	인슐린의 혈당량 조절과 콜레스테롤 조절에 관여
Mn	효소 반응에 필요 체내에 Mn의 함량이 낮아지면, 골절 질환, 골다공증을 유발
Fe	헤모글로빈과 마이오글로빈의 성분, 전자 이동에 관여

Co	탄수화물, 지방, 단백질 대사에 필요한 비타민 B12의 성분 접촉성 피부염의 원인
Ni	Urease와 hydrogenase 효소의 성분
Cu	여러 효소(cytochrome c oxidase, superoxide dismutase, L-ascorbate oxidase 등)의 성분, 머리털, 피부 및 눈의 색소 생산에 참여, 인체 내에서 Cu가 결핍되면 Fe의 섭취가 어려워져 적혈구 형성이 잘 안 되어 빈혈을 일으킴
Zn	인슐린 등 여러 효소의 성분 혈액에 Zn 농도가 높으면 Fe와 Cu의 결핍을 초래, 면역력 저하, HDL 콜레스테롤 저하, 무기력증, 위장 장애 등을 초래

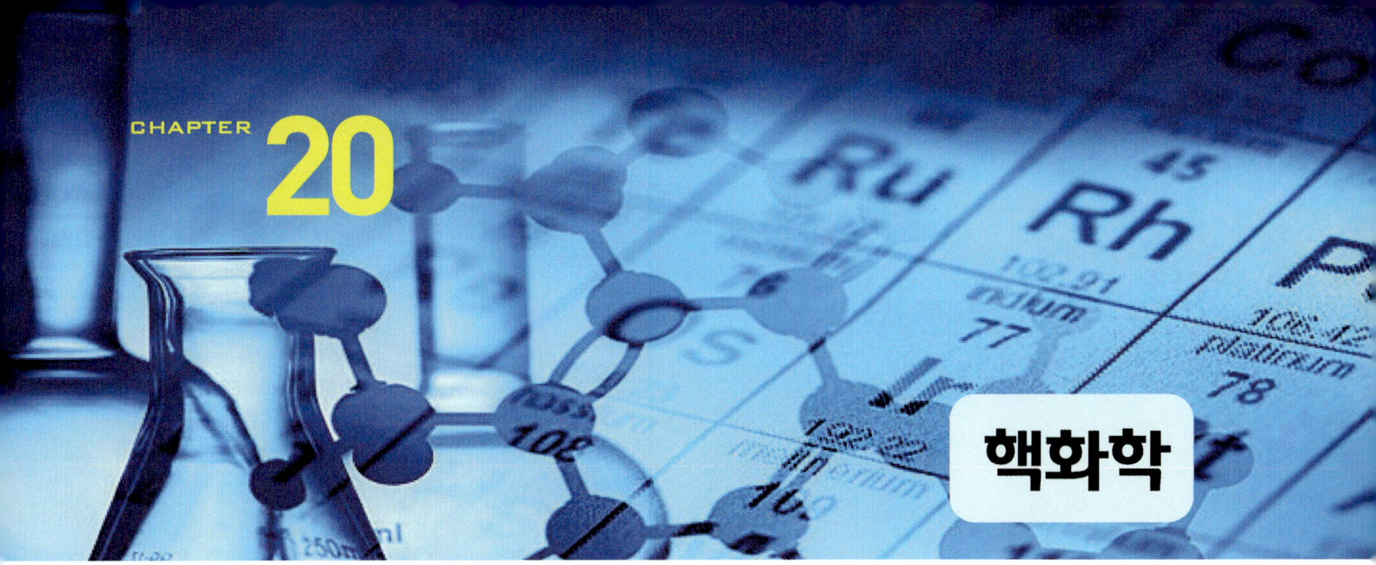

CHAPTER 20 핵화학

20.1 방사능의 유형

- 과학자들은 어떤 핵들은 불안정하여, 자발적으로 분해되어 작은 입자들을 스스로 방출함으로써 안정해진다는 것을 발견하였다. 이러한 과정을 방사능이라고 한다.
- 자연 방사능은 알파(α) 붕괴, 베타(β) 붕괴, 감마(γ)선 방출, 양전자 방출을 포함하여 여러 다른 유형으로 나누어진다.
- 방사선은 다른 분자나 원자를 이온화할 수 있는 능력인 이온화능(ionizing power)과 물질을 침투할 수 있는 침투력(penetrating power)을 갖고 있다.

1) 알파(α) 붕괴: 불안정한 핵이 2개의 양성자와 2개의 중성자로 이루어진 작은 입자를 방출할 때 생긴다. 예를 들면, 라듐-222는 α-입자를 생성하면서 라돈-218로 붕괴된다.

$$^{224}_{88}\mathrm{Ra} \rightarrow {}^{218}_{86}\mathrm{Rn} + {}^{4}_{2}\mathrm{He}$$

• 알파 입자는 이온화능이 높고, 침투력이 낮다.

2) 베타(β) 붕괴: 불안정한 핵이 전자 하나를 방출할 때 일어난다.

$$중성자 \rightarrow 양성자 + 전자$$

예를 들면, 버큐륨(Bk)-249는 β-입자를 생성하면서 켈리프늄-249로 붕괴된다.

$$^{249}_{97}Bk \rightarrow {}^{249}_{98}Cf + {}^{0}_{-1}e$$

• 베타 입자는 이온화능이 중간 정도이고, 침투력도 중간 정도이다.

3) 감마(γ)선 방출: 알파 방사선이나 베타 방사선과는 매우 다르다. 감마선 방출은 물질을 방출하는 것이 아니라 전자기선의 복사이다. 높은 에너지(단파장)의 광자이다.

감마(γ)선: $^{0}_{0}\gamma$

예를 들면, 우라늄-238의 α-입자 붕괴는 감마(γ)선 방출을 수반한다.

$$^{238}_{92}U \rightarrow {}^{234}_{90}Th + {}^{4}_{2}He + {}^{0}_{0}\gamma$$

• 감마선은 이온화능이 낮고, 침투력이 높다.

4) 양전자 방출: 불안정한 핵이 양성자를 방출할 때 일어난다. 양성자가 전자와 충돌하면 양성자는 중성자로 바뀌고, 양전자를 방출한다.

양성자 방출: 양성자 → 중성자 + 양전자

양전자: ${}^{0}_{+1}e$

예를 들면, 소듐-22의 양전자 방출에 대한 핵 반응식은 다음과 같다.

$$ {}^{22}_{11}Na \rightarrow {}^{22}_{10}Ne + {}^{0}_{+1}e $$

5) 전자포획: 핵이 전자 구름의 내부 오비탈로부터 전자를 흡수할 때 일어난다. 양전자 방출과 같이, 전자포획의 알짜 효과는 양성자를 중성자로 바꾸는 것이다.

$$ {}^{201}_{80}Hg + {}^{0}_{-1}e \rightarrow {}^{201}_{79}Au + {}^{0}_{0}\gamma $$

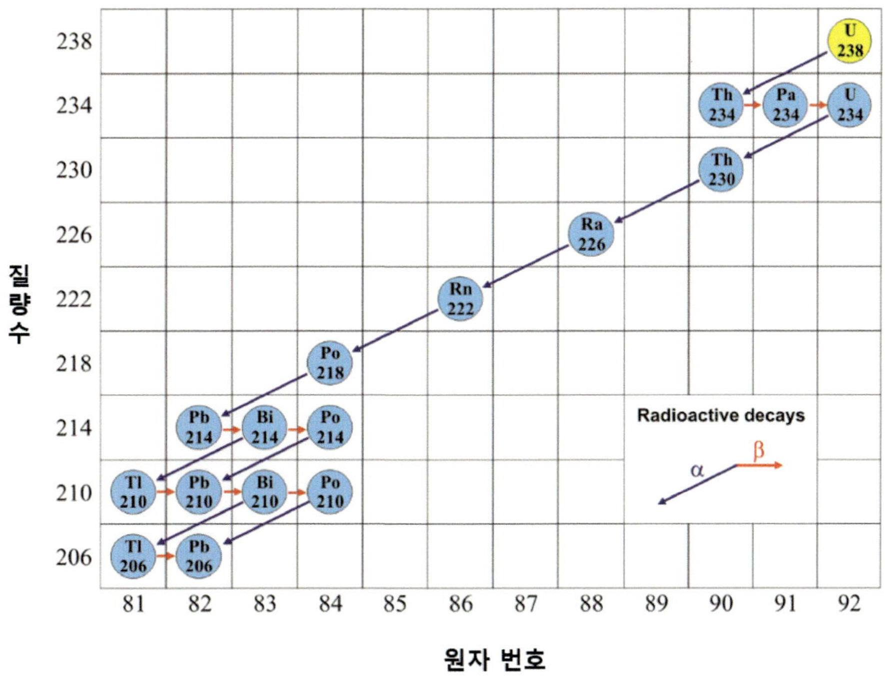

예제 20.1

다음 각 과정의 균형 핵 반응식을 완성하면?

a) $^{11}_{6}\mathrm{C} \rightarrow ? + ^{11}_{5}\mathrm{B}$

b) $? \rightarrow ^{0}_{-1}e + ^{214}_{84}\mathrm{X}$

c) $^{237}_{93}\mathrm{Np} \rightarrow ? + ^{233}_{91}\mathrm{Pa}$

풀이

a) $^{11}_{6}\mathrm{C} \rightarrow ^{0}_{1}e + ^{11}_{5}\mathrm{B}$

b) $^{214}_{83}\mathrm{Bi} \rightarrow ^{0}_{-1}e + ^{214}_{84}\mathrm{X}$

c) $^{237}_{93}\mathrm{Np} \rightarrow ^{4}_{2}\mathrm{He} + ^{233}_{91}\mathrm{Pa}$

20.2 방사능 붕괴 속도와 방사능 연대 측정

1) 방사능 붕괴 속도

- 방사능 붕괴는 속도론적으로 1차 속도 과정이다.
- 붕괴 속도$=k \times N$이고, 적분속도법칙으로 바꾸면 다음과 같다.

$$\ln\left(\frac{N_t}{N_0}\right) = -kt$$

- 이 과정의 반감기:

$$t_{1/2} = \frac{\ln 2}{k}$$

- $\ln\left(\frac{N}{N_0}\right) = (-\ln 2)\left(\frac{t}{t_{1/2}}\right)$의 관계식을 활용할 수 있다.

예제 20.2

백혈병 치료에 이용하는 P-32의 방사성 동위 원소의 반감기는 14.26일이다. 40일 후에 몇 %가 붕괴되었는가?

풀이

$$\ln\left(\frac{N}{N_0}\right)=(-\ln 2)\left(\frac{t}{t_{1/2}}\right)=(-\ln 2)\left(\frac{40.00}{14.26}\right)=-1.94$$

$$\frac{N}{N_0}=\exp(-1.94)=0.143$$

P-32의 초기량을 100%라고 가정하면, 남은 양은

$$\frac{N}{100\%}=0.143 \rightarrow N=14.3\%$$

붕괴된 양은

$$100\%-14.3\%=\mathbf{85.7\%}$$

2) 방사능 연대 측정: 방사성 탄소 연대 측정법을 이용

- 방사성 탄소 연대 측정법은 베타 입자를 방출하며 붕괴되는 C-14의 방사능에 기초를 두고 있다.

$${}^{14}_{6}\mathrm{C} \rightarrow {}^{14}_{7}\mathrm{N} + {}^{0}_{-1}e$$

- C-14는 베타 입자 방출에 의해서 다시 질소-14로 돌아가는데, 그 반감기는 5,715년이다.
- C-14는 우주에서 오는 고에너지 중성자가 N-14와 충돌할 때 발생하므로 대기 중에서 지속적으로 생성된다. 그래서 대기 중에 존재하는 C-14의 양은 거의 일정하다.

$${}^{14}_{7}\mathrm{N} + {}^{1}_{0}\mathrm{n} \rightarrow {}^{14}_{6}\mathrm{C} + {}^{1}_{1}\mathrm{H}$$

몇 가지 방사성 동위 원소의 반감기와 붕괴 종류

	동위 원소	반감기(년)	붕괴 종류
천연 방사능 동위 원소	$^{238}_{92}U$	4.5×10^9	알파
	$^{235}_{92}U$	7.0×10^8	알파
	$^{232}_{90}Th$	1.4×10^{10}	알파
	$^{40}_{19}K$	1.3×10^9	베타
	$^{14}_{6}C$	5,715	베타
합성 방사능 동위 원소	$^{239}_{94}Pu$	24,000	알파
	$^{137}_{55}Cs$	30.2	베타
	$^{90}_{38}Sr$	28.8	베타
	$^{131}_{53}I$	0.022	베타

예제 20.3

예수의 매장 수의로 추정되는 튜린의 수의에 대한 1988년 방사성 탄소 연대를 측정한 결과, C-14는 14.2 붕괴/분/g C로 나왔다. 현재 살아 있는 생물체의 C-14는 15.3 붕괴/분/g C로 나왔다. 이 결과로부터 연대를 추정하면? (단, C-14의 반감기=5730년)

풀이

$$\ln\left(\frac{N}{N_0}\right)=(-\ln 2)\left(\frac{t}{t_{\frac{1}{2}}}\right)$$

$$\ln\left(\frac{14.2}{15.3}\right)=(-\ln 2)\left(\frac{t}{5730\text{년}}\right)=-0.0746$$

$$t=\frac{(-0.0746)(5730\text{년})}{(-\ln 2)}=\mathbf{617\text{년}}$$

튜린의 수의의 연대는 약 617년으로 중세시대로 추정된다.

20.3 핵 분열과 핵 융합

양성자와 중성자가 결합하여 핵을 형성하는 핵 반응의 에너지 변화는 **질량결손(mass defect)**을 갖는다. 이러한 질량결손은 핵 반응 동안에 방출되는 에너지로 변환되며, **핵결합에너지**로 표현된다.

- Einstein 식을 이용하여, 에너지를 계산할 수 있다.

$$\Delta E = \Delta mc^2$$

- 핵결합에너지가 클수록 핵은 더 안정하다.

예제 20.4

298 K, 1 atm하에서 다음 반응의 ΔE값은 -282.1 kJ/mol이다.

$$H_2(g) + \frac{1}{2}O_2(g) \rightarrow H_2O(l)$$

298 K에서 수소와 산소로부터 액체 물 1 mol이 생성될 때, 손실되는 질량은?

풀이

$\Delta E = \Delta mc^2$

$$\Delta m = \frac{\Delta E}{c^2} = \frac{(-282.1\ \text{kJ}\cdot\text{mol}^{-1})\left(\frac{1000\ \text{J}}{1\ \text{kJ}}\right)\left(\frac{1.0\ \text{kg}\cdot\text{m}^2\cdot\text{s}^{-2}}{1\ \text{J}}\right)}{9.00\times10^{16}\ \text{m}^2\cdot\text{s}^{-2}} = \mathbf{-3.13\times10^{-12}}\ \text{kg}\cdot\text{mol}^{-1}$$

예제 20.5

${}^{55}_{25}\text{Mn}$의 질량이 54.9380 amu일 때, ${}^{55}_{25}\text{Mn}$의 결합에너지와 핵자 한 개당 결합에너지는?

$${}^{55}_{25}\text{Mn} \rightarrow 25{}^{1}_{1}\text{H} + 30{}^{1}_{0}\text{n}$$

풀이

질량 결손은

$\Delta m = (25 \times 1.0078\ \text{amu}) + (30 \times 1.0087\ \text{amu}) - 54.9380\ \text{amu} = 0.518\ \text{amu}$

$\Delta E = \Delta mc^2 = (0.518\ \text{g} \cdot \text{mol}^{-1})(3.00 \times 10^8\ \text{m} \cdot \text{s}^{-1})^2 = \mathbf{7.74 \times 10^{-11}\ J/mol}$

$^{55}_{25}\text{Mn}$에는 55의 핵자가 있으므로, 핵자당 결합에너지는

$$\frac{7.74 \times 10^{-11}\ \text{J/mol}}{55\text{핵자}} = \mathbf{1.41 \times 10^{-12}\ J \cdot mol^{-1} \cdot \text{핵자}^{-1}}$$

20.4 에너지를 발생시키는 핵 과정

1) 두 개의 가벼운 핵이 결합하여 무거운 하나의 핵을 형성하는 과정을 **핵 융합**이라고 한다.

$$^{235}_{92}\text{U} + ^{1}_{0}\text{n} \rightarrow ^{141}_{56}\text{Ba} + ^{92}_{36}\text{Kr} + 3^{1}_{0}\text{n} + \text{에너지}$$

- U-235 핵 분열에 의해 방출된 3개의 중성자는 3번의 핵 분열을 더 유발시켜 9개의 중성자를 생성시키고, 이것은 9개의 핵 분열을 유발시켜 27개의 중성자를 생성시키며, 이러한 연쇄반응은 무한히 계속된다.
- 이 과정에서 U-235 1 mol당 2.1×10^{13} J의 에너지를 방출하고, 이 에너지는 메테인 1 mol을 연소시킬 때 발생하는 에너지의 2,600만 배 정도의 큰 에너지이다.

2) 하나의 무거운 핵이 더 작은 두 개의 핵으로 나누어지는 과정을 **핵 분열**이라고 한다.

- 태양은 He-4를 형성하는 양성자 융합으로부터 막대한 에너지를 방출하며, 그 과정은 다음과 같다.

$$^{1}_{1}\text{H} + ^{1}_{1}\text{H} \rightarrow ^{2}_{1}\text{H} + ^{0}_{1}\text{e} + \text{에너지}$$
$$^{1}_{1}\text{H} + ^{2}_{1}\text{H} \rightarrow ^{3}_{2}\text{He} + \text{에너지}$$

$$^{3}_{2}He + ^{3}_{2}He \rightarrow ^{4}_{2}He + 2^{1}_{1}H + \text{에너지}$$
$$^{1}_{1}H + ^{3}_{2}He \rightarrow ^{4}_{2}He + ^{0}_{1}e + \text{에너지}$$

- 전력원으로서 핵 융합의 장점은?
  원료로 사용하는 수소 동위 원소가 가격이 싸고, 풍부하며, 핵 융합 생성물이 비방사성이기 때문에 오염성이 없다는 것이다.

20.5 방사선이 인체에 미치는 영향

방사선은 생체 분자 내의 원자들을 이온화할 수 있다. 이것은 생체 내 분자들을 바꿀 수 있는 반응이 시작된다는 것이다. 즉, 장시간 방사선에 노출된 생체 내 세포들은 중요한 분자들에 변화를 주어 문제를 발생시킨다.
방사선이 인체에 미치는 영향은 다음과 같은 몇 가지로 요인으로 나타낼 수 있다.

1) **방사선 에너지:** 방사선의 에너지량이 많을수록 그 유해성은 크다.

2) **방사선의 침투력:** 감마선은 인체에 침투력이 높고, 베타 입자는 1 cm 정도 침투하며, 알파 입자는 피부에 거의 침투하지 못한다.

3) **방사선의 이온화능:** 감마선은 인체에 매우 깊게 침투하지만 이온화능은 약하다. 그러나 알파 입자의 경우, 인체 침투는 미흡하지만, 이온화능이 매우 강하기 때문에 심각한 손상을 입을 수 있다.

4) **방사선 원의 화학적 성질:** 방사선 핵종에 노출되었을 때, 입게 되는 손상의 정도는 핵종이 얼마나 인체에 남아 있느냐에 달려 있다. 100 rem의 방사선에 노출되면 발암 위험성이 확연히 증가하고, 500 rem 이상의 방사선에 노출되면 종종 사망에 이르게 된다.

CHAPTER 21 유기화학

21.1 유기화학(Organic Chemistry)

1) 모든 생물학, 생화학 및 약학에서 기본을 이루는 화학의 한 분야이다.

2) 탄소(Carbon)를 포함하는 화합물에 대한 연구로서, H, O, N, F, Cl, Br, S, P, I, … 등의 다른 원소를 포함하기도 한다.

3) 유기 화합물은 자연에서 인위적인 합성에 의해서 광범위한 영역에서 존재한다.
가) 자연적 영역: DNA, 단백질, 탄수화물 등
나) 인위적 영역: 고분자, 플라스틱, 식품 첨가제, 조제약 등

21.2 탄소(Carbon)

6 C 12.01 탄소	• 원자 번호 6번, 질량 수 12.01인 탄소 • 결합가능한 4개의 원자가 전자를 가지는 탄소 • 새로운 탄소 화합물을 만들 때, 꼭 필요한 탄소의 공유 결합 능력 • 탄소 화합물은 단일 결합, 이중 결합, 삼중 결합, 고리화합물을 형성가능

4개의 원자가 전자를 갖는 탄소는 4개의 공유 결합을 할 수 있다.
간단한 탄소 화합물인 메테인(CH_4)을 살펴보면,

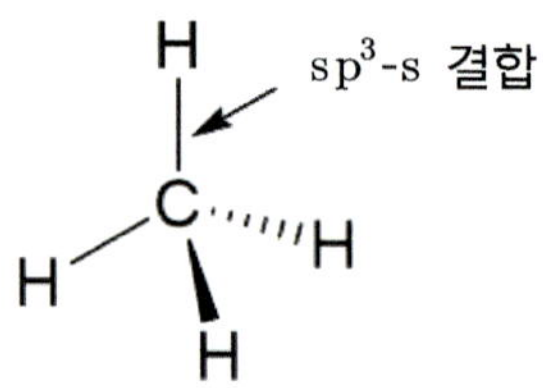

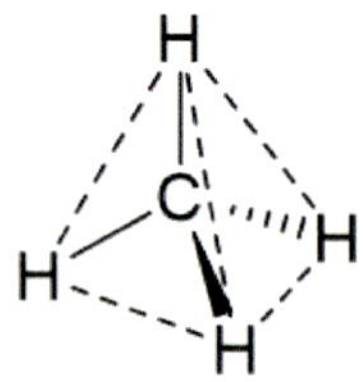

1) 모든 C-H 결합은 동일하다.
2) 모든 결합은 σ 결합을 하고 있다.
3) C-H 결합 세기는 483 kJ/mol이다.
4) C-H 결합 길이는 1.10Å이다.
5) H-C-H의 결합 각은 109.5℃이다.

21.3 탄화수소: 탄소와 수소만을 포함하는 화합물

1) 분류 기준: 탄소와 탄소의 결합 수

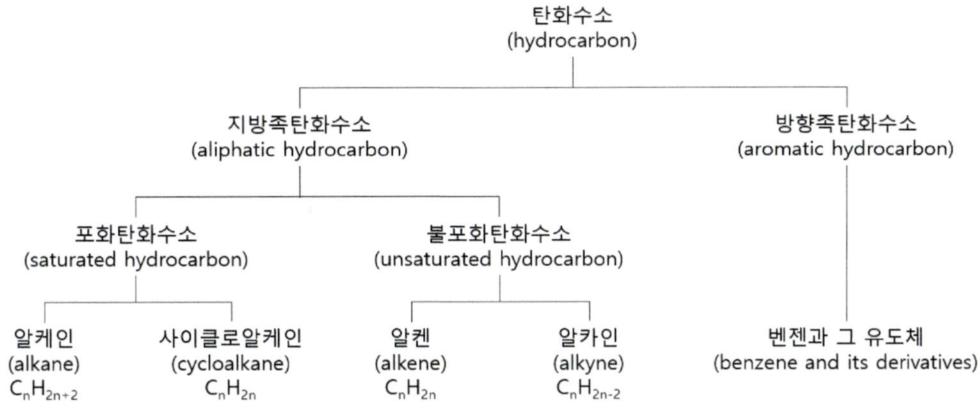

2) 지방족탄화수소의 4가지 종류

탄화수소의 종류	결합 종류	일반식	예
알케인	모두 단일 결합	C_nH_{2n+2}	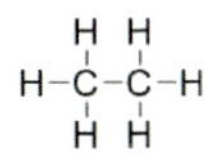 Ethane
알켄	하나 이상의 이중 결합	C_nH_{2n}	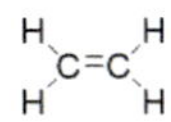 Ethene
알카인	하나 이상의 삼중 결합	C_nH_{2n-2}	H−C≡C−H Ethyne

3) 탄화수소의 일반적인 성질

가) 탄화수소 분자는 무극성(∴ 물에 안 녹고, 무극성 용매에는 잘 녹는다)

나) 녹는점과 끓는점: 분산력에 의해 결정

다) 몰질량이 작은 탄화수소: 기체

라) 몰질량이 중간인 탄화수소: 액체

마) 몰질량이 큰 탄화수소: 고체

분자식	축약 구조식	이름	끓는점(℃)
CH_4	CH_4	메테인	−161
C_2H_6	CH_3CH_3	에테인	−89
C_3H_8	$CH_3CH_2CH_3$	프로페인	−44
C_4H_{10}	$CH_3CH_2CH_2CH_3$	뷰테인	−0.5
C_5H_{12}	$CH_3CH_2CH_2CH_2CH_3$	펜테인	36
C_6H_{14}	$CH_3CH_2CH_2CH_2CH_2CH_3$	헥세인	68
C_7H_{16}	$CH_3CH_2CH_2CH_2CH_2CH_2CH_3$	헵테인	98
C_8H_{18}	$CH_3CH_2CH_2CH_2CH_2CH_2CH_2CH_3$	옥테인	125
C_9H_{20}	$CH_3CH_2CH_2CH_2CH_2CH_2CH_2CH_2CH_3$	노네인	151
$C_{10}H_{22}$	$CH_3CH_2CH_2CH_2CH_2CH_2CH_2CH_2CH_2CH_3$	데케인	174

4) 탄화수소의 용도

탄소 원자의 수	상태	주요 용도
1~4	기체	난방연료, 취사용 연료
5~7	끓는점이 낮은 액체	용매, 휘발유
6~18	액체	휘발유
12~24	액체	제트 연료, 휴대용 난로 연료
18~50	끓는점이 높은 액체	디젤 연료, 윤활유, 난방연료
50+	고체	바셀린, 파라핀 왁스

예제 21.1

다음의 분자식을 보고 각 화합물이 알케인, 알켄 또는 알카인인지를 결정하면? (단, 모든 화합물은 고리 형태가 아니라고 가정한다)

(a) C_4H_6 (b) C_6H_{14} (C) C_8H_{14} (d) $C_{11}H_{22}$

풀이

알케인 분자식: C_nH_{2n+2}
알켄 분자식: C_nH_{2n}
알카인 분자식: C_nH_{2n-2}
(a) 알카인 (b) 알케인 (c) 알카인 (d) 알켄

21.4 알케인(Alkane)

1) 알케인의 탄소: sp^3 혼성; 정사면체; 결합 각=109.5°

가) 곧은 사슬 형태에서 모든 탄소 원자들이 하나의 연속된 사슬에 연결되어 있다.

나) 탄소는 4개의 결합을 만들 수 있으므로, 탄소 원자가 서너 개의 C 원자와 결합하여 가지 사슬 알케인을 만드는 것이 가능하다.

2) 구조 이성질체: 분자식은 동일하나, 원자의 연결이 다른 화합물이다.

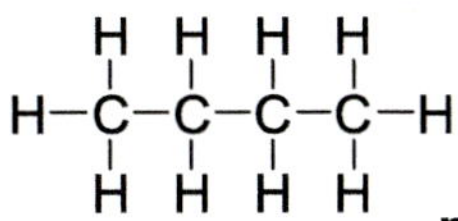

m.p. -138 °C
b.p. -0.5 °C
butane

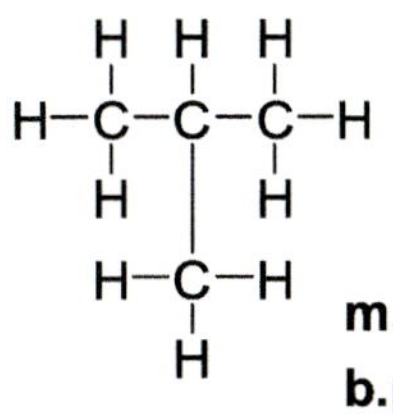

m.p. -159 °C
b.p. -12 °C
isobutane

3) 알케인의 분자를 표현하는 방법

	구조식	축약 구조식	탄소 골격 구조식
butane	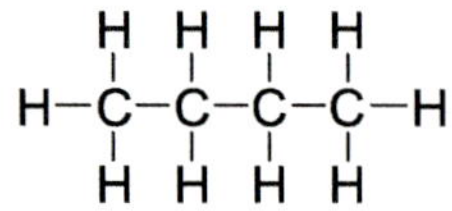	$CH_3—CH_2—CH_2—CH_3$	
isobutane	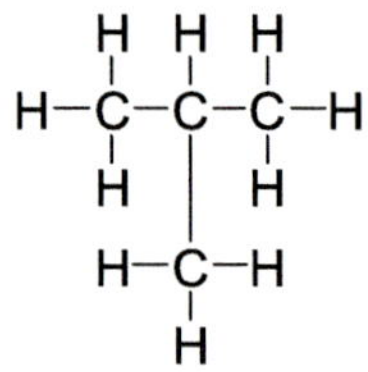	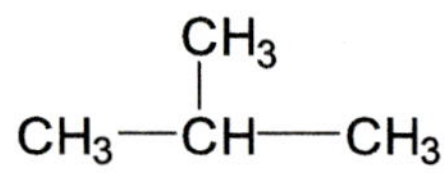	

4) 알킬기(Alkyl group): 알케인(Alkane)에서 수소 하나를 잃어 알킬기를 형성한다.

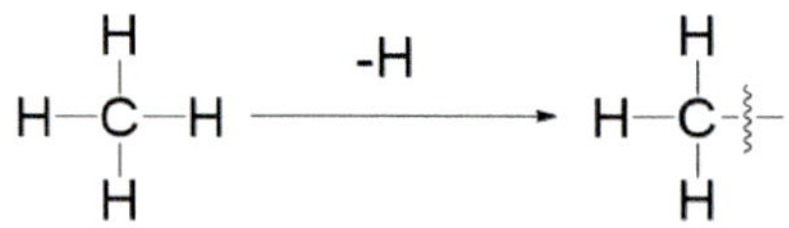

methane　　methyl

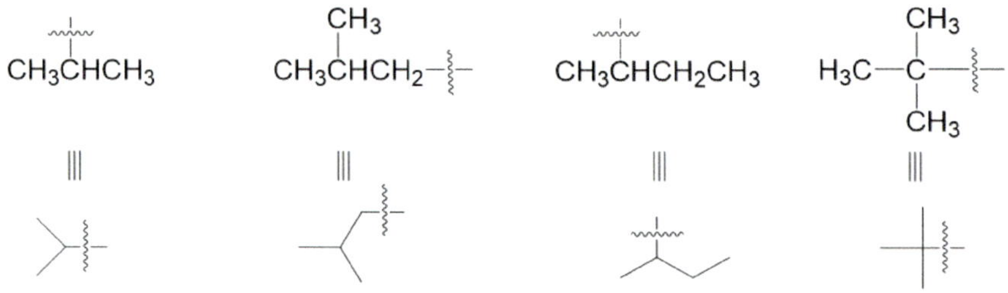

isopropyl　　isobutyl　　*sec*-butyl　　*tert*-butyl

5) 사이클로알케인(Cycloalkane)

가) 곧은 사슬 알케인과 비슷하여 비극성이고, 대개 반응성이 없다.

나) 사이클로알케인은 기하학적 구조를 가지기 때문에 형태를 변형하지 못한다. 즉, 곧은 사슬 알케인과 달리 회전이 불가능하므로 입체 이성질체를 가진다.

다) 간단한 사이클로알케인들은 다음과 같은 종류들이 있다.

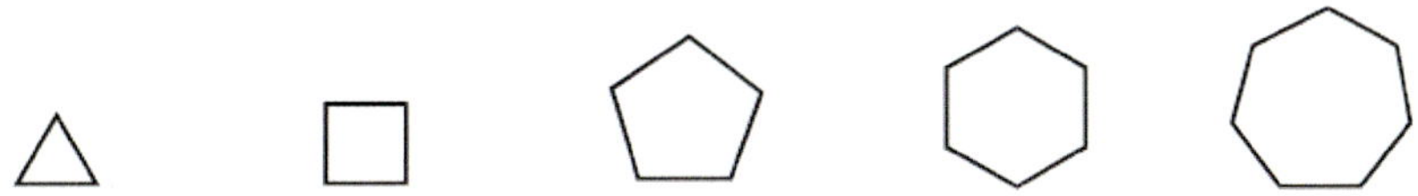

cyclopropane cyclobutane cyclopentane cyclohexane cycloheptane

예제 21.2

옥테인의 구조 이성질체 5가지의 구조는?

풀이

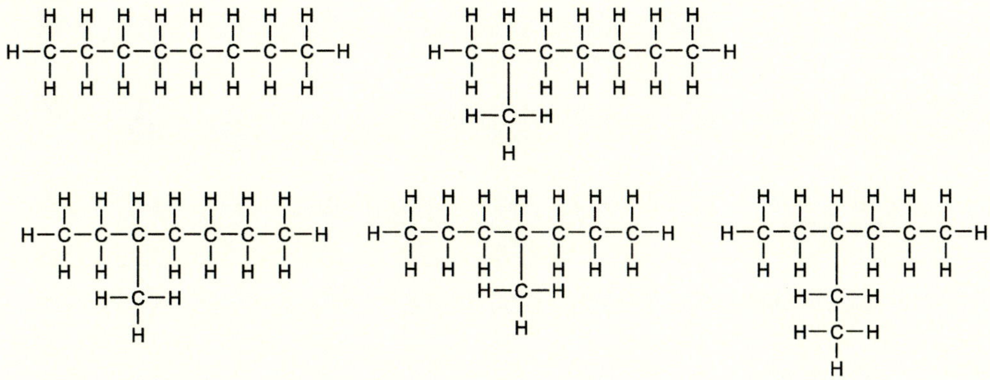

6) 알케인의 명명법

가) 많은 유기 화합물은 관용명이 있다. 익숙한 관용명들도 있지만, 그렇지 못한 것들도 있다. 그래서 체계적인 명명법이 필요하다. IUPAC에서 추천하는 명명법을 추천한다.

나) 화합물 이름 세 부분이 알려주는 것

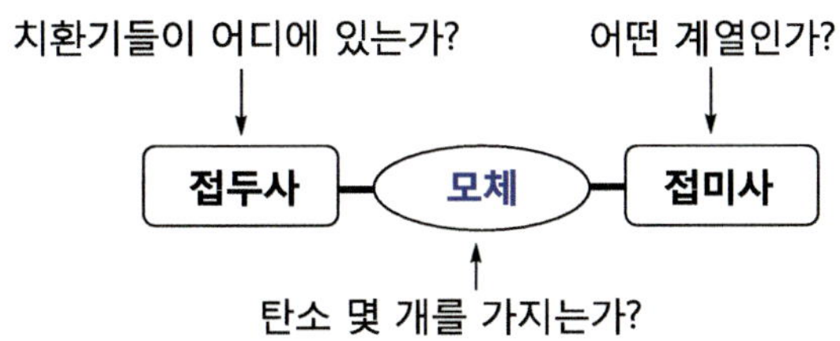

- 접두사: 어떤 작용기가 사슬에 붙어 있는가?
- 모체: 가장 긴 연속 사슬에 몇 개의 탄소가 있는가?
- 접미사: 어떤 종류의 화합물인가?

어떤 형태의 알케인 화합물이든지 다음과 같은 순서로 명명한다.

Step 1. 모체의 가장 긴 탄화수소를 찾는다.

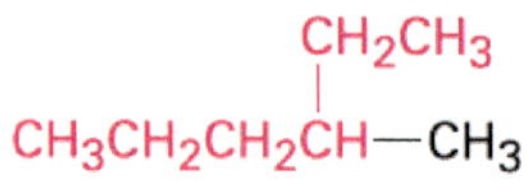

치환된 hexane으로 명명한다.

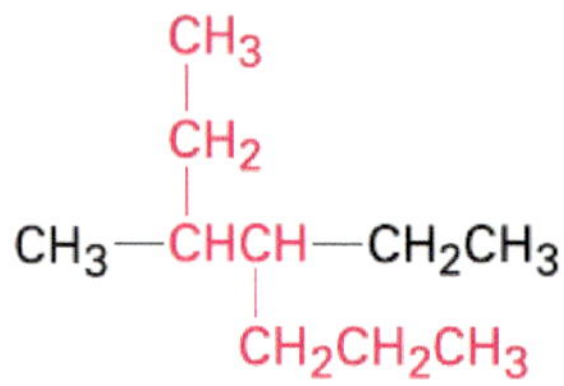

치환된 heptane으로 명명한다.

- 만일 같은 길이의 2개의 서로 다른 사슬이 존재한다면, 많은 수의 곁가지 점을 가진 쪽을 모체로 선택한다.

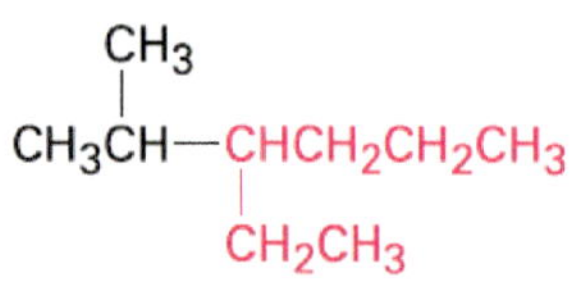

1개의 치환기를 갖는 hexane으로 명명하지 않고

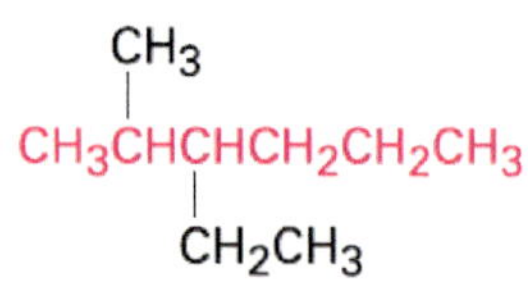

2개의 치환기를 갖는 hexane으로 명명한다.

Step 2. 주사슬에 있는 원자에 번호를 붙인다.

- 가장 긴 사슬에 처음 나타나는 치환기가 더 낮은 번호가 되도록 번호를 붙인다.

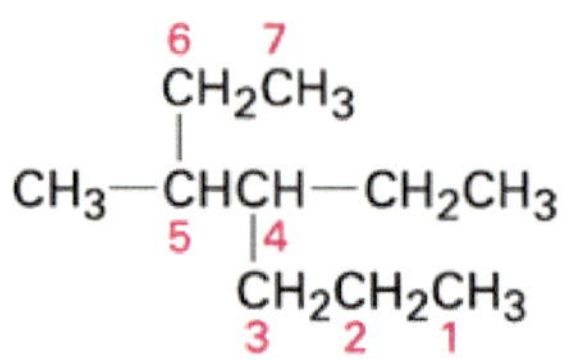

이 아니고

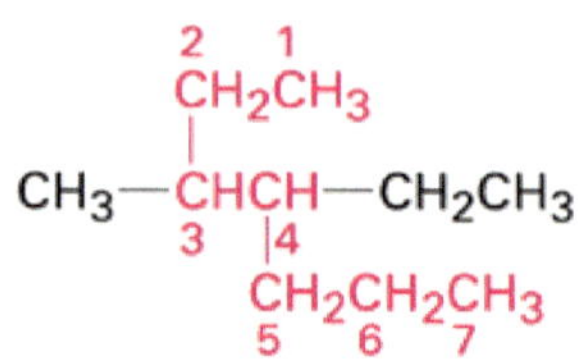

이다.

• 첫 치환기가 좌우 양쪽에서 같은 거리만큼 떨어져 있는 경우, 두 번째 치환기가 더 낮은 번호가 되도록 번호를 붙인다.

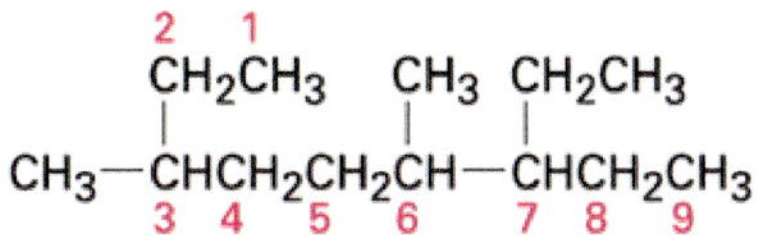 이 아니고 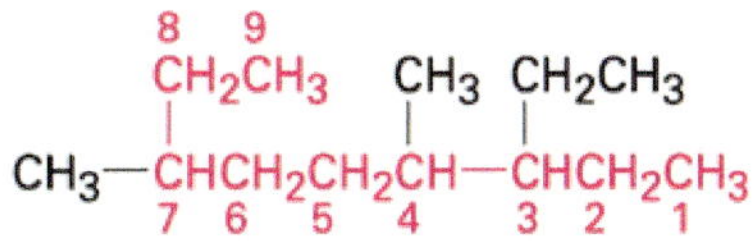 이다.

Step 3. 치환기를 확인하고, 번호를 붙인다.

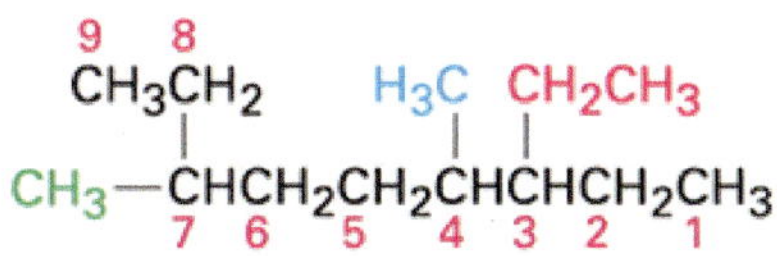

Nonane으로 명명한다.

치환기: C3에, CH_2CH_3 (3-ethyl)
C4에, CH_3 (4-methyl)
C7에, CH_3 (7-methyl)

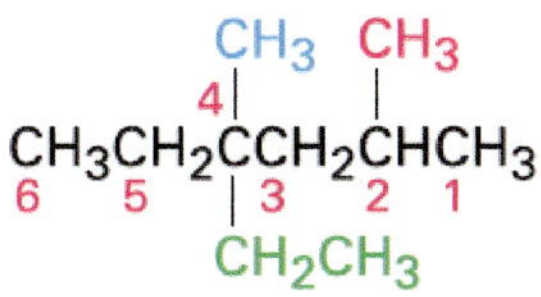

Hexane으로 명명한다.

치환기: C2에, CH_3 (2-methyl)
C4에, CH_3 (4-methyl)
C4에, CH_2CH_3 (4-ethyl)

Step 4. 한 단어로 이름을 쓴다.

• 서로 다른 치환기를 분리하는 데는 하이픈(-)을 사용하고, 번호를 분리하는 데는 쉼표(,)를 사용한다. 만일 치환기가 둘 또는 그 이상일 경우, 영어 알파벳 순으로 나열한다.

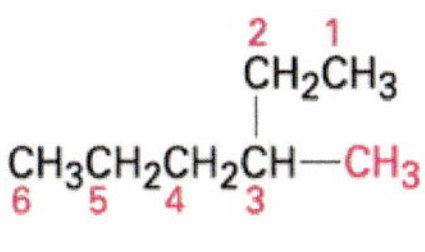

3-Methylhexane

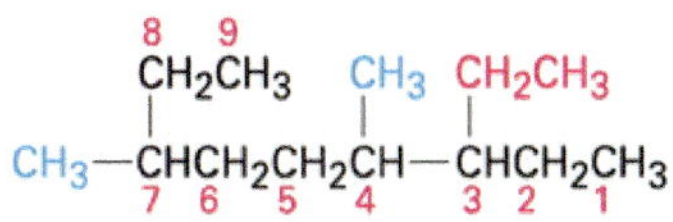

3-Ethyl-4,7-dimethylnonane

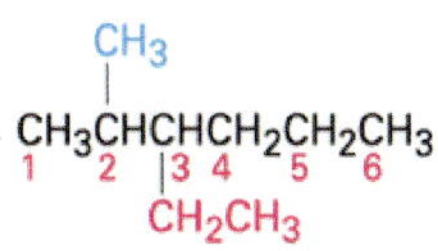

3-Ethyl-2-methylhexane

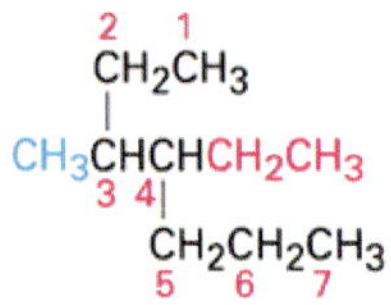

4-Ethyl-3-methylheptane

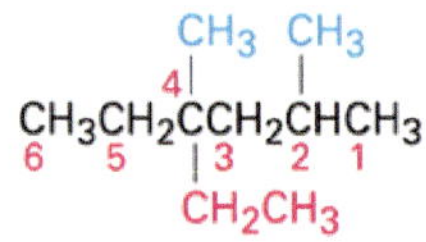

4-Ethyl-2,4-dimethylhexane

다) 사이클로알케인 명명법

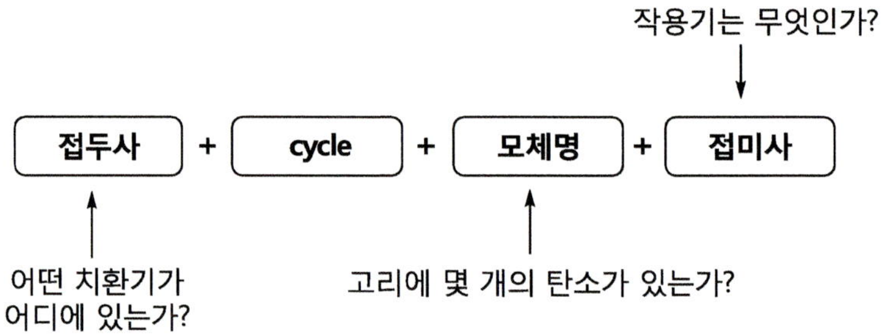

Step 1. 모체의 사이클로알케인을 찾는다.

ring 6C

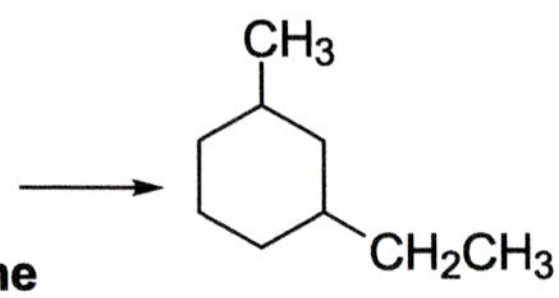

Cyclohexane

Step 2. 치환기의 이름과 번호를 붙인다.

- 치환기가 하나 있는 경우에는 위치를 나타내는 번호를 붙일 필요가 없다.

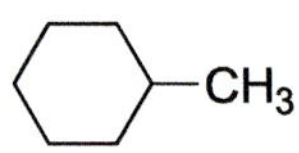

Methylcyclohexane

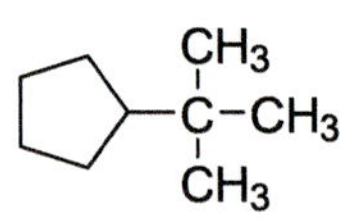

***tert*-Butylcyclopentane**

- 치환기가 2개 이상 있는 경우에는 한 치환기에서 번호를 시작하여 고리를 따라 시계 반향 또는 반시계 방향으로 번호를 붙이되, 두 번째 치환기의 번호가 낮게 되도록 한다.

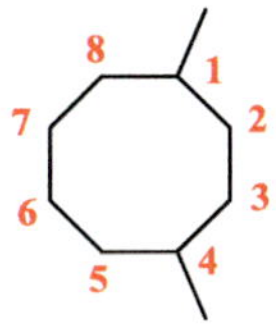

NOT

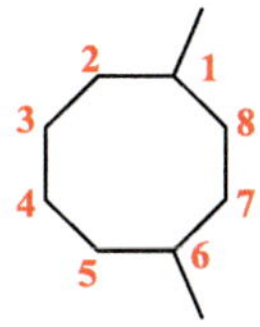

1-methyl
4-methyl
ring 8C : cyclooctane

1-methyl
6-methyl
ring 8C : cyclooctane

1,4-Dimethylcyclooctane 1,6-Dimethylcyclooctane

- 서로 다른 치환기가 2개 있는 경우, 영어 알파벳순으로 나오는 치환기의 번호가 낮도록 한다.

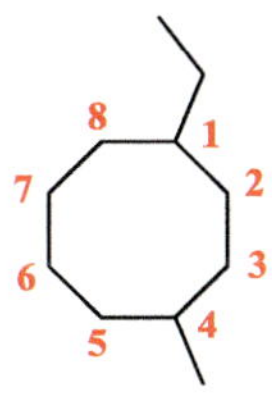

NOT

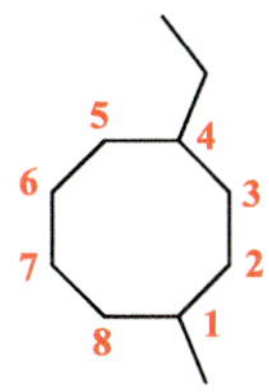

1-ethyl
4-methyl
ring 8C : cyclooctane

1-methyl
4-ethyl
ring 8C : cyclooctane

1-Ethyl-4-methylcyclooctane 4-Ethyl-1-methylcyclooctane

7) 알케인의 화학적 성질

가) 알케인은 실온에서 비교적 안정하다.

나) 알케인은 H_2SO_4와 같은 강산이나, NaOH와 같은 강염기성 수용액과는 반응하지 않는다.

다) 알케인은 공기중에서 태우면 물과 탄소 산화물이 된다.

라) 뜨거운 질산, 염소, 브로민도 알케인과 반응한다.

마) 알케인을 공기가 없는 높은 온도에서 가열하면 더 작은 분자로 쪼개지는 "열분해"가 일어난다.

예제 21.3

다음 각각의 알케인을 명명하면?

(a) $H_3C-CH_2-CH_2-CH_2-CH_3$

(b) 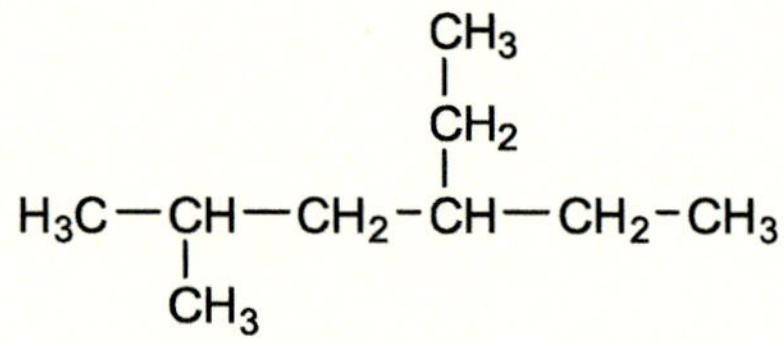

(c) 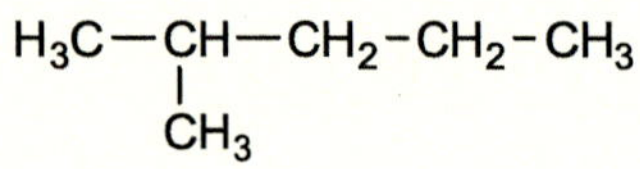

(d) 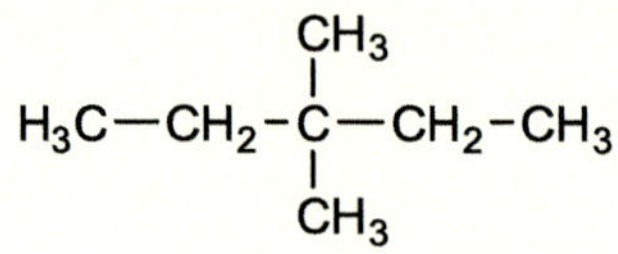

풀이

(a) 1-펜테인
(b) 4-에틸-2-메틸헥세인
(c) 2-메틸부테인
(d) 3,3-다이메틸펜테인

21.5 알켄과 알카인

1) 알켄(Alkene)

n	이름	분자식(C_nH_{2n})	구조식	축소 구조식
2	Ethene	C_2H_4	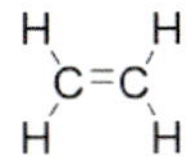	$H_2C=CH_2$
3	Propene	C_3H_6	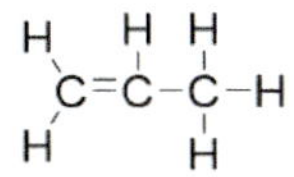	$H_2C=CHCH_3$
4	1-Butene	C_4H_8	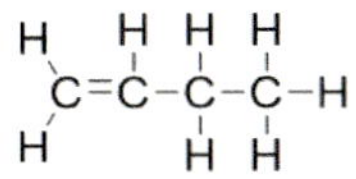	$H_2C=CHCH_2CH_3$
5	1-Pentene	C_5H_{10}	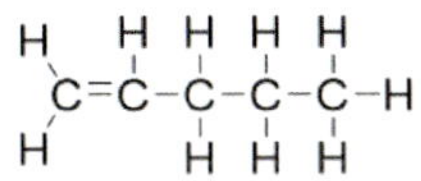	$H_2C=CHCH_2CH_2CH_3$
6	1-Hexene	C_6H_{12}	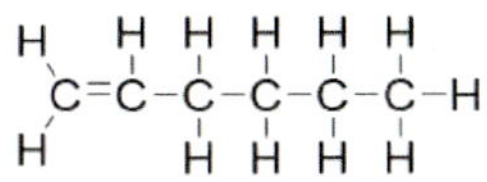	$H_2C=CHCH_2CH_2CH_2CH_3$

2) 알카인(Alkyne)

n	이름	분자식(C_nH_{2n-2})	구조식	축소 구조식
2	Ethyne	C_2H_2	$H-C\equiv C-H$	$HC\equiv CH$
3	Propyne	C_3H_4	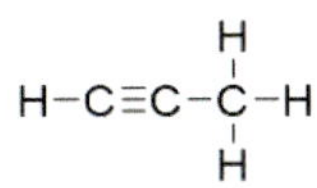	$HC\equiv CCH_3$
4	1-Butyne	C_4H_6	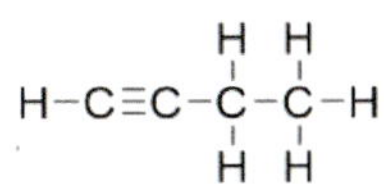	$HC\equiv CCH_2CH_3$
5	1-Pentyne	C_5H_8	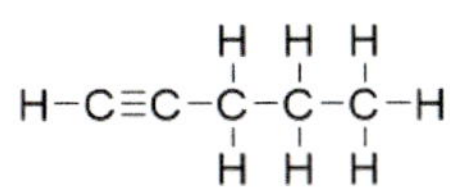	$HC\equiv CCH_2CH_2CH_3$
6	1-Hexyne	C_6H_{10}	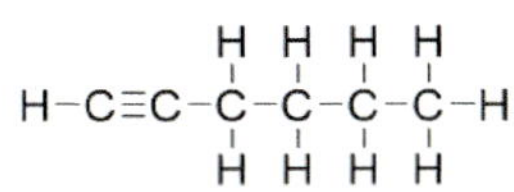	$HC\equiv CCH_2CH_2CH_2CH_3$

3) 기하 이성질체

가) 이중 결합 주위에 자유 회전이 없기 때문에 탄소 원자가 4개 이상인 경우, 가장 긴 사슬의 방향이 다를 수 있다.

나) 기하 이성질체: 분자식과 결합은 같지만, 입체 배열이 다른 화합물

다) 알켄의 이성질체: 시스(*cis*)(이중 결합의 같은 쪽)와 트랜스(*trans*)(이중 결합의 반대쪽)

C_4H_8의 일반식을 갖는 알켄의 4가지 구조 이성질체

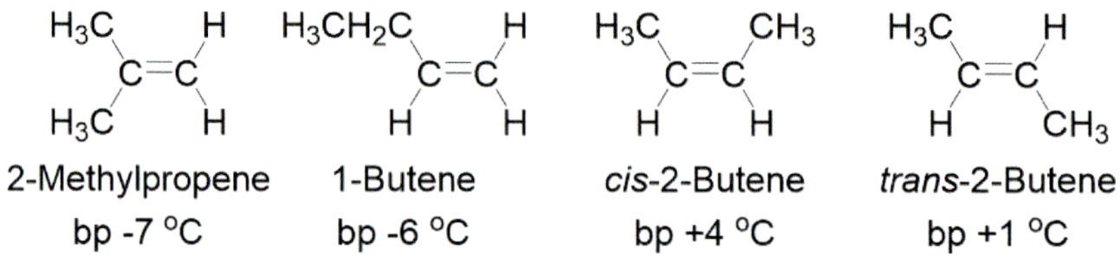

예제 21.4

다음 화합물들을 바르게 명명하면?

(a) 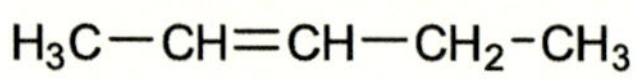

(b) 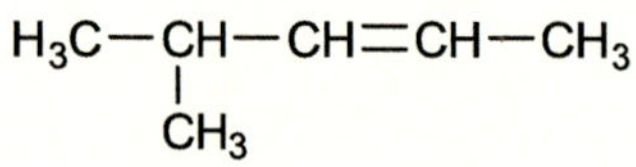

(c) 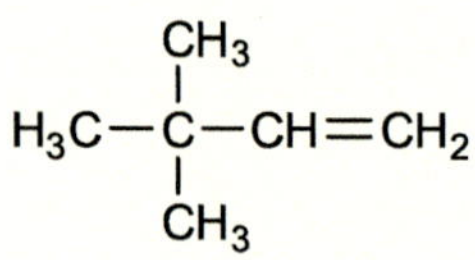

(d) 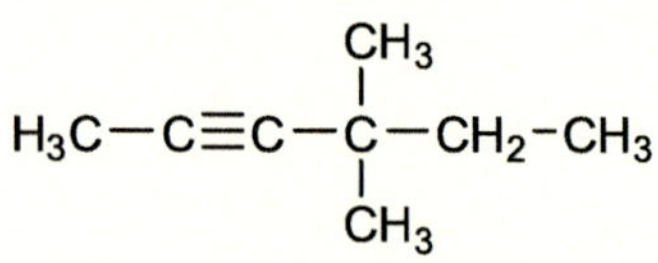

(e) 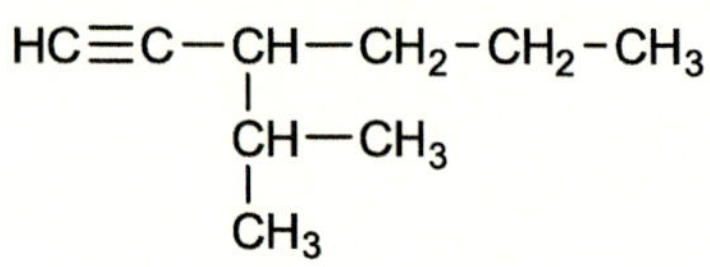

풀이

(a) $H_3C-CH=CH-CH_2-CH_3$ 2-pentene

(b) 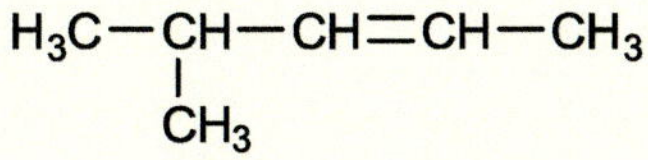 4-methyl-2-pentene

(c) 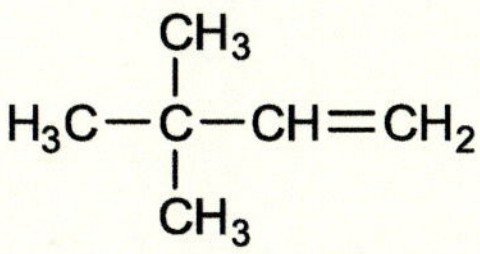 3,3-dimethyl-1-butene

(d) 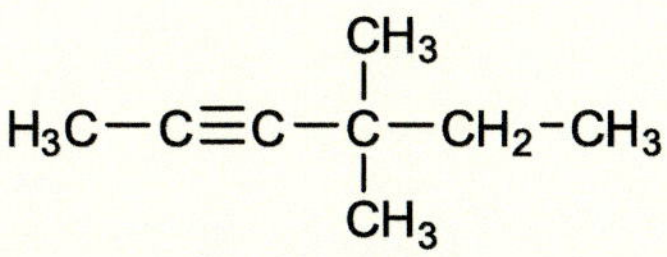 4,4-dimethyl-2-hexyne

(e) 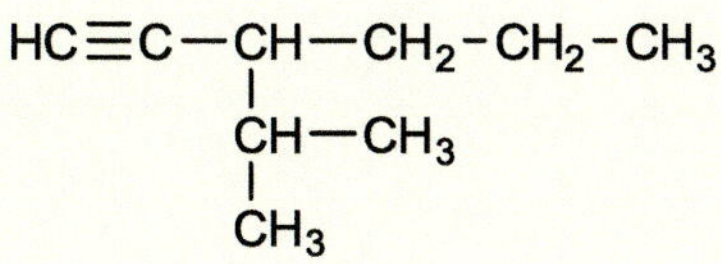 3-isopropyl-1-hexyne

예제 21.5

C_5H_{10}의 고리가 아닌 구조 이성질체의 구조를 모두 찾고, 각각을 명명하면?

풀이

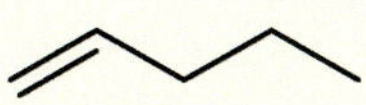

Pentene

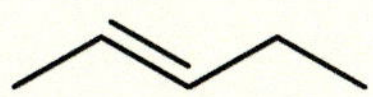

2-Pentene

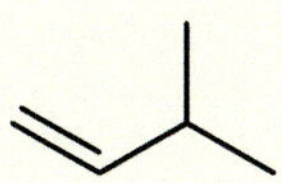

3-Methyl-1-butene

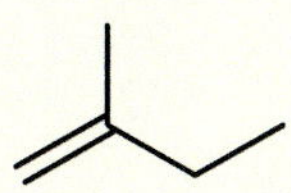

2-Methyl-1-butene

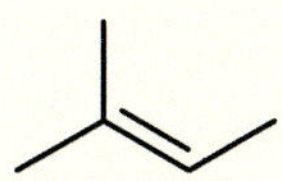

2-Methyl-2-butene

21.6 유기 작용기

• 탄소-탄소 단일 결합

alkane 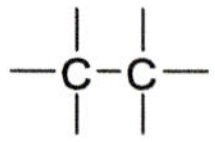

• 탄소-탄소 다중 결합

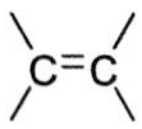

alkene

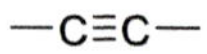

alkyne

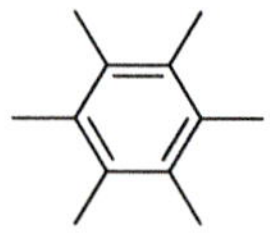

arene

• 탄소 단일 결합에 이웃한 원자가 붙어 있는 경우

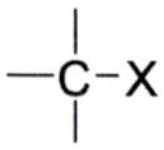

X=F, Cl, Br, I

Alkyl halide

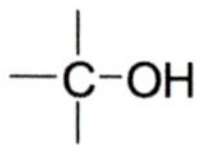

Alcohol

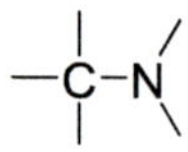

Amine

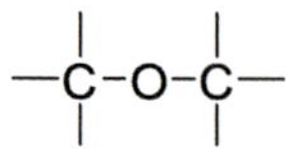

Ether

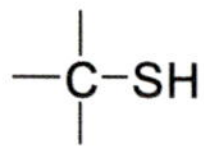

Thiol

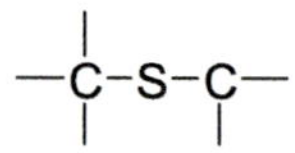

Sulfide

• 탄소 이중 결합에 산소가 붙어 있는 경우

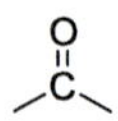

Carbonyl group

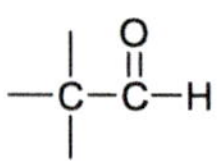

Aldehyde

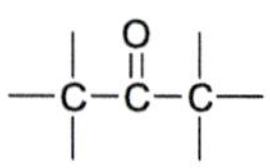

Ketone

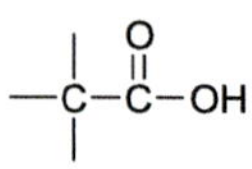

Carboxylic acid

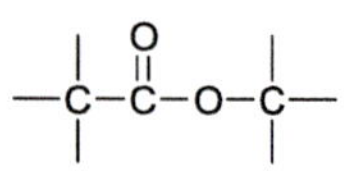

Ester

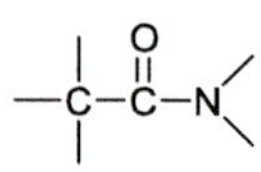

Amide

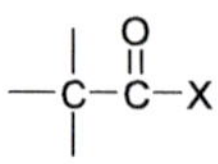

Acid halide

X=F, Br, Cl, I

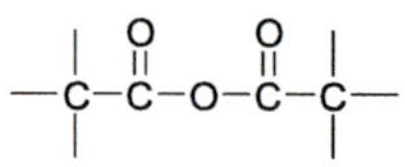

Acid anhydride

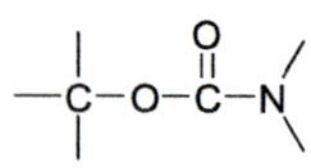

Carbamate

• 삼중 결합에 질소가 붙어 있는 경우

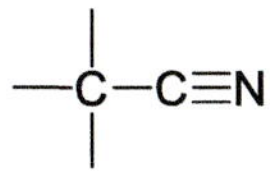

Nitrile

21.7 알코올(R–OH)

알케인(R-H)에 있는 수소 원자를 OH로 치환하면, 알코올(alcohol)이 된다.

CH_3-OH	CH_3CH_2-OH	$CH_3CH_2CH_2-OH$	CH_3CHCH_3 (OH at C-2)
Methanol	**Ethanol**	**1-Propanol**	**2-Propanol**

1,2-Ethanediol
에틸렌 글라이콜

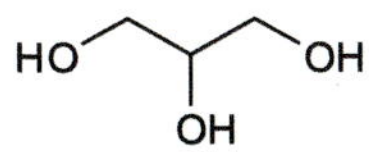

1,2,3-Propanetriol
글리세롤

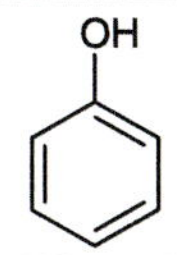

Phenol

1) 메틸알코올(메탄올, CH_3OH): 한때 나무로부터 만들어졌기 때문에 목정(wood alcohol)이라고 불린다.

2) 에틸알코올(에탄올, CH_3CH_2OH): 곡류(녹말이나 당)를 발효하여 얻어진다.

$$CO(g) + 2H_2(g) \xrightarrow[400\ ^{o}C]{200 - 300\ atm} CH_3OH\ (l)$$

$$C_6H_{12}O_6\ (aq) \xrightarrow{\text{효모}} 2\ CH_3CH_2OH\ (aq) + 2\ CO\ (g)$$

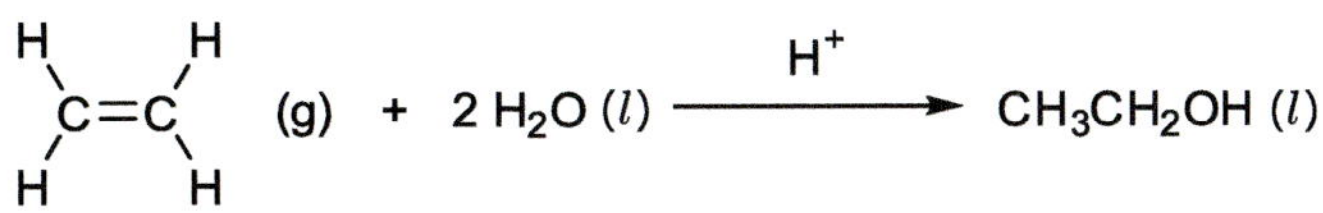

3) 에틸렌 글라이콜(Ethylene glycol): 많은 부동액의 주성분이다.

4) 글리세롤(Glycerol): 시럽 같은 액체로서 비누 제조시 지방으로부터 생산되는 부산물이다. 로션이나 케이크에 수분을 유지시켜주는 첨가제로 사용된다.

5) 페놀(Phenol): 알코올처럼 보이지만, 실제로 알코올이 아니다. 약산이고, 독성이 매우 강하다. 페놀은 리스터에 의해 수술실에서 처음으로 살균제로 사용되었다. 그러나 피부에 화상을 일으키고, 해로운 미생물과 건강한 세포도 함께 죽이기 때문에 이상적인 살균제는 아니다.

예제 21.6

다음 각 알코올의 구조식은?

(a) 3-펜탄올 (b) 2-메틸-1-뷰탄올 (c) 3-에틸-2-헥산올
(d) 3,3-다이에틸-2,2-다이메틸-1-헥산올

풀이

(a) 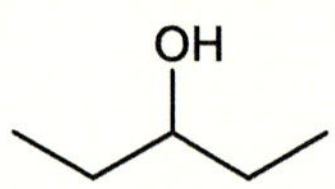

3-Pentanol

(b) 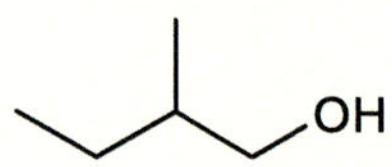

2-Methyl-1-butanol

(c) 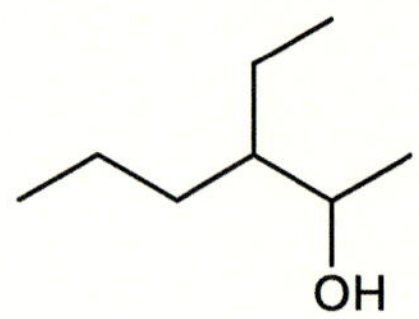

3-Ethyl-2-hexanol

(d) 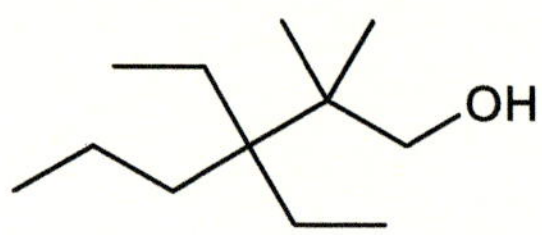

3,3-Diethyl-2,2-dimethyl-1-hexanol

21.8 에터(Ether, R–O–R)

1) 두 분자의 알코올의 탈수 반응으로부터 제조할 수 있다.

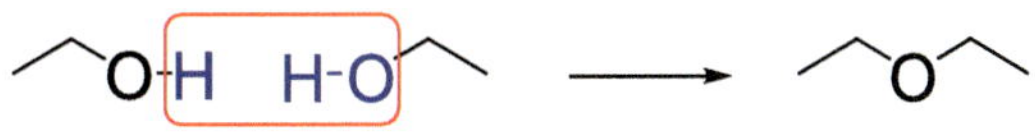

2) 화학 반응성은 매우 좋은 것은 아니지만, 매우 인화성이 강해서 연소 반응은 매우 탁월하다. 에터는 오랜 시간 동안 산소와 천천히 반응하여 과산화물을 형성한다. 과산화물은 폭발적으로 분해된다.

3) 다이에틸에터와 THF는 주로 유기 반응의 용매로 이용된다.

Diethyl ether **Tetrahydrofuran (THF)**

4) 상업적으로 대량 생산되는 에터는 에틸렌 옥사이드(ethylene oxide, 에폭사이드)이다. 에폭사이드는 독성이 있는 기체로 대부분이 에틸렌 글라이콜을 합성하는 데 이용된다.

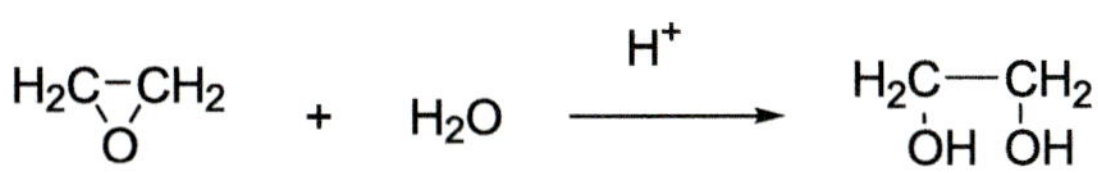

에틸렌 옥사이드 **에틸렌 글라이콜**

예제 21.7

다음 화합물의 이름에 맞는 구조식은?

(a) 다이아이소 프로필 에터

(b) 사이클로펜틸 프로필 에터

(c) 4-브로모메톡시벤젠(4-브로모아니솔)

(d) 1-메톡시사이클로헥센

(e) 에틸 아이소뷰틸 에터

풀이

(a) 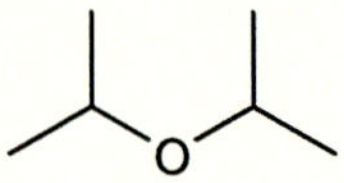 Diisopropyl ether

(b) 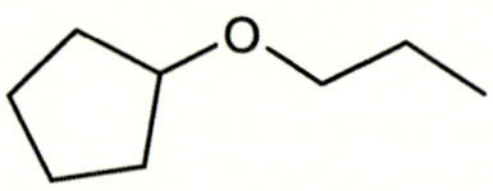 Cyclopentyl propyl ether

(c) 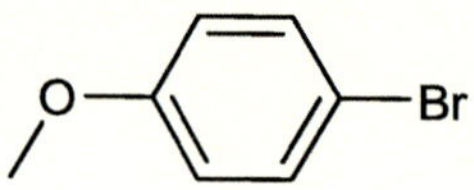 4-Bromoanisole

(d) 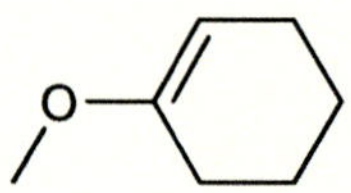 1-Methoxycyclohexene

(e) 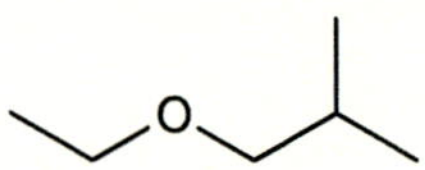 Ethyl isobutyl ether

21.9 알데하이드(Aldehyde)와 케톤(Ketone)

1) 일반 구조식은 모두 카보닐기(C = O)를 포함하고 있다.

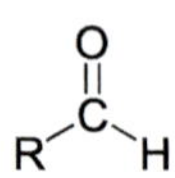

알데하이드

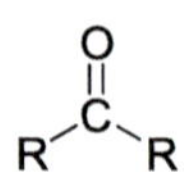

케톤

2) 명명법

가) 알데하이드: 알케인의 맨끝에 "알(al)"을 붙인다.

나) 케톤: 알케인의 맨끝에 "온(one)"을 붙인다.

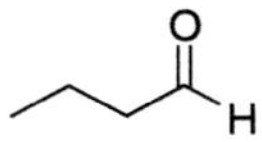
Butanal

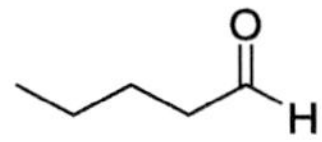
Patanal

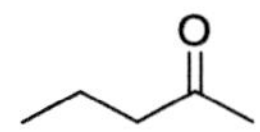
2-Pentanone

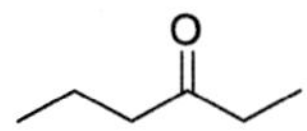
3-Hexanone

3) 대표적인 알데하이드와 케톤 화합물

가) 알데하이드

(a) 폼알데하이드(메탄알): 매운 냄새를 내는 기체. 물과 섞여서 포르말린이 된다.

(b) 시남알데하이드: 계피의 달콤한 향

(c) 벤즈알데하이드: 아몬드의 향

(d) 바닐린: 바닐라 향

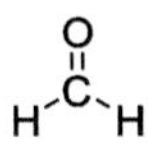
Formaldehyde

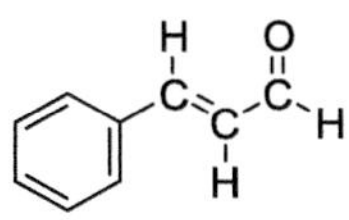
Cinnamaldehyde

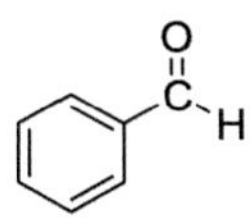
Benzaldehyde

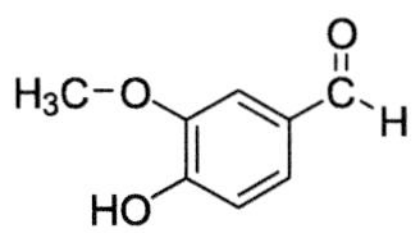
4-Hydroxy-3-methoxybenzaldehyde (vanillin)

나) 케톤

(a) 아세톤: 매니큐어제거제의 주요 성분

(b) 2-헵탄온: 정향의 향

(c) 카르본: 박하 향

(d) 이오논: 딸기 향

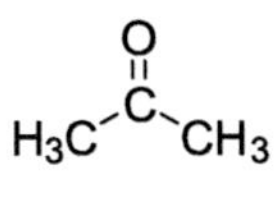
Acetone

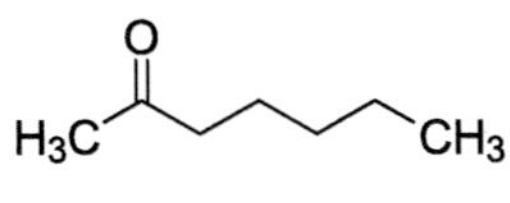
2-Heptanone

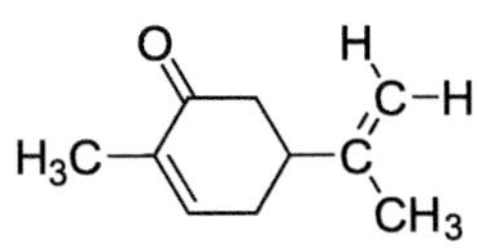
Carbone

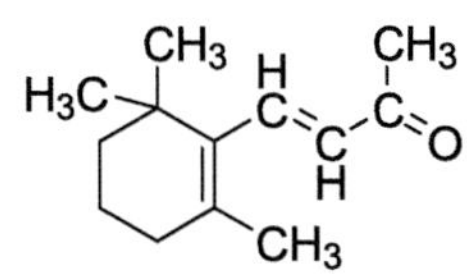
Ionone

예제 21.8

다음 알데하이드와 케톤을 바르게 명명하면?

(a) 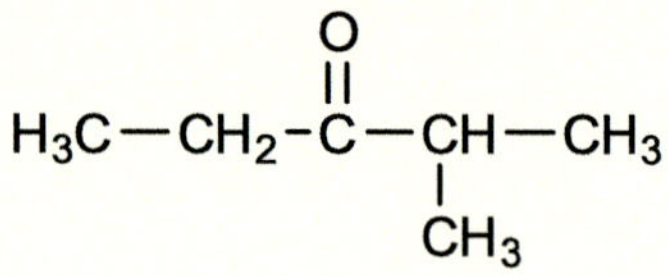

(b) 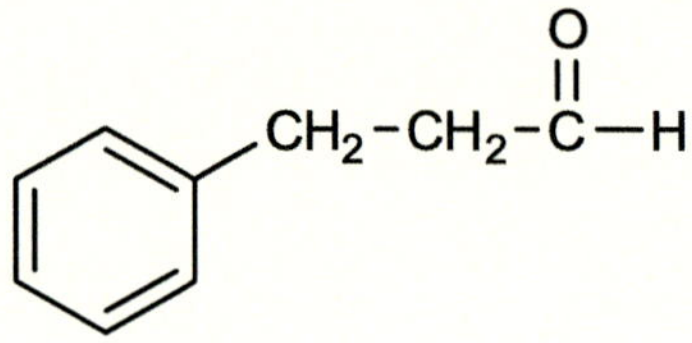

(c) 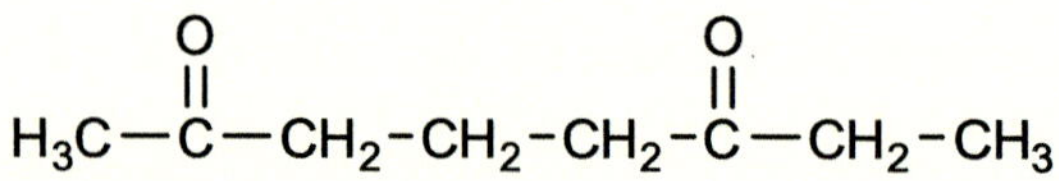

(d) 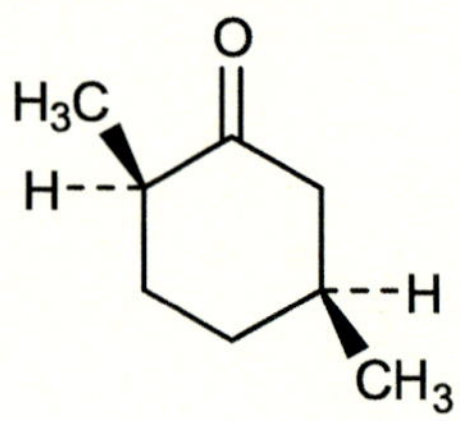

풀이

(a) 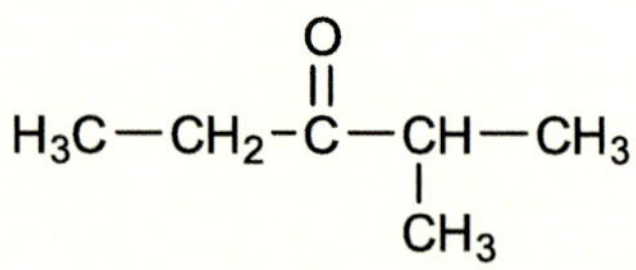

2-Methyl-3-pentanone

(b) 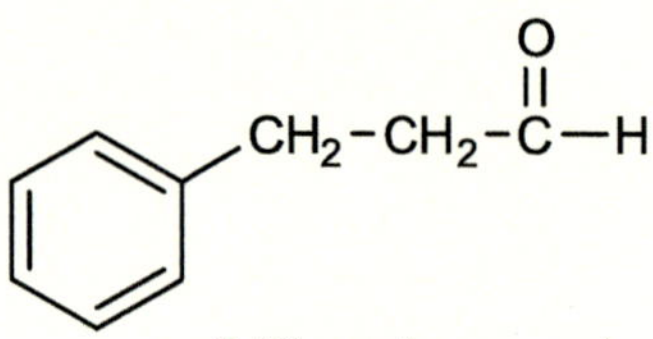

3-Phenylpropanal

(c) 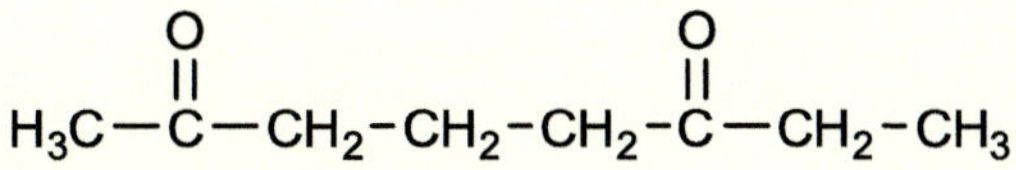

Octane-2,6-dione

(d) 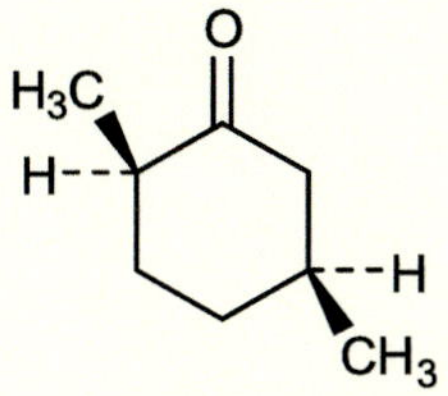

cis-2,5-Dimethyl-1-cyclohexanone

21.10 카복실산(Carboxylic Acids)과 에스터(Ester)

1) 일반 구조식

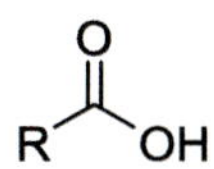

Carboxylic Acid

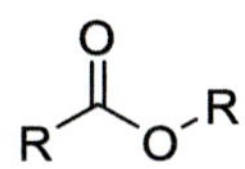

Ester

2) 명명법

가) 카복실산: 알케인+산

나) 에스터: 카복식산+치환기(-yl)

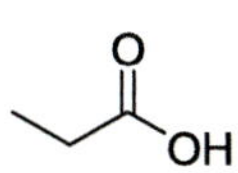

propionic acid

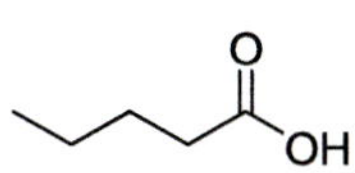

pentanoic acid

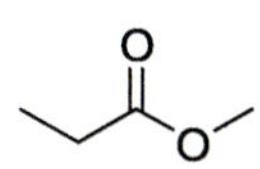

methyl propionate

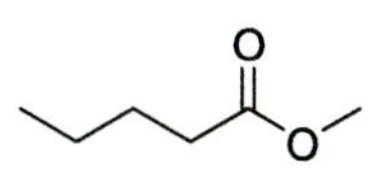

methyl pentanoate

3) 용도로는 섬유, 필름, 페인트의 생산에 사용하는 고분자의 제조에 매우 중요한 물질이다.

4) 대표적인 카복실산 화합물들

가) 아세트산(에탄산): 식초의 성분

나) 메탄산(폼산): 벌침, 개미

다) 시트르산: 라임, 레몬, 오렌지

라) 젖산: 격렬한 운동 뒤 근육

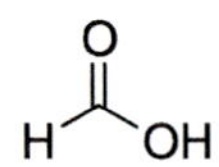

Formic acid

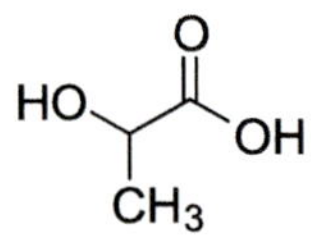

2-Hydroxypropanoic acid (젖산)

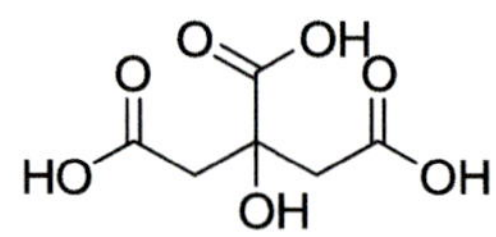

Citric acid

5) 대표적인 에스터 화합물들

가) 부탄산에틸: 파인애플 향

나) 부탄산메틸: 사과 향

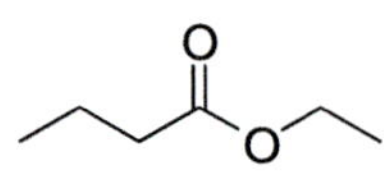

Ethyl butyrate

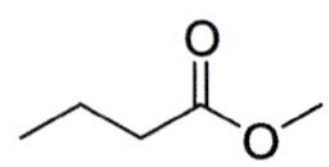

Methyl butyrate

6) 카복실산과 알코올의 반응에서 에스터 생성

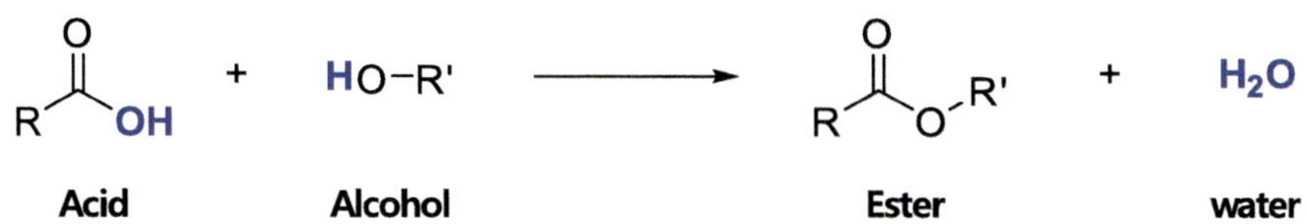

7) 아스피린 합성

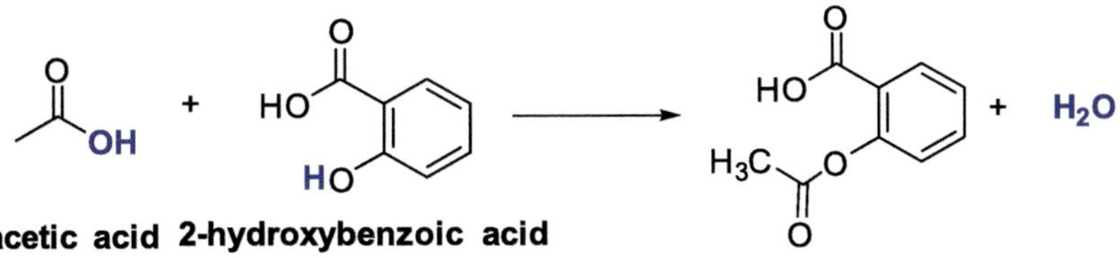

acetic acid 2-hydroxybenzoic acid (Salicylic acid)

2-acetoxybenzoic acid (Acetylsalicylic acid) (Aspirin)

예제 21.9

다음 화합물을 바르게 명명하면?

(a) 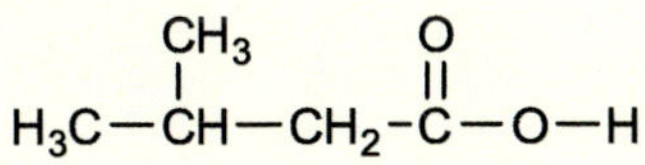

(b) 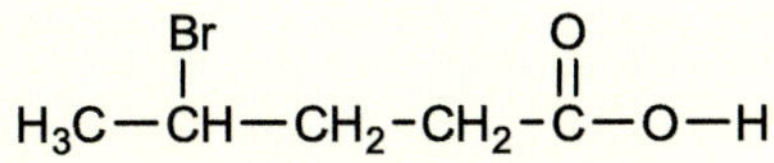

(c) 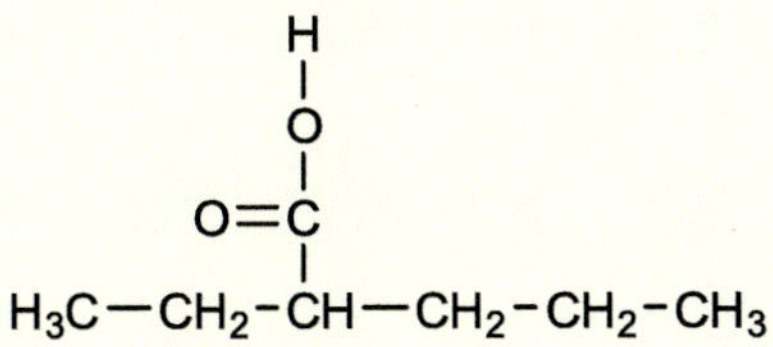

(d) 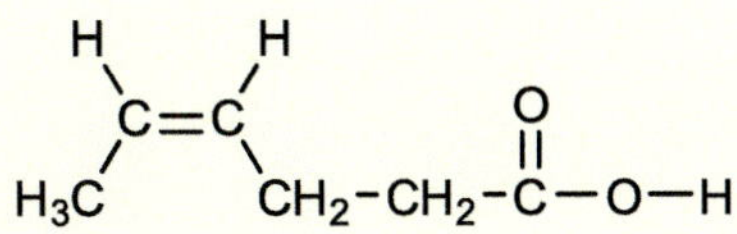

풀이

(a) 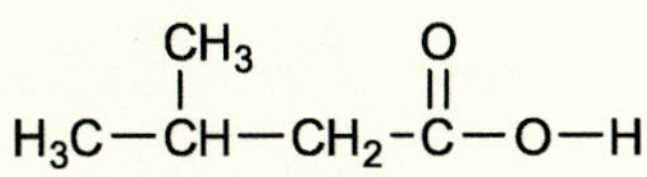

3-Methylbutanoic acid

(b) 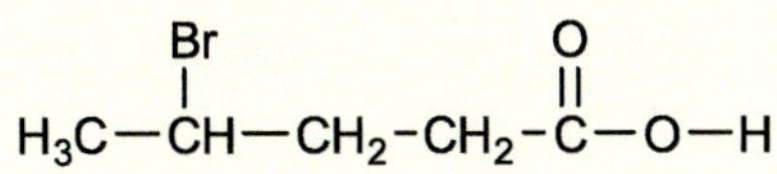

4-Bromopentanoic acid

(c) 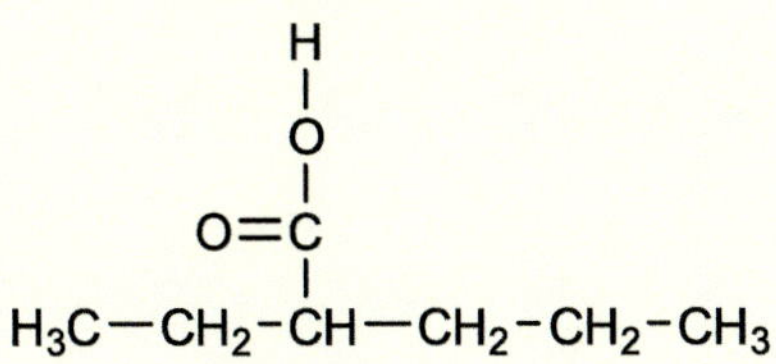

2-Ethylpentanoic acid

(d) 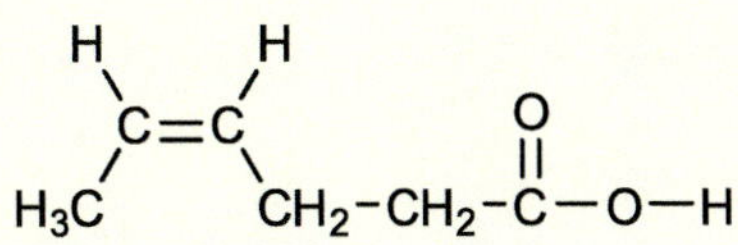

(*Z*)-Hexenoic acid

21.11 아민(Amine)

1) 질소(N)를 포함하고 있는 유기 화합물

2) 명명법: 탄화수소 그룹에 따라 명명하고, 뒤에 '-아민'을 붙인다.

Ethanamine

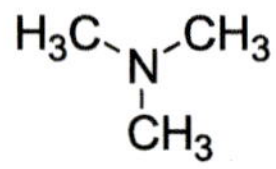

Trimethylamine

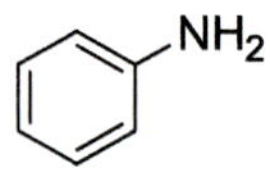

Aniline

3) 아민은 불쾌한 냄새가 난다.

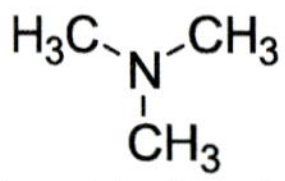

Trimethylamine

생선 비린내

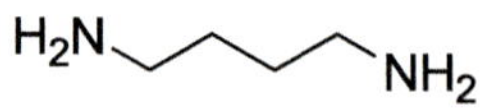

Cadaverine

단백질 부패시 무색/악취

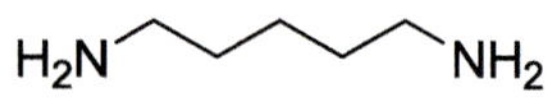

Putrescine

단백질 부패시 무색/악취

예제 21.10

다음 화합물을 명명하면?

(a) 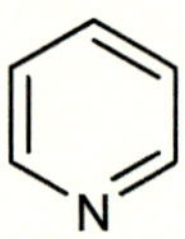

(b) 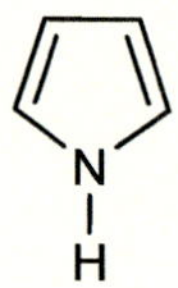

(c) 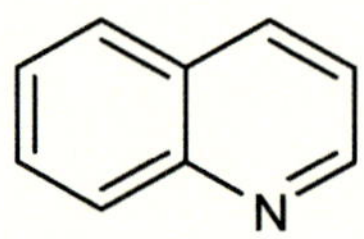

(d) 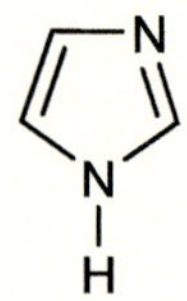

(e) 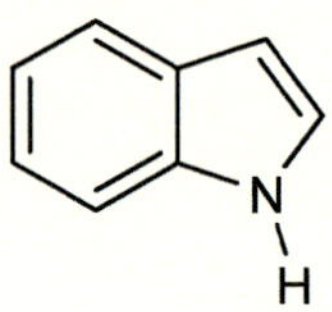

(f) 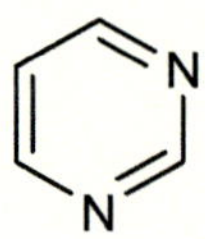

(g) 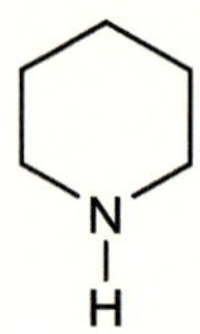

풀이

(a) 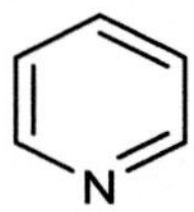

Pyridine

(b) 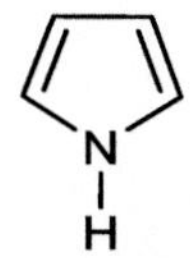

Pyrrole

(c) 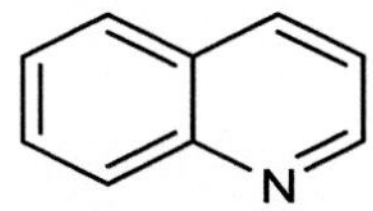

Quinoline

(d) 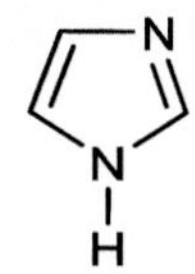

Imidazole

(e) 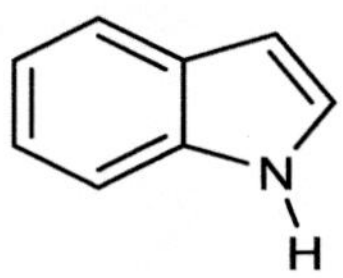

Indole

(f) 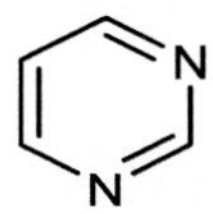

Pyrimidine

(g) 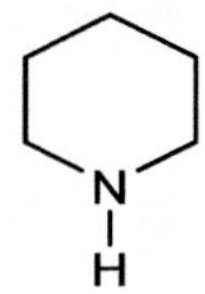

Piperidine

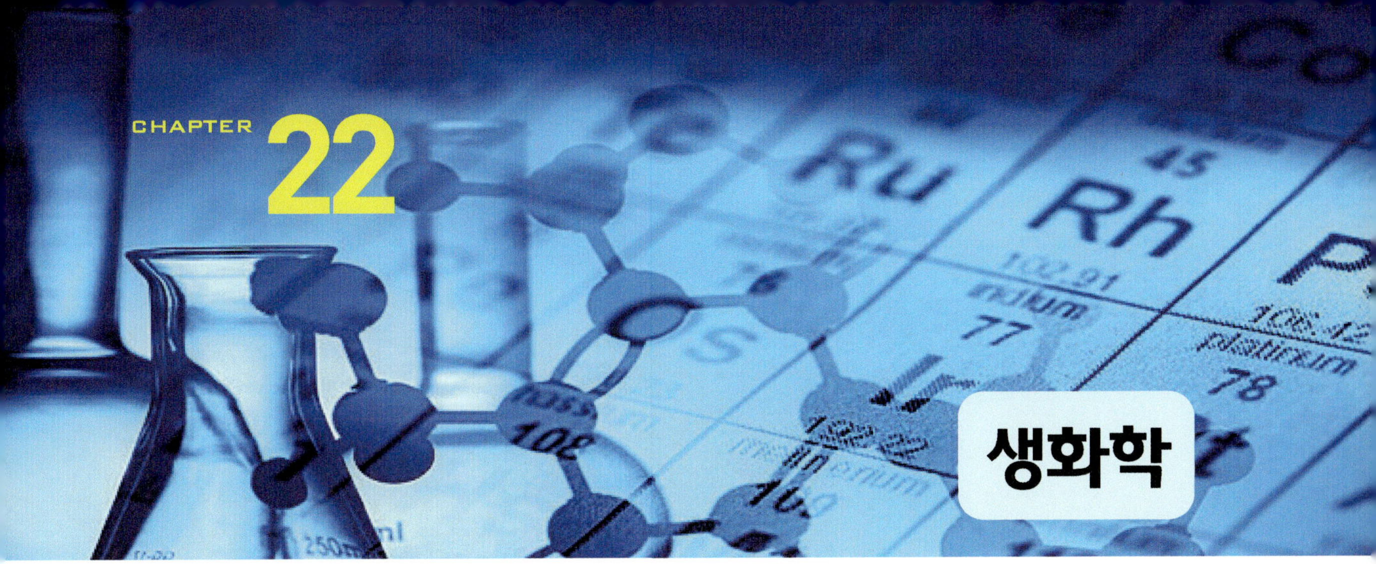

CHAPTER 22 생화학

22.1 세포(Cell)

1) 모든 생명체의 구조 단위는 세포이다.

2) 모든 세포는 세포막에 싸여 있고 세포막은 물질을 선택적으로 투과시킴으로써 세포 내외의 물질 이동을 유지, 조절하는 기능을 가지고 있다. 식물 세포는 섬유소로 만들어진 세포벽을 가지고 있으나 동물 세포는 세포벽이 없다.

3) 세포는 다양한 기능을 가진 여러 가지 내부 구조를 가지고 있다.

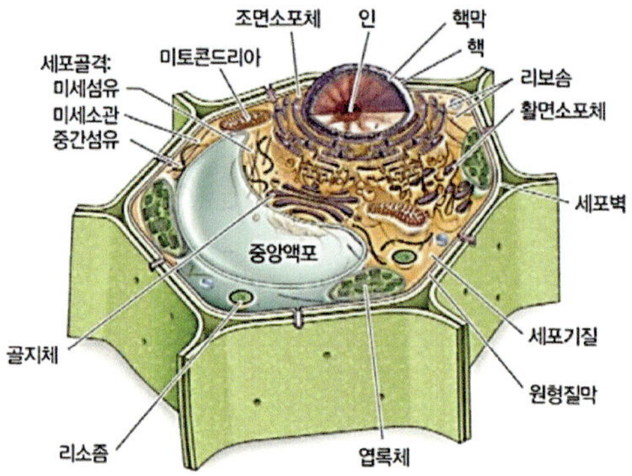

식물 세포

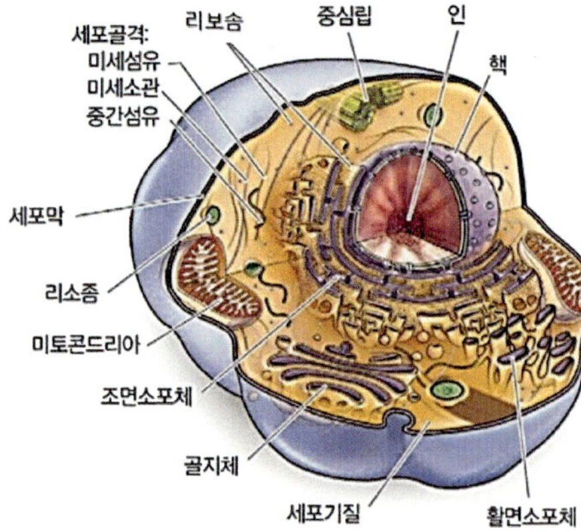

동물 세포

가) 세포핵: 유전에 관련된 물질이 들어 있다.

나) 리보솜: 단백질을 합성한다.

다) 미토콘드리아: 에너지가 저장된 세포의 "축전지" 역할을 한다.

라) 엽록체: 식물 세포에 존재하며 태양 에너지를 화학 에너지로 전환시킨다.

22.2 탄수화물

1) 탄수화물(Carbohydrate)은 생물체에서 에너지원과 다른 세포 성분의 합성을 위한 탄소원이 될 뿐만 아니라, 세포나 조직의 구성 성분 등으로 모든 동식물의 생명과정에서 중요한 역할을 한다.

2) 탄수화물은 화학적으로 폴리하드록시 알데하이드(polyhydroxy aldehyde), 폴리하드록시 케톤(polyhydroxy ketone)이고 가수분해에 의하여 알데하이드나 케톤을 생성하는 물질이다.

3) 탄수화물은 보통 그들의 구조에 따라 단당류, 이당류와 다당류로 분류할 수 있다.

▶ 단당류(Monosaccharide)

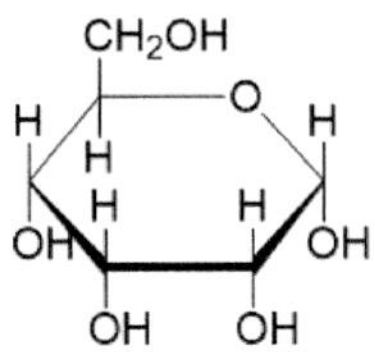

글루코오스
(Glucose)

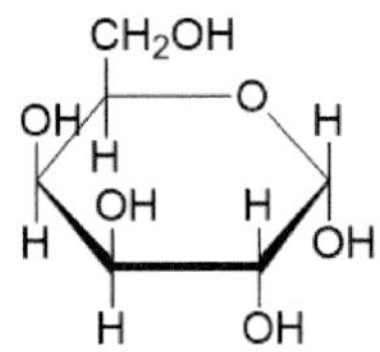

갈락토오스
(Galactose)

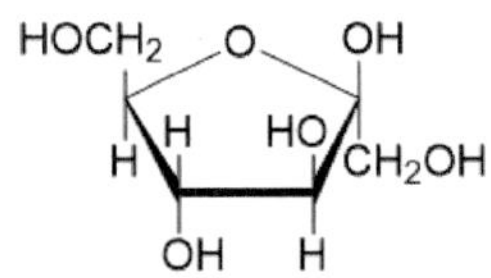

프룩토오스
(Fructose)

▶ 이당류

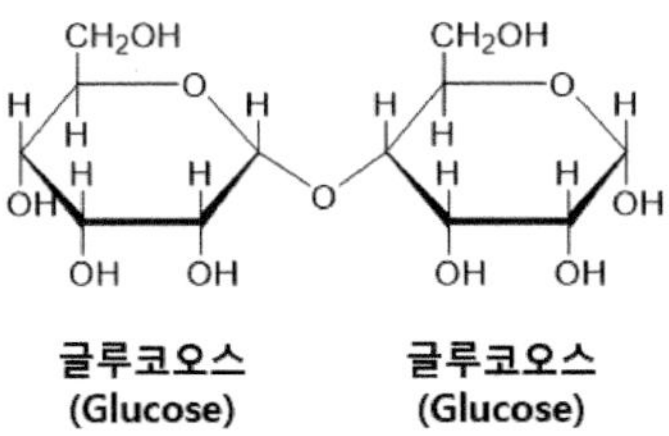

말토스
(Maltose)

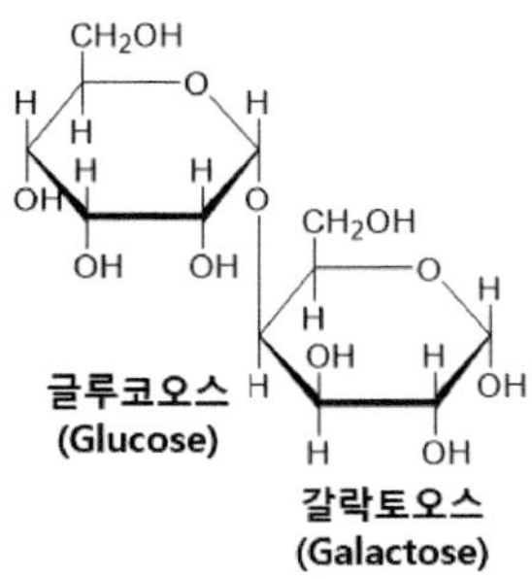

락토스
(Lactose)

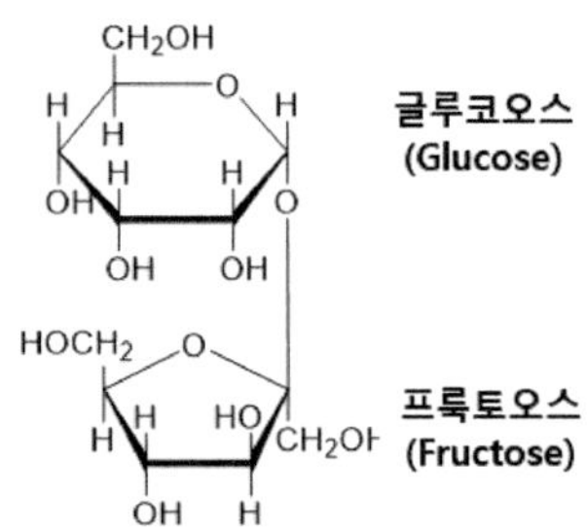

수크오스
(Sucrose)

▶ 다당류

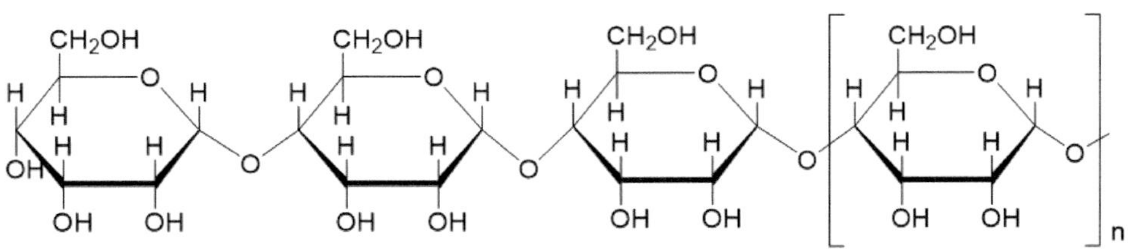

셀룰로오스
(Cellulose)

22.3 지방과 지질

1) 지방(Fat)은 지질(lipid)로 불리는 화합물들 중 주된 형태이다.

2) 지질은 물에는 녹지 않으며, 에터, 벤젠, 클로로폼과 같은 유기 용매에 쉽게 녹는다.

3) 지방에는 지질 이외에도 지방산(사슬이 긴 카복실산), 콜레스테롤, 스테로이드, 지용성 비타민과 기타 물질들을 포함하고 있다.

4) 자연에 존재하는 몇 가지 지방산의 구조는 다음과 같다.

탄소 수	축소 구조식	이름	출처
4	$CH_3(CH_2)_2COOH$	Butyric acid	버터
6	$CH_3(CH_2)_4COOH$	Caproic acid	버터
8	$CH_3(CH_2)_6COOH$	Caprylic acid	코코넛 오일
10	$CH_3(CH_2)_8COOH$	Capric acid	코코넛 오일
12	$CH_3(CH_2)_{10}COOH$	Lauric acid	야자나무유
14	$CH_3(CH_2)_{12}COOH$	Myristic acid	육두구유
16	$CH_3(CH_2)_{14}COOH$	Plamitic acid	야자나무유
18	$CH_3(CH_2)_{16}COOH$	Stearic acid	소기름
18	$CH_3(CH_2)_7CH=CH(CH_2)_7COOH$	Oleic acid	올리브유
18	$CH_3(CH_2)_4CH=CHCH_2CH=CH(CH_2)_7COOH$	Linoleic acid	콩기름
18	$CH_3CH_2(CH=CHCH_2)_3(CH_2)_6COOH$	Linolenic acid	생선기름
20	$CH_3(CH_2)_4(CH=CHCH_2)_4CH_2CH_2COOH$	Arachidonic acid	간

22.4 아미노산과 단백질

▶ 20가지의 아미노산

아미노산(Amino acid)이란? 아미노기(알칼리성)와 카복실기(산성)를 가진 양성 전해질로 단백질을 구성하는 성분이다.

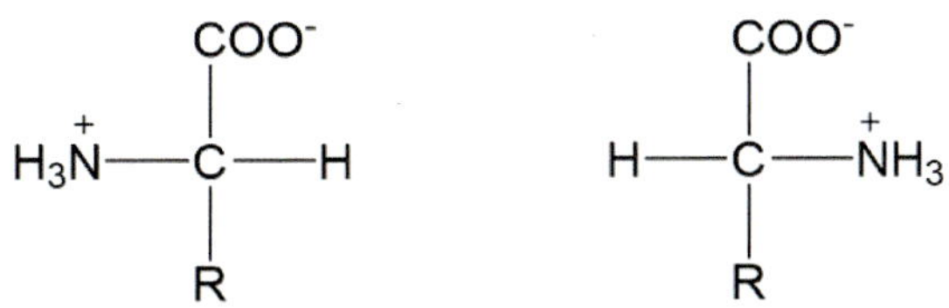

L-아미노산 (단백질의 성분) **D-아미노산** (자연계에는 존재하지 않음)

단백질은 20종류의 L-아미노산으로 구성된다. 단백질의 구조는 구성하는 각각의 아미노산의 사슬 구조와 그 성질 또는 아미노산의 배열하는 방법에 의해 결정된다.

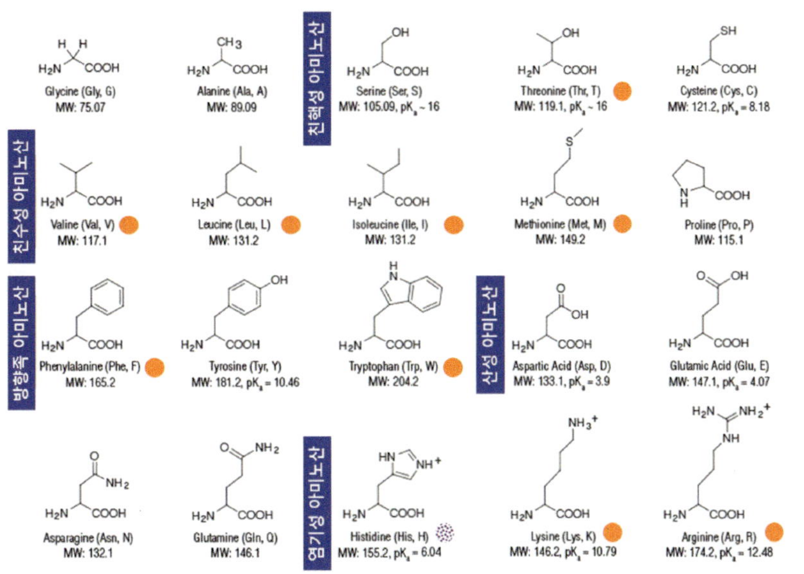

● 사람이 먹는 식품에 꼭 있어야 할 필수 아미노산 ❋ 성장기 아동에게 꼭 필요한 필수 아미노산

예제 22.1

다음 물음에 답하시오.

(a) 일반적인 아미노산의 화학적 구조를 곁사슬 R로 표시하여 나타내면?
(b) 아미노산이 반응하여 단백질을 형성할 때, 치환, 첨가, 축합 반응 중 어떤 반응인가를 예를 들어 간단히 설명하면?
(c) 단백질 속의 아미노산과 아미노산의 결합은?

풀이

(a) 아미노산의 화학적 구조

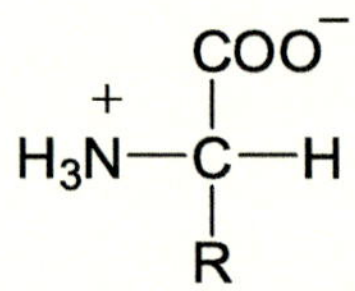

(b) 축합 반응이다.

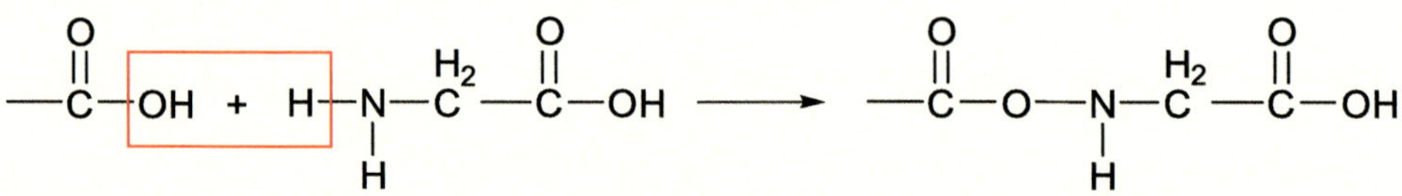

(c) 펩티드 결합

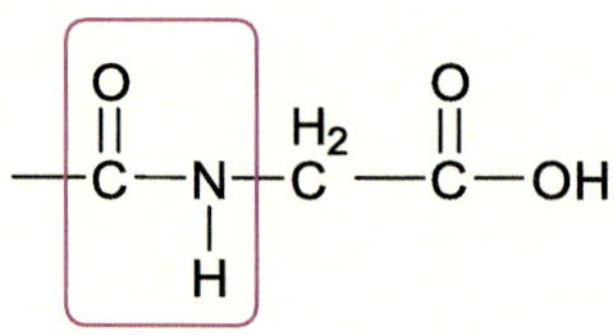

단백질의 구조는 조직적 단계에 따라 4가지로 분류할 수 있다.

1) 1차 구조

가) 아미노산이 펩티드 결합으로 일렬로 배열된 폴리펩티드 사슬 상태이다.
나) 아미노기 말단에서 카복실기 말단 방향으로 합성된다.

다) 아미노산들의 R기가 다양하게 노출되어, 이들의 상호 작용으로 더 복잡한 구조로 접히게 된다.

2) 2차 구조

폴리펩티드 결합 사슬은 알파-나선 구조와 베타-병풍 구조 같은 정상 구조로 접힌다.

가) 알파-나선 구조

(a) 일련의 이웃하는 잔기들의 모든 각이 약 $-60°$와 $-50°$ 사이를 이룰 때 생긴다.

(b) n잔기의 C=O와 $n+4$잔기의 N-H 간에 수소 결합(회전당 3.6개의 잔기들로 구성)을 형성한다.

(c) L-아미노산으로 구성되어 있어, 대개 오른 나선 구조를 이룬다.

(d) 전하 있는 아미노산들은 서로 반발력이 생기는 등 상호 작용 때문에 잘 관찰되지 않는다.

(e) 프롤린은 구조를 꼬이게 하고, 글리신은 지나치게 유연해 잘 관찰되지 않는다.

(f) 대표적인 단백질은 알파-케라틴이 해당된다.

나) 베타-병풍 구조

(a) 보통 5~10개 정도의 잔기들로 구성된 가닥들이 서로 이웃하게 평행, 또는 역평행으로 배열된다.

(b) 한 가닥의 C=O기와 이웃하는 다른 가닥의 N-H기들 간에 수소 결합을 이루고 있다.

(c) 여러 개의 베타 가닥으로 형성된 베타판의 R기들이 베타판의 위아래로 번갈아 놓인다.

(d) 두 개 이상의 판이 서로 층을 이루어 가까이 놓일 수 있도록 R기가 작은 글리신, 알라닌과 같은 아미노산들이 많이 발견된다.

(e) 대표적인 단백질에는 베타-케라틴이 해당된다.

3) 3차 구조

가) R기들 사이의 다양한 결합으로 폴리펩티드 사슬이 접힌 복합 구조이다.

나) 대표적인 단백질은 미오글로빈이 해당된다.

4) 4차 구조

가) 3차 구조의 폴리펩티드 여러 개가 모인 구조이다.

나) 폴리펩티드간에 이온 결합, 수소 결합, 소수성 결합, 반데르발스 결합, 이황화 결합 +R기들 사이의 다른 공유 결합 등 관여한다.

다) 대표적인 단백질은 헤모글로빈이 해당된다.

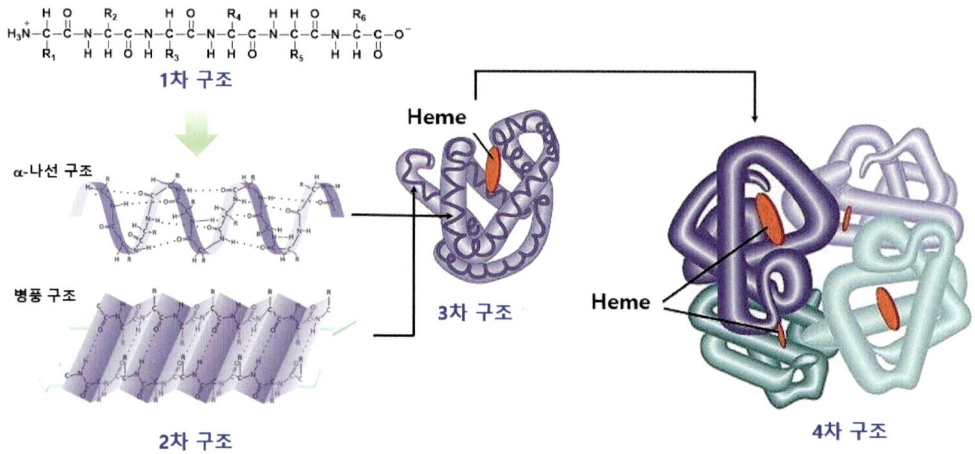

예제 22.2

히스티딘(His)과 아스파트산(Asp)의 축합 반응으로 생성되는 두 가지 가능한 다이펩티드의 구조식은?

풀이

His-Asp와 Asp-His의 2가지 구조가 가능하다.

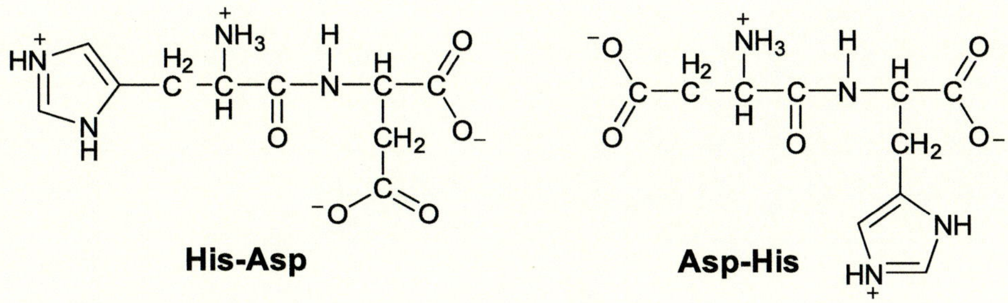

예제 22.3

발린(Val), 시스테인(Cys), 페닐알라닌(Phe)이 순서대로 펩티드 결합을 통해 Val-Cys-Phe 결합을 형성할 때, Val을 N-말단으로 하고 생성된 트리펩티드의 N-말단과 C-말단을 나타내면?

풀이

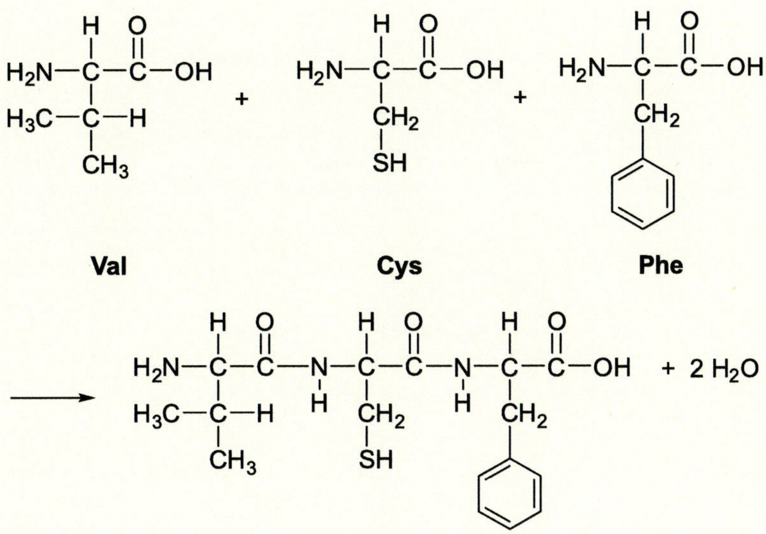

22.5 효소

특별한 단백질의 종류인 효소(Enzyme)는 세포에 의해 생성되는 생물학적 촉매이다. 효소 반응의 속도는 효소의 농도에 의하여 결정된다.

기질의 농도와 반응 속도의 관계를 나타낸 식이 Michaelis-Menten 식이다.

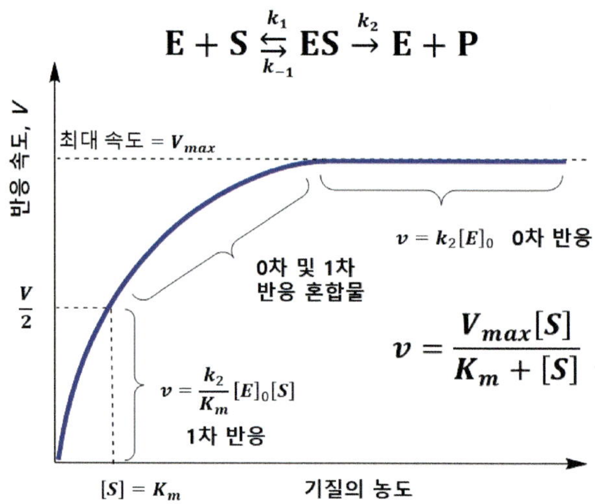

22.6 핵산

1) 핵산(Nucleic acid)은 세포의 정보와 통제 센터로서의 작용을 한다.

2) 핵산에는 유전 정보를 전달하고 저장하는 **DNA(deoxyribonucleic acid)**와 단백질 조립을 수행하는 **RNA(ribonucleic acid)**가 있다.

3) DNA와 RNA는 모두 **뉴클레오타이드(nucleotide)**라는 단위체를 갖는 사슬이다.

4) 뉴클레오타이드(nucleotide)는 세 부분으로 구성되어 있다.

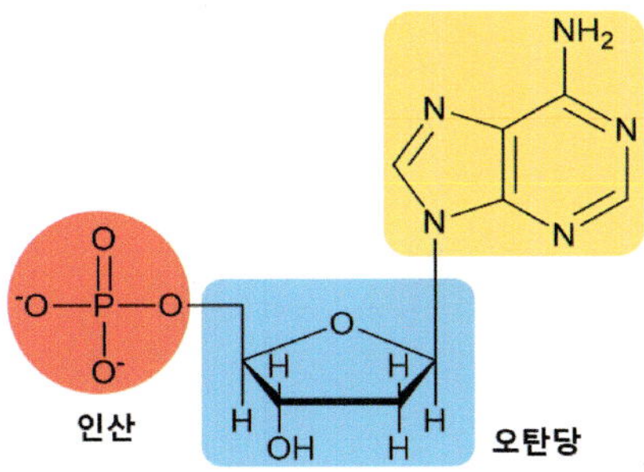

가) 오탄당: DNA에 들어 있는 데옥시라이보오스와 RNA에 들어 있는 라이보오스

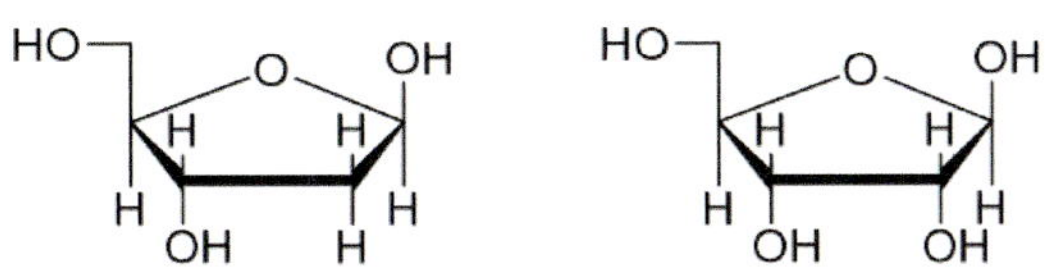

데옥시라이보오스 라이보오스

나) 질소를 포함하는 유기 염기

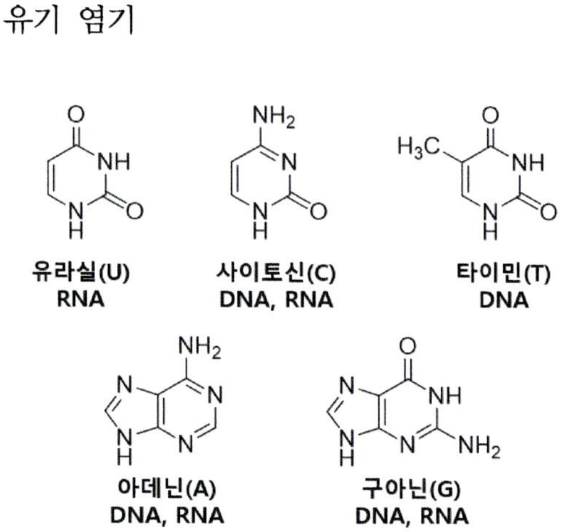

다) 인산(H_3PO_4) 분자

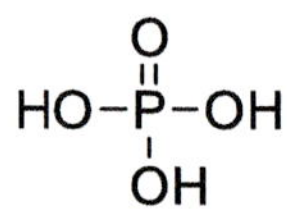

5) DNA의 이중나선 구조

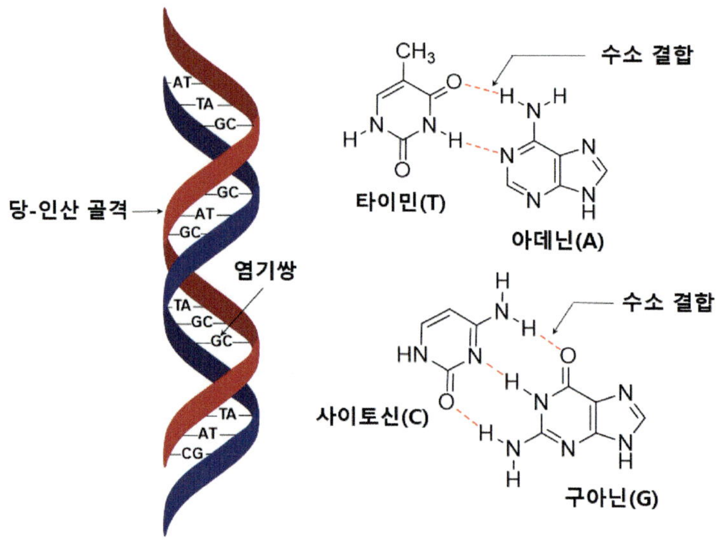

예제 22.4

구아닌과 데옥시라이보오스로부터 형성된 데옥시구아노신의 구조는?

풀이

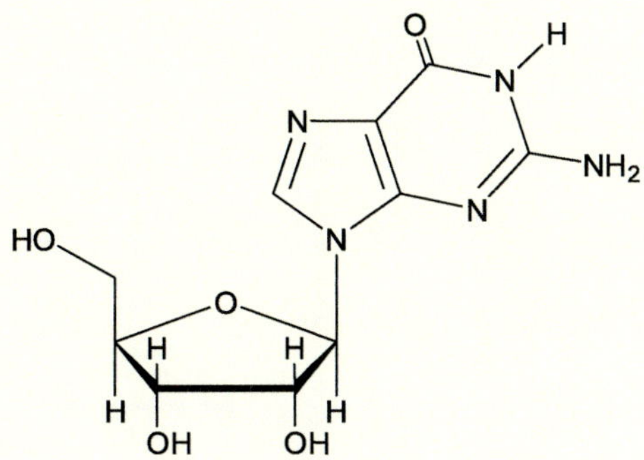

22.7 핵산과 유전

1) DNA의 기능은 생물 유전 정보를 저장하는 매개물로 작용한다.

2) RNA의 기능은 단백질을 만들기 위해 DNA로부터 받은 유전 정보를 읽고, 암호를 풀어 이용한다.

3) 유전 정보를 옮기고 이용할 때 세 가지 주요한 과정이 일어난다.

가) **복제(replication)**는 동일한 DNA 복사물을 만드는 방법이고, DNA 분자를 추가로 만들어서 후대에 넘겨줄 유전 정보를 보존한다. DNA 중합효소에 의해 주형 DNA에서 상보적 및 반보존적으로 이루어진다. DNA 합성에 사용되는 뉴클레오타이드의 선구 물질은 4종류의 디옥시뉴클레오시드 3인산 TTP · dATP · dCTP · dGTP이다.

나) **전사(transcription)**는 DNA에 있는 정보를 RNA로 옮기고 RNA에 의해서 정보

를 해독하는 방법이다. DNA에 기록된 유전 정보를 RNA중합효소(polymerase)에 의해 mRNA(전령RNA)로 옮기는 과정이다. mRNA는 아미노산의 서열을 결정해줌으로써 리보솜(ribosome)에 의해 단백질로의 번역이 이루어진다. 전사는 세포의 발생과 성장에 있어 가장 핵심적인 유전자 발현의 첫 단계이다.

다) **번역(translation)**은 단백질을 조립하기 위해서 RNA가 정보를 사용하는 방법이다.

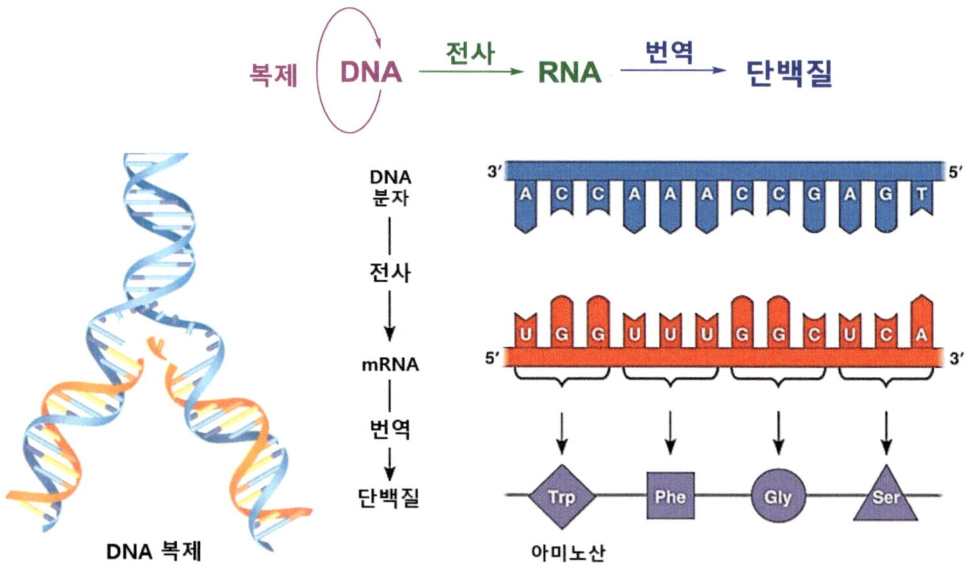

예제 22.5

5-GCATTGGC-3′의 염기 서열을 갖는 단일 DNA 가닥으로부터 이 염기의 상보적 가닥의 염기 서열은? (단, DNA의 두 가닥은 역평행 형태로 연결된다. 즉, 5′-TAG-3′은 3′-ATC-5′과 결합한다)

풀이

5′-GCATTGGC-3′
3′-CGTAACCG-5′

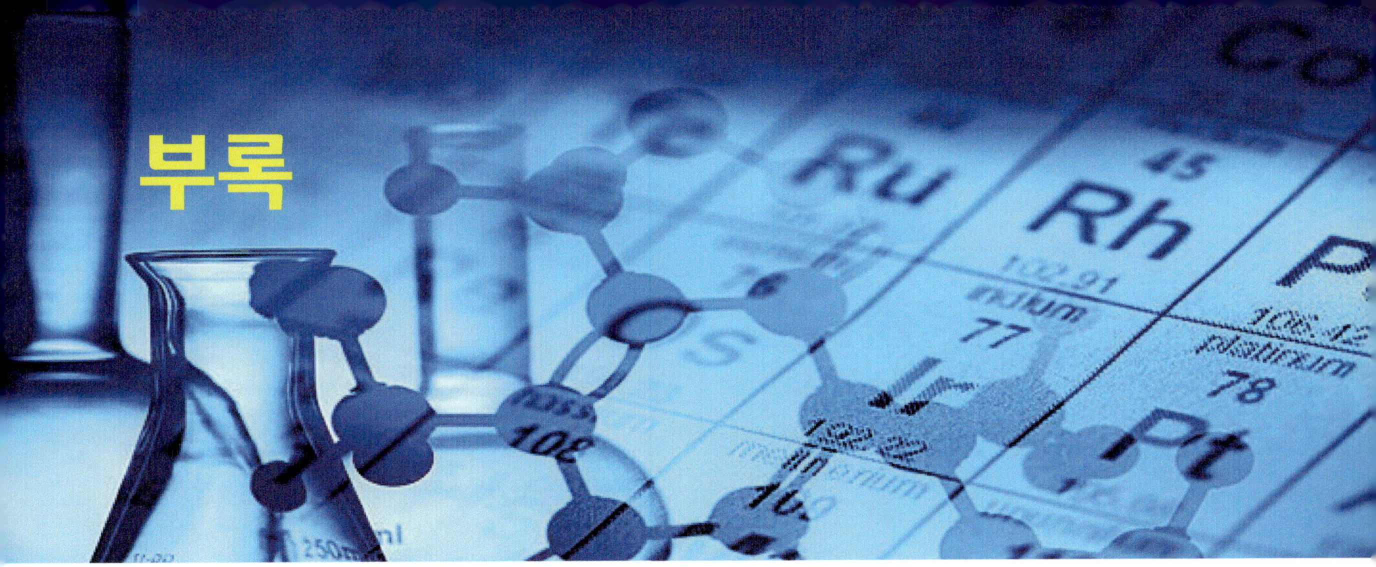

부록

- 부록 A 열역학적 성질(25℃)
- 부록 B 평형상수(25℃)
- 부록 C 표준환원전위(25℃)

부록 A 열역학적 성질(25℃)

〈표 A.1〉 무기물

Substance and State	ΔH_f° (kJ/mol)	ΔG_f° (kJ/mol)	S° [J/(k · mol)]
Aluminum			
$Al(s)$	0	0	28.3
$Al(g)$	330.0	289.4	164.5
$AlCl_3(s)$	−704.2	−628.9	110.7
$Al_2O_3(s)$	−1676	−1582	50.9
Barium			
$Ba(s)$	0	0	62.8
$Ba(g)$	180.0	146.0	170.1
$Ba^{2+}(aq)$	−537.6	−560.8	9.6
$BaCl_2(s)$	−855.0	−806.7	123.7
$BaO(s)$	−548.0	−520.3	72.1
$BaCO_3(s)$	−1216	−1138	112
$BaSO_4(s)$	−1473	−1362	132
Beryllium			
$Be(s)$	0	0	9.5
$BeO(s)$	−609.6	−580.3	14.1
$Be(OH)_2$	−902.5	−815.0	45.2
Boron			
$B(s)$	0	0	5.9
$BF_3(g)$	−1136.0	−1119.4	254.3
$BCl_3(g)$	−403.8	−388.7	290.0
$B_2H_6(g)$	35.6	86.7	232.0
$B_2O_3(s)$	−1273.5	−1194.3	54.0
$H_3BO_3(s)$	−1094.3	−968.9	90.0
Bromine			
$Br(g)$	111.9	82.4	174.9
$Br^-(aq)$	−121.5	−104.0	82.4
$Br_2(l)$	0	0	152.2
$Br_2(g)$	30.9	3.14	245.4
$HBr(g)$	−36.4	−53.4	198.6
Cadmium			
$Cd(s)$	0	0	51.8
$Cd(g)$	111.8	77.3	167.6
$Cd^{2+}(aq)$	−75.9	−77.6	−73.2
$CdCl_2(s)$	−391.5	−343.9	115.3
$CdO(s)$	−258.4	−228.7	54.8
$CdS(s)$	−161.9	−156.5	64.9
$CdSO_4(s)$	−933.3	−822.7	123.0
Calcium			
$Ca(s)$	0	0	41.4
$Ca(g)$	177.8	144.0	154.8
$Ca^{2+}(aq)$	−542.8	−553.6	−53.1
$CaF_2(s)$	−1228.0	−1175.6	68.5
$CaCl_2(s)$	−795.4	−748.8	108.4
$CaH_2(s)$	−181.5	−142.5	41.4
$CaC_2(s)$	−59.8	−64.8	70.0
$CaO(s)$	−635.1	−604.0	39.7
$Ca(OH)_2(s)$	−986.1	−898.6	83.4
$CaCO_3(s)$	−1206.9	−1128.8	92.9
$CaSO_4(s)$	−1434.1	−1321.9	107
$Ca_3(PO_4)_2(s)$	−4120.8	−3884.7	236.0
Carbon			
$C(s, \text{graphite})$	0	0	5.7
$C(s, \text{diamond})$	1.9	2.9	2.4
$C(g)$	716.7	671.3	158.0
$CO(g)$	−110.5	−137.2	197.6
$CO_2(g)$	−393.5	−394.4	213.6
$CO_2(aq)$	−413.8	−386.0	117.6
$CO_3^{2-}(aq)$	−677.1	−527.8	−56.9
$HCO_3^-(aq)$	−692.0	−586.8	91.2
$H_2CO_3(aq)$	−699.7	−623.2	187.4
$HCN(l)$	108.9	125.0	112.8
$HCN(g)$	135.1	124.7	201.7
$CS_2(l)$	89.0	64.6	151.3
$CS_2(g)$	116.7	67.1	237.7
$COCl_2(g)$	−219.1	−204.9	283.4
Cesium			
$Cs(s)$	0	0	85.2
$Cs(g)$	76.5	49.6	175.6
$Cs^+(aq)$	−258.3	−292.0	133.1
$CsF(s)$	−553.5	−525.5	92.8
$CsCl(s)$	−443.0	−414.5	101.2
$CsBr(s)$	−405.8	−391.4	113.1
$CsI(s)$	−346.6	−340.6	123.1

Substance and State	ΔH_f^o (kJ/mol)	ΔG_f^o (kJ/mol)	S^o [J/(k · mol)]
Chlorine			
$Cl(g)$	121.7	105.7	165.1
$Cl^-(aq)$	−167.2	−131.3	56.5
$Cl_2(g)$	0	0	223.0
$HCl(g)$	−92.3	−95.3	186.8
$HCl(aq)$	−167.2	−131.2	56.5
$ClO_2(g)$	102.5	120.5	256.7
$Cl_2O(g)$	80.3	97.9	266.1
Chromium			
$Cr(s)$	0	0	23.8
$Cr(g)$	396.6	351.8	174.4
$Cr_2O_3(s)$	−1140	−1058	81.2
Cobalt			
$Co(s)$	0	0	30.0
$Co(g)$	424.7	380.3	179.4
$CoO(s)$	−237.9	−214.2	53.0
Copper			
$Cu(s)$	0	0	33.1
$Cu(g)$	337.4	297.7	166.3
$Cu^{2+}(aq)$	64.8	65.5	−99.6
$CuCl(s)$	−137.2	−119.9	86.2
$CuCl_2(s)$	−220.1	−175.7	108.1
$CuO(s)$	−157	−130	42.6
$Cu_2O(s)$	−168.6	−146.0	93.1
$CuS(s)$	−53.1	−53.6	66.5
$Cu_2S(s)$	−79.5	−86.2	120.9
$CuSO_4(s)$	−771.4	−662.2	109.2
Fluorine			
$F(g)$	79.0	61.9	158.6
$F^-(aq)$	−332.6	−278.8	−13.8
$F_2(g)$	0	0	202.7
$HF(g)$	−271	−273	173.7
Hydrogen			
$H(g)$	218.0	203.3	114.6
$H^+(aq)$	0	0	0
$H_2(g)$	0	0	130.6
$OH^-(aq)$	−230.0	−157.3	−10.8
$H_2O(l)$	−285.8	−237.2	69.9
$H_2O(g)$	−241.8	−228.6	188.7
$H_2O_2(l)$	−187.8	−120.4	110
$H_2O_2(g)$	−136.3	−105.6	232.6
$H_2O_2(aq)$	−191.2	−134.1	144
Iodine			
$I(g)$	106.8	70.3	180.7
$I^-(aq)$	−55.2	−51.6	111
$I_2(s)$	0	0	116.1
$I_2(g)$	62.4	19.4	260.6
$HI(g)$	26.5	1.7	206.5
Iron			
$Fe(s)$	0	0	27.3
$Fe(g)$	416.3	370.3	180.5
$FeCl_2(s)$	−341.8	−302.3	118.0
$FeCl_3(s)$	−399.5	−334.0	142.3
$FeO(s)$	−272	−255	61
$Fe_2O_3(s)$	−824.2	−742.2	87.4
$Fe_3O_4(s)$	−1118	−1015	146
$FeS_2(s)$	−178.2	−166.9	52.9
Lead			
$Pb(s)$	0	0	64.8
$Pb(g)$	195.2	162.2	175.3
$PbCl_2(s)$	−359.4	−314.1	136.0
$PbBr_2(s)$	−278.7	−261.9	161.5
$PbO(s)$	−217.3	−187.9	68.7
$PbO_2(s)$	−277	−217.4	68.6
$PbS(s)$	−100	−98.7	91.2
$PbCO_3(s)$	−699.1	−625.5	131.0
$PbSO_4(s)$	−919.9	−813.2	148.6
Lithium			
$Li(s)$	0	0	29.1
$Li(g)$	159.3	126.6	138.7
$Li^+(aq)$	−278.5	−293.3	13
$LiF(s)$	−616.0	−587.7	35.7
$LiCl(s)$	−408.6	−384.4	59.3
$LiBr(s)$	−351.2	−342.0	74.3
$LiI(s)$	−270.4	−270.3	86.8
$Li_2O(s)$	−597.9	−561.2	37.6
$LiOH(s)$	−484.9	−439.0	42.8
Magnesium			
$Mg(s)$	0	0	32.7
$Mg(g)$	147.1	112.5	148.6
$MgCl_2(s)$	−641.6	−591.8	89.6
$MgO(s)$	−601.7	−569.4	26.9
$MgCO_3(s)$	−1096	−1012	65.7
$MgSO_4(s)$	−1284.9	−1170.6	91.6
Manganese			
$Mn(s)$	0	0	32.0
$Mn(g)$	280.7	238.5	173.6
$MnO(s)$	−385.2	−362.9	59.7
$MnO_2(s)$	−520.0	−465.1	53.1
Mercury			
$Hg(l)$	0	0	76.0
$Hg(g)$	61.32	31.85	174.8
$Hg^{2+}(aq)$	171.1	164.4	−32.2
$Hg_2^{2+}(aq)$	172.4	153.5	84.5
$HgCl_2(s)$	−224	−179	146
$Hg_2Cl_2(s)$	−265.2	−210.8	192
$HgO(s)$	−90.8	−58.6	70.3
$HgS(s)$	−58.2	−50.6	82.4

Substance and State	ΔH_f^o (kJ/mol)	ΔG_f^o (kJ/mol)	S^o [J/(k · mol)]
Nickel			
Ni(*s*)	0	0	29.9
Ni(*g*)	429.7	384.5	182.1
$NiCl_2(s)$	−305.3	−259.1	97.7
NiO(*s*)	−240	−212	38.0
NiS(*s*)	−82.0	−79.5	53.0
Nitrogen			
N(*g*)	472.7	455.6	153.2
$N_2(g)$	0	0	191.5
$NH_3(g)$	−46.1	−16.5	192.3
$NH_3(aq)$	−80.3	−26.6	111
$NH_4^+(aq)$	−132.5	−79.4	113
$N_2H_4(l)$	50.6	149.2	121.2
$N_2H_4(g)$	95.4	159.3	238.4
NO(*g*)	90.2	86.6	210.7
$NO_2(g)$	33.2	51.3	240.0
$N_2O(g)$	82.0	104.2	219.7
$N_2O_4(g)$	9.16	97.8	304.2
$N_2O_5(g)$	11	115	356
NOCl(*g*)	51.7	66.1	261.6
$NO_2Cl(g)$	12.6	54.4	272.1
$HNO_3(l)$	−174.1	−80.8	155.6
$HNO_3(g)$	−133.9	−73.5	266.8
$HNO_2(aq)$	−119	−50.6	136
$HNO_3(aq)$	−207.4	−111.3	146
$NO_3^-(aq)$	−207.4	−111.3	146.4
$NH_4Cl(s)$	−314.4	−202.9	94.6
$NH_4NO_3(s)$	−365.6	−184.0	151.1
Oxygen			
O(*g*)	249.2	231.7	160.9
$O_2(g)$	0	0	205.0
$O_3(g)$	143	163	238.8
Phosphorus			
P(*s*, white)	0	0	41.1
P(*s*, red)	−18	−12	22.8
$P_4(g)$	58.9	24.5	279.9
$PH_3(g)$	5.4	13	210.1
$PCl_3(l)$	−320	−272	217
$PCl_3(g)$	−287.0	−267.8	311.7
$PCl_5(s)$	−443.5		
$PCl_5(g)$	−374.9	−305.0	364.5
$P_4O_{10}(s)$	−2984	−2698	228.9
$PO_4^{3-}(aq)$	−1277.4	−1018.7	−220.5
$HPO_4^{2-}(aq)$	−1292.1	−1089.2	−33.5
$H_2PO_4^-(aq)$	−1296.3	−1130.2	90.4
$H_3PO_4(s)$	−1279	−1119	110.5
Potassium			
K(*s*)	0	0	64.2
K(*g*)	89.2	60.6	160.2
$K^+(aq)$	−252.4	−283.3	103
KF(*s*)	−567.3	−537.8	66.6
KCl(*s*)	−436.7	−409.2	82.6
KBr(*s*)	−393.8	−380.7	95.9
KI(*s*)	−327.9	−324.9	106.3
$K_2O(s)$	−361.5		
$K_2O_2(s)$	−494.1	−425.1	102.1
$KO_2(s)$	−284.9	−239.4	116.7
KOH(*s*)	−424.8	−379.1	78.9
KOH(*aq*)	−482.4	−440.5	91.6
$KClO_3(s)$	−397.7	−296.3	143
$KClO_4(s)$	−432.8	−303.1	151.0
$KNO_3(s)$	−494.6	−394.9	133.1
Rubidium			
Rb(*s*)	0	0	76.8
Rb(*g*)	80.9	53.1	170.0
$Rb^+(aq)$	−251.2	−284.0	121.5
RbF(*s*)	−557.7		
RbCl(*s*)	−435.4	−407.8	95.9
RbBr(*s*)	−394.6	−381.8	110.0
RbI(*s*)	−333.8	−328.9	118.4
Selenium			
Se(*s*, black)	0	0	42.44
$H_2Se(g)$	29.7	15.9	219.0
Silicon			
Si(*s*)	0	0	18.8
Si(*g*)	450.0	405.5	167.9
$SiF_4(g)$	−1615.0	−1572.8	282.7
$SiCl_4(l)$	−687.0	−619.9	240
$SiO_2(s$, quartz)	−910.9	−856.7	41.8
Silver			
Ag(*s*)	0	0	42.6
Ag(*g*)	284.9	246.0	173.0
$Ag^+(aq)$	105.6	77.1	72.7
AgF(*s*)	−204.6		
AgCl(*s*)	−127.1	−109.8	96.2
AgBr(*s*)	−100.4	−96.9	107
AgI(*s*)	−61.8	−66.2	115
$Ag_2O(s)$	−31.0	−11.2	121
$Ag_2S(s)$	−32.6	−40.7	144.0
$AgNO_3(s)$	−124.4	−33.4	140.9

Substance and State	ΔH_f^o (kJ/mol)	ΔG_f^o (kJ/mol)	S^o [J/(k · mol)]
Sodium			
Na(s)	0	0	51.2
Na(g)	107.3	76.8	153.6
$Na^+(aq)$	−240.1	−261.9	59.0
NaF(s)	−576.6	−546.3	51.1
NaCl(s)	−411.2	−384.2	72.1
NaBr(s)	−361.1	−349.0	86.8
NaI(s)	−287.8	−286.1	98.5
NaH(s)	−56.3	−33.5	40.0
$Na_2O(s)$	−414.2	−375.5	75.1
$Na_2O_2(s)$	−510.9	−447.7	95.0
$NaO_2(s)$	−260.2	−218.4	115.9
NaOH(s)	−425.6	−379.5	64.5
NaOH(aq)	−470.1	−419.2	48.2
$Na_2CO_3(s)$	−1130.7	−1044.5	135.0
$NaHCO_3(s)$	−950.8	−851.0	102
$NaNO_3(s)$	−467.9	−367.0	116.5
$NaNO_3(aq)$	−447.5	−373.2	205.4
$Na_2SO_4(s)$	−1387.1	−1270.2	149.6
Sulfur			
S(s, rhombic)	0	0	31.8
S(s, monoclinic)	0.3		
S(g)	277.2	236.7	167.7
$S_2(g)$	128.6	79.7	228.2
$H_2S(g)$	−20.6	−33.6	205.7
$H_2S(aq)$	−39.7	−27.9	121
$HS^-(aq)$	−17.6	12.1	62.8
$SO_2(g)$	−296.8	−300.2	248.1
$SO_3(g)$	−395.7	−371.1	256.6
$H_2SO_4(l)$	−814.0	−690.1	156.9
$H_2SO_4(aq)$	−909.3	−744.6	20
$HSO_4^-(aq)$	−887.3	−756.0	132
$SO_4^{2-}(aq)$	−909.3	−744.6	20
Tin			
Sn(s, white)	0	0	51.5
Sn(s, gray)	−2.1	0.1	44.1
Sn(g)	301.2	266.2	168.4
$SnCl_4(l)$	−511.3	−440.1	258.6
$SnCl_4(g)$	−471.5	−432.2	365.8
SnO(s)	−286	−257	56.5
$SnO_2(s)$	−580.7	−519.7	52.3
Titanium			
Ti(s)	0	0	30.6
Ti(g)	473.0	428.4	180.2
$TiCl_4(l)$	−804.2	−737.2	252.3
$TiCl_4(g)$	−763.2	−726.3	353.2
$TiO_2(s)$	−944.7	−889.5	50.3
Tungsten			
W(s)	0	0	32.6
W(g)	849.4	807.1	174.0
$WO_3(s)$	−842.9	−764.0	75.9
Zinc			
Zn(s)	0	0	41.6
Zn(g)	130.7	95.2	160.9
$Zn^{2+}(aq)$	−153.9	−147.1	−112.1
$ZnCl_2(s)$	−415.1	−369.4	111.5
ZnO(s)	−348.3	−318.3	43.6
ZnS(s)	−206.0	−201.3	57.7
$ZnSO_4(s)$	−982.8	−871.5	110.5

부록 B 평형 상수(25℃)

〈표 B.1〉 산해리 상수(25℃)

Acid	Formula	K_{a1}	K_{a2}	K_{a3}
Acetic	CH_3CO_2H	1.8×10^{-5}		
Acetylsalicylic	$C_9H_8O_4$	3.0×10^{-4}		
Arsenic	H_3AsO_4	5.6×10^{-3}	1.7×10^{-7}	4.0×10^{-1}
Arsenious	H_3AsO_3	6×10^{-10}		
Ascorbic	$C_6H_8O_6$	8.0×10^{-5}		
Benzoic	$C_6H_5CO_2H$	6.5×10^{-5}		
Boric	H_3BO_3	5.8×10^{-10}		
Carbonic	H_2CO_3	4.3×10^{-7}	5.6×10^{-11}	
Chloroacetic	CH_2ClCO_2H	1.4×10^{-3}		
Citric	$C_6H_8O_7$	7.1×10^{-4}	1.7×10^{-5}	4.1×10^{-7}
Formic	HCO_2H	1.8×10^{-4}		
Hydrazoic	HN_3	1.9×10^{-5}		
Hydrocyanic	HCN	4.9×10^{-10}		
Hydrofluoric	HF	3.5×10^{-4}		
Hydrogen peroxide	H_2O_2	2.4×10^{-12}		
Hydrosulfuric	H_2S	1.0×10^{-7}	$\sim 10^{-19}$	
Hypobromous	$HOBr$	2.0×10^{-9}		
Hypochlorous	$HOCl$	3.5×10^{-8}		
Hypoiodous	HOI	2.3×10^{-11}		
Iodic	HIO_3	1.7×10^{-1}		
Lactic	$HC_3H_5O_3$	1.4×10^{-4}		
Nitrous	HNO_2	4.5×10^{-4}		
Oxalic	$H_2C_2O_4$	5.9×10^{-2}	6.4×10^{-5}	
Phenol	C_6H_5OH	1.3×10^{-10}		
Phosphoric	H_3PO_4	7.5×10^{-3}	6.2×10^{-8}	4.8×10^{-1}
Phosphorous	H_3PO_3	1.0×10^{-2}	2.6×10^{-7}	
Saccharin	$C_7H_5NO_3S$	2.1×10^{-12}		
Selenic	H_2SeO_4	Very large	1.2×10^{-2}	
Selenious	H_2SeO_3	3.5×10^{-2}	5×10^{-8}	
Sulfuric	H_2SO_4	Very large	1.2×10^{-2}	
Sulfurous	H_2SO_3	1.5×10^{-2}	6.3×10^{-8}	
Tartaric	$C_4H_6O_6$	1.0×10^{-3}	4.6×10^{-5}	
Water	H_2O	1.8×10^{-16}		

〈표 B.2〉 수화 금속양이온의 산해리 상수(25℃)

Cation	K_a	Cation	K_a
$Fe^{2+}(aq)$	3.2×10^{-10}	$Be^{2+}(aq)$	3×10^{-7}
$Co^{2+}(aq)$	1.3×10^{-9}	$Al^{3+}(aq)$	1.4×10^{-5}
$Ni^{2+}(aq)$	2.5×10^{-11}	$Cr^{3+}(aq)$	1.6×10^{-4}
$Zn^{2+}(aq)$	2.5×10^{-10}	$Fe^{3+}(aq)$	6.3×10^{-3}

Note: As an example, K_a for $Fe^{2+}(aq)$ is the equilibrium constant for the reaction

$$Fe(H_2O)_6{}^{2+}(aq) + H_2O(l) \rightleftharpoons H_3O^+(aq) + Fe(H_2O)_5(OH)^+(aq)$$

〈표 B.3〉 염기해리 상수(25℃)

Base	Formula	K_b
Ammonia	NH_3	1.8×10^{-5}
Aniline	$C_6H_5NH_2$	4.3×10^{-10}
Codeine	$C_{18}H_{21}NO_3$	1.6×10^{-6}
Dimethylamine	$(CH_3)_2NH$	5.4×10^{-4}
Ethylamine	$C_2H_5NH_2$	6.4×10^{-4}
Hydrazine	N_2H_4	8.9×10^{-7}
Hydroxylamine	NH_2OH	9.1×10^{-9}
Methylamine	CH_3NH_2	3.7×10^{-4}
Morphine	$C_{17}H_{19}NO_3$	1.6×10^{-6}
Piperidine	$C_5H_{11}N$	1.3×10^{-3}
Propylamine	$C_3H_7NH_2$	5.1×10^{-4}
Pyridine	C_5H_5N	1.8×10^{-9}
Strychnine	$C_{21}H_{22}N_2O_2$	1.8×10^{-6}
Trimethylamine	$(CH_3)_3N$	6.5×10^{-5}

〈표 B.4〉 용해도곱 상수(25℃)

Compound	Formula	K_{sp}
Aluminum hydroxide	$Al(OH)_3$	1.9×10^{-33}
Barium carbonate	$BaCO_3$	2.6×10^{-9}
Barium chromate	$BaCrO_4$	1.2×10^{-10}
Barium fluoride	BaF_2	1.8×10^{-7}
Barium hydroxide	$Ba(OH)_2$	5.0×10^{-3}
Barium sulfate	$BaSO_4$	1.1×10^{-10}
Cadmium carbonate	$CdCO_3$	6.2×10^{-12}
Cadmium hydroxide	$Cd(OH)_2$	5.3×10^{-15}
Calcium carbonate	$CaCO_3$	5.0×10^{-9}
Calcium fluoride	CaF_2	1.5×10^{-10}
Calcium hydroxide	$Ca(OH)_2$	4.7×10^{-6}
Calcium phosphate	$Ca_3(PO_4)_2$	2.1×10^{-33}
Calcium sulfate	$CaSO_4$	7.1×10^{-5}
Chromium(III) hydroxide	$Cr(OH)_3$	6.7×10^{-31}
Cobalt(II) hydroxide	$Co(OH)_2$	1.1×10^{-15}
Copper(I) bromide	$CuBr$	6.3×10^{-9}
Copper(I) chloride	$CuCl$	1.7×10^{-7}
Copper(II) carbonate	$CuCO_3$	2.5×10^{-10}
Copper(II) hydroxide	$Cu(OH)_2$	1.6×10^{-19}
Copper(II) phosphate	$Cu_3(PO_4)_2$	1.4×10^{-37}
Iron(II) hydroxide	$Fe(OH)_2$	4.9×10^{-17}
Iron(III) hydroxide	$Fe(OH)_3$	2.6×10^{-39}
Lead(II) bromide	$PbBr_2$	6.6×10^{-6}
Lead(II) chloride	$PbCl_2$	1.2×10^{-5}
Lead(II) chromate	$PbCrO_4$	2.8×10^{-13}
Lead(II) iodide	PbI_2	8.5×10^{-9}
Lead(II) sulfate	$PbSO_4$	1.8×10^{-8}
Magnesium carbonate	$MgCO_3$	6.8×10^{-6}
Magnesium fluoride	MgF_2	7.4×10^{-11}
Magnesium hydroxide	$Mg(OH)_2$	5.6×10^{-12}
Manganese(II) carbonate	$MnCO_3$	2.2×10^{-11}
Manganese(II) hydroxide	$Mn(OH)_2$	2.1×10^{-13}
Mercury(I) bromide	Hg_2Br_2	6.4×10^{-23}

Compound	Formula	K_{sp}
Mercury(I) chloride	Hg_2Cl_2	1.4×10^{-18}
Mercury(I) iodide	Hg_2I_2	5.3×10^{-29}
Mercury(II) hydroxide	$Hg(OH)_2$	3.1×10^{-26}
Nickel(II) hydroxide	$Ni(OH)_2$	5.5×10^{-16}
Silver bromide	$AgBr$	5.4×10^{-13}
Silver carbonate	Ag_2CO_3	8.4×10^{-12}
Silver chloride	$AgCl$	1.8×10^{-10}
Silver chromate	Ag_2CrO_4	1.1×10^{-12}
Silver cyanide	$AgCN$	6.0×10^{-17}
Silver iodide	AgI	8.5×10^{-17}
Silver sulfate	Ag_2SO_4	1.2×10^{-5}
Silver sulfite	Ag_2SO_3	1.5×10^{-14}
Strontium carbonate	$SrCO_3$	5.6×10^{-10}
Tin(II) hydroxide	$Sn(OH)_2$	5.4×10^{-27}
Zinc carbonate	$ZnCO_3$	1.2×10^{-10}
Zinc hydroxide	$Zn(OH)_2$	4.1×10^{-17}

〈표 B.5〉 산용해도곱(K_{spa})(25℃)

Compound	Formula	K_{spa}
Cadmium sulfide	CdS	8×10^{-7}
Cobalt(II) sulfide	CoS	3
Copper(II) sulfide	CuS	6×10^{-16}
Iron(II) sulfide	FeS	6×10^{2}
Lead(II) sulfide	PbS	3×10^{-7}
Manganese(II) sulfide	MnS	3×10^{10}
Mercury(II) sulfide	HgS	2×10^{-32}
Nickel(II) sulfide	NiS	8×10^{-1}
Silver sulfide	Ag_2S	6×10^{-30}
Tin(II) sulfide	SnS	1×10^{-5}
Zinc sulfide	ZnS	3×10^{-2}

Note: K_{spa} for MS is the equilibrium constant for the reaction

$$MS(s) + 2\,H_3O^+(aq) \rightleftharpoons M^{2+}(aq) + H_2S(aq) + 2\,H_2O(l)$$

We use K_{spa} for metal sulfides rather than K_{sp} because the traditional values of K_{sp} are now known to be inccorrect since they are based on a K_{a2} value for H_2S that is greatly in error (see R. J. Myers, *J. Chem. Educ.*, **1986**, *63*, 687–690).

〈표 B.6〉 착물이온 생성 상수(25℃)

Complex Ion	K_f	Complex Ion	K_f
$Ag(CN)_2^-$	3.0×10^{20}	$Ga(OH)_4^-$	3×10^{39}
$Ag(NH_3)_2^+$	1.7×10^{7}	$Ni(CN)_4^{2-}$	1.7×10^{30}
$Ag(S_2O_3)_2^{3-}$	4.7×10^{13}	$Ni(NH_3)_6^{2+}$	2.0×10^{8}
$Al(OH)_4^-$	3×10^{33}	$Ni(en)_3^{2+}$	4×10^{17}
$Be(OH)_4^{2-}$	4×10^{18}	$Pb(OH)_3^-$	8×10^{13}
$Cr(OH)_4^-$	8×10^{29}	$Sn(OH)_3^-$	3×10^{25}
$Cu(NH_3)_4^{2+}$	5.6×10^{11}	$Zn(CN)_4^{2-}$	4.7×10^{19}
$Fe(CN)_6^{4-}$	3×10^{35}	$Zn(NH_3)_4^{2+}$	7.8×10^{8}
$Fe(CN)_6^{3-}$	4×10^{43}	$Zn(OH)_4^{2-}$	3×10^{15}

부록 C 표준환원전위(25℃)

Half-Reaction	E° (V)
$F_2(g) + 2e^- \rightarrow 2F^-(aq)$	2.87
$O_3(g) + 2H^+(aq) + 2e^- \rightarrow O_2(g) + H_2O(l)$	2.08
$S_2O_8^{2-}(aq) + 2e^- \rightarrow 2SO_4^{2-}(aq)$	2.01
$Co^{3+}(aq) + e^- \rightarrow Co^{2+}(aq)$	1.81
$H_2O_2(aq) + 2H^+(aq) + 2e^- \rightarrow 2H_2O(l)$	1.78
$Ce^{4+}(aq) + e^- \rightarrow Ce^{3+}(aq)$	1.72
$MnO_4^-(aq) + 4H^+(aq) + 3e^- \rightarrow MnO_2(s) + 2H_2O(l)$	1.68
$PbO_2(s) + 3H^+(aq) + HSO_4^-(aq) + 2e^- \rightarrow PbSO_4(s) + 2H_2O(l)$	1.628
$2HClO(aq) + 2H^+(aq) + 2e^- \rightarrow Cl_2(g) + 2H_2O(l)$	1.61
$Mn^{3+}(aq) + e^- \rightarrow Mn^{2+}(aq)$	1.54
$MnO_4^-(aq) + 8H^+(aq) + 5e^- \rightarrow Mn^{2+}(aq) + 4H_2O(l)$	1.51
$ClO_3^-(aq) + 6H^+(aq) + 5e^- \rightarrow 1/2\,Cl_2(g) + 3H_2O(l)$	1.47
$Au^{3+}(aq) + 2e^- \rightarrow Au^+(aq)$	1.40
$2BrO_3^-(aq) + 12H^+(aq) + 10e^- \rightarrow Br_2(l) + 6H_2O(l)$	1.48
$Cl_2(g) + 2e^- \rightarrow 2Cl^-(aq)$	1.36
$Cr_2O_7^{2-}(aq) + 14H^+(aq) + 6e^- \rightarrow 2Cr^{3+}(aq) + 7H_2O(l)$	1.33
$O_2(g) + 4H^+(aq) + 4e^- \rightarrow 2H_2O(l)$	1.23
$MnO_2(s) + 4H^+(aq) + 2e^- \rightarrow Mn^{2+}(aq) + 2H_2O(l)$	1.22
$2IO_3^-(aq) + 12H^+(aq) + 10e^- \rightarrow I_2(s) + 6H_2O(l)$	1.20
$Br_2(l) + 2e^- \rightarrow 2Br^-(aq)$	1.09
$HNO_2(aq) + H^+(aq) + e^- \rightarrow NO(g) + H_2O(l)$	0.98
$NO_3^-(aq) + 4H^+(aq) + 3e^- \rightarrow NO(g) + 2H_2O(l)$	0.96
$2Hg^{2+}(aq) + 2e^- \rightarrow Hg_2^{2+}(aq)$	0.92
$HO_2^-(aq) + H_2O(l) + 2e^- \rightarrow 3OH^-(aq)$	0.88
$Hg^{2+}(aq) + 2e^- \rightarrow Hg(l)$	0.85
$ClO^-(aq) + H_2O(l) + 2e^- \rightarrow Cl^-(aq) + 2OH^-(aq)$	0.81
$Ag^+(aq) + e^- \rightarrow Ag(s)$	0.80
$Hg_2^{2+}(aq) + 2e^- \rightarrow 2Hg(l)$	0.80
$NO_3^-(aq) + 2H^+(aq) + e^- \rightarrow NO_2(g) + H_2O(l)$	0.79
$Fe^{3+}(aq) + e^- \rightarrow Fe^{2+}(aq)$	0.77
$O_2(g) + 2H^+(aq) + 2e^- \rightarrow H_2O_2(aq)$	0.70
$MnO_4^-(aq) + e^- \rightarrow MnO_4^{2-}(aq)$	0.56
$H_3AsO_4(aq) + 2H^+(aq) + 2e^- \rightarrow H_3AsO_3(aq) + H_2O(l)$	0.56
$I_2(s) + 2e^- \rightarrow 2I^-(aq)$	0.54
$Cu^+(aq) + e^- \rightarrow Cu(s)$	0.52
$H_2SO_3(aq) + 4H^+(aq) + 4e^- \rightarrow S(s) + 3H_2O(l)$	0.45
$O_2(g) + 2H_2O(l) + 4e^- \rightarrow 4OH^-(aq)$	0.40
$Cu^{2+}(aq) + 2e^- \rightarrow Cu(s)$	0.34
$BiO^+(aq) + 2H^+(aq) + 3e^- \rightarrow Bi(s) + H_2O(l)$	0.32
$Hg_2Cl_2(s) + 2e^- \rightarrow 2Hg(l) + 2Cl^-(aq)$	0.28

Half-Reaction	E° (V)
$AgCl(s) + e^- \rightarrow Ag(s) + Cl^-(aq)$	0.22
$SO_4^{2-}(aq) + 4\,H^+(aq) + 2\,e^- \rightarrow H_2SO_3(aq) + H_2O(l)$	0.17
$Cu^{2+}(aq) + e^- \rightarrow Cu^+(aq)$	0.15
$Sn^{4+}(aq) + 2\,e^- \rightarrow Sn^{2+}(aq)$	0.15
$S(s) + 2\,H^+(aq) + 2\,e^- \rightarrow H_2S(aq)$	0.14
$AgBr(s) + e^- \rightarrow Ag(s) + Br^-(aq)$	0.07
$2\,H^+(aq) + 2\,e^- \rightarrow H_2(g)$	0
$Fe^{3+}(aq) + 3\,e^- \rightarrow Fe(s)$	−0.04
$Pb^{2+}(aq) + 2\,e^- \rightarrow Pb(s)$	−0.13
$CrO_4^{2-}(aq) + 4\,H_2O(l) + 3\,e^- \rightarrow Cr(OH)_3(s) + 5\,OH^-(aq)$	−0.13
$Sn^{2+}(aq) + 2\,e^- \rightarrow Sn(s)$	−0.14
$AgI(s) + e^- \rightarrow Ag(s) + I^-(aq)$	−0.15
$Ni^{2+}(aq) + 2\,e^- \rightarrow Ni(s)$	−0.26
$Co^{2+}(aq) + 2\,e^- \rightarrow Co(s)$	−0.28
$PbSO_4(s) + H^+(aq) + 2\,e^- \rightarrow Pb(s) + HSO_4^-(aq)$	−0.296
$Tl^+(aq) + e^- \rightarrow Tl(s)$	−0.34
$Se(s) + 2\,H^+(aq) + 2\,e^- \rightarrow H_2Se(aq)$	−0.40
$Cd^{2+}(aq) + 2\,e^- \rightarrow Cd(s)$	−0.40
$Cr^{3+}(aq) + e^- \rightarrow Cr^{2+}(aq)$	−0.41
$Fe^{2+}(aq) + 2\,e^- \rightarrow Fe(s)$	−0.45
$2\,CO_2(g) + 2\,H^+(aq) + 2\,e^- \rightarrow H_2C_2O_4(aq)$	−0.49
$Cr^{3+}(aq) + 3\,e^- \rightarrow Cr(s)$	−0.74
$Zn^{2+}(aq) + 2\,e^- \rightarrow Zn(s)$	−0.76
$2\,H_2O(l) + 2\,e^- \rightarrow H_2(g) + 2\,OH^-(aq)$	−0.83
$Cr^{2+}(aq) + 2\,e^- \rightarrow Cr(s)$	−0.91
$Mn^{2+}(aq) + 2\,e^- \rightarrow Mn(s)$	−1.18
$Al^{3+}(aq) + 3\,e^- \rightarrow Al(s)$	−1.66
$Mg^{2+}(aq) + 2\,e^- \rightarrow Mg(s)$	−2.37
$Na^+(aq) + e^- \rightarrow Na(s)$	−2.71
$Ca^{2+}(aq) + 2\,e^- \rightarrow Ca(s)$	−2.87
$Ba^{2+}(aq) + 2\,e^- \rightarrow Ba(s)$	−2.91
$K^+(aq) + e^- \rightarrow K(s)$	−2.93
$Li^+(aq) + e^- \rightarrow Li(s)$	−3.04

찾아보기

ㅁ

ㅂ

ㅅ

ㅇ

ㅎ

기타

저자약력

서무룡 경북대학교 이학박사
현, 경상대학교 자연과학대학 화학과 교수

김호균 경상대학교 이학박사
현, 행정자치부 국가기록원 공업연구사

황재영 경상대학교 이학박사
현, 경상대학교 학술연구교수

핵심 일반화학

2018년 8월 20일 제1판 인쇄
2018년 8월 25일 제1판 발행

저 자 : 서무룡 · 김호균 · 황재영
펴낸이 : 김 중 현
펴낸곳 : **녹 문 당**
주 소 : 경기도 파주시 심학산로 12(서패동)
전 화 : (031) 957-2711 FAX : (031) 957-2710
신고번호 : 제406-1997-000055호

ISBN 978-89-88684-90-0 93430 값 28,000원